电力通信系统建设与运维案例分析

国网浙江省电力有限公司◎组编

内 容 提 要

本书结合国网浙江省电力有限公司通信专业的特点和工作实际进行编写，介绍了通信机房、光缆线路、传输网、语音交换网、会议电视系统、数据通信网、5G与电力应用多项技术的基本概念和建设运维要点，围绕故障事件处理、系统建设设计、创新技术应用等方面选取多个案例进行分析，帮助电力通信系统工作人员提升建设与运维能力。

本书可供从事电力通信技术与专业管理人员、电力通信建设与运维的专业人员阅读使用，也可供电力通信施工企业的工程技术人员阅读参考。

图书在版编目（CIP）数据

电力通信系统建设与运维案例分析/国网浙江省电力有限公司组编. —北京：中国电力出版社，2023.11

ISBN 978-7-5198-8226-6

Ⅰ.①电… Ⅱ.①国… Ⅲ.①电力系统—通信设备—运行②电力系统—通信设备—维修 Ⅳ.①TM73

中国国家版本馆CIP数据核字（2023）第198404号

出版发行：中国电力出版社
地　　址：北京市东城区北京站西街19号（邮政编码100005）
网　　址：http://www.cepp.sgcc.com.cn
责任编辑：穆智勇（zhiyong-mu@sga.com.cn）
责任校对：黄　蓓　王海南
装帧设计：张俊霞
责任印制：石　雷

印　　刷：三河市万龙印装有限公司
版　　次：2023年11月第一版
印　　次：2023年11月北京第一次印刷
开　　本：787毫米×1092毫米　16开本
印　　张：12.75
字　　数：272千字
印　　数：0001—1000册
定　　价：78.00元

编　委　会

前言

电力通信系统是电网系统安全、稳定、经济运行的重要基础，是电网系统调度自动化、网络运营市场化和管理现代化的重要支撑手段。在建设新型电力系统和能源互联网的过程中，电网系统与电力通信系统之间的交叉耦合越来越紧密，关联关系越来越复杂，电力通信系统的建设与运维也在不断进步与创新。

机房电源在通信网中具有极为重要的作用，可以把电源设备比喻为通信系统的“心脏”，通信电源的瞬时中断，会丢失大量信息，所以必须高度重视通信电源与动环监测系统的安全可靠问题。电力通信光缆是应用于电力系统中兼顾电力传输和信息通信的各类复合缆和特种光缆，其组成的系统是电力系统的第二张实体网络，需要最大限度地保证电力通信光缆正常运行。传输网中传输设备作为电力通信网的核心，其上承载了大量的电网调度生产业务和管理信息业务，目前传输网网架结构逐渐由环状网向网状网过渡，传输设备数量逐年增加，需要解决缺陷次数增多、抢修工作量繁重、设备运行压力大的问题。语音交换网目前仍处于程控交换、软交换、 IMS 等多代技术体制并存的状态，且老技术、老设备不断向新技术、新设备更新迭代，需要了解多种技术体制的新要求。会议电视系统的使用越来越普及，很多新建的生产场所也将会议电视系统作为必选项，需要会议电视系统保障人员对会议电视系统的组成、技术规范标准、会议保障内容、故障处理方案和未来发展等有更深刻的认识，并将其运用到实际保障中去。电力数据通信网作为公司各类非生产控制类 IP 业务的基础承载网络，是公司通信网基础设施的重要部分，了解数据通信网建设运维经验、典型案例，对做好通信支撑具有重要意义。随着新型电力系统的发展，当前采集、控制逐步向配用侧延伸和下沉，源网荷储各环节衔接更紧密，海量数据需要实时汇聚和高效处理，需要探索电力有线通信的无线替代方案，支撑源网荷储各环节超大规模电力物联终端连接需求。

本书以全面的视角，结合国网浙江省电力有限公司通信专业的特点和工作实际进行编写，介绍了通信机房、光缆线路、传输网、语音交换网、会议电视系统、数据通信网、 5G 与电力应用等多项技术的基本概念和建设运维要点，围绕故障事件处理、系统建设设计、创新技术应用等方面选取了多个案例，帮助电力通信系统工作人员提升建设与运维能力。

由于电网通信技术领域发展迅速，加上编者水平有限，书中难免有不妥之处，恳请广大读者提出宝贵意见，使之不断完善。

编　者

2023 年 6 月

目录

第一章　通　信　机　房

随着电网数字化牵引的不断深入，通信机房在电力通信网中的重要性日益突出。通信机房是为通信设备提供运行环境的专用场所，一般可以是一幢建筑物或建筑物的一部分。通信机房按照设备规模、功能要求和电力通信网中的重要性分为A、B、C三类。其中，B类机房又分为B1、B2类机房，机房的分类标准应符合表1-1的规定。500kV及以上变电站独立通信机房遵照B1类，110kV及以上、500kV及以下变电站独立通信机房遵照B2类，110kV以下变电站独立通信机房遵照C类。

表1-1　　独立通信机房分类标准表

机房级别	建设单位
A类	总部、分部、省公司、省调备调、省会及较大规模地市公司通信中心机房
B1类	地市公司及较大规模县公司通信中心机房
B2类	县公司通信机房及微波站、载波站通信机房
C类	供电所、营业厅通信机房

注　较大规模地市公司是指副省级城市、计划单列市辖区内地市级供电公司或副局级地市公司、较大规模县公司是指省直辖县区内县级供电公司或副处县公司。

通信机房的供配电系统是机房内通信设备的重要供电来源，其中A类和B类机房应采用双路交流市电供电、C类机房宜采用独立的两回线路供电，来保证机房设备的不间断供电。

通信机房的电源可分为交流不间断供电电源和直流不间断供电电源两大系统，两大系统的不间断供电，是靠蓄电池储备的能源来保证的。一般电力通信网中使用的光通信、微波通信、移动通信、程控交换设备均要求直流供电，而卫星地球站及众多的计算机网络设备则需要交流供电。

通信电源指向通信设备提供的交直流电源的设备，它在通信网中具有极为重要的作用，甚至把电源设备比喻为通信系统的“心脏”。近年来，由于微电子技术和计算机技术在通信设备中的大量应用，通信电源瞬时中断，也会丢失大量信息，所以通信设备对电源可靠性的要求也越来越高。如果一个通信站的电源系统发生故障，中断供电将使整个通信站瘫痪，影响整个或部分通信网的正常运行。因此，必须高度重视通信电源的安全可靠问题。

同时，为了确保可靠供电，交流供电系统中加入不间断电源（uninterruptible power supply，UPS）或逆变器，一般概念都认同UPS是输出交流的，主要用于保护计算机及网络设备。

本章选取了 8 个在信息通信机房动力环境方面的典型案例进行探讨，主要内容包含通信电源系统、UPS 系统和动力环境监控的建设改造、检修消缺和新型应用，同时也为从事机房动力环境的运维检修人员提供参考和借鉴。

第一节　通信机房基本概念与建设运维要点

一、基本概念

电力通信电源系统主要包括低压交流供电线路、交流配电系统、高频开关电源系统、不间断电源设备、蓄电池组、直流配电系统、集中监控系统等。图 1-1 所示是一个较完整的电力通信电源系统组成框图。

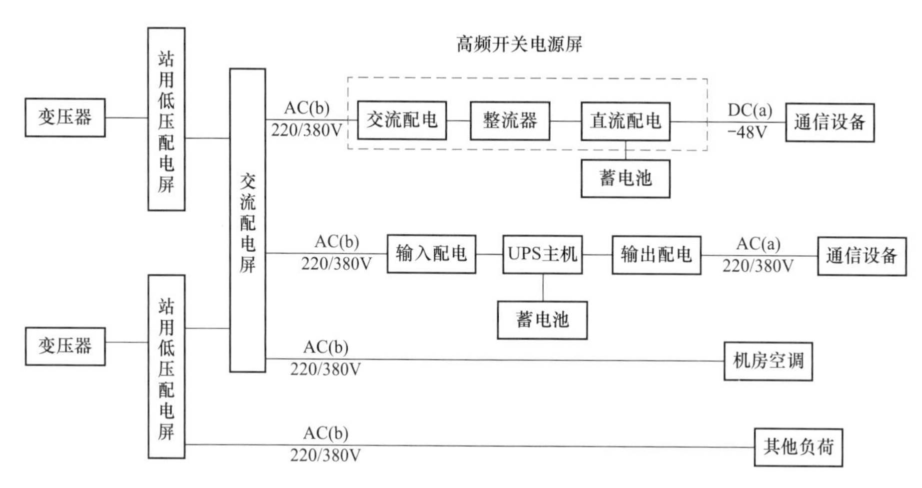

图 1-1　电力通信电源系统组成框图

注：(a) 为不间断；(b) 为可短时间中断。

为电力通信设备（如传输、交换等通信设备，还有保护、安稳控制接口装置等）供电的电源是不允许间断的，而其他一些如对机房空调等建筑负荷供电的电源可短时间中断。一般电力通信网中使用的光通信、微波通信、移动通信、程序控制交换等设备均要求直流供电，而卫星地球站以及众多的计算机网络设备则需要交流供电。

交流配电屏是用于连接交流电源、变压器、换流设备和设备负载的交流分配装置，并对供电系统进行监控和保护，具有在交流电源和各交流负载之间进行接通、断开、转换，实现规定的运行方式等控制功能。

交流配电屏负责将一路或两路三相交流电供给多个负载，一般交流输入采用三相五线制，即 A、B、C 三根相线和一根中性线（N）、一根地线 E（PE），其中任意一根相线与中性线（N）之间电压为 220V，任意两根相线之间电压为 380V。

交流配电屏组件有自动切换装置（automatic transfer switch，ATS）。ATS 由两只

交流接触器及切换控制单元组成，实现接入的两路交流电源自动切换功能。ATS 可配置自投自复、自投不自复等工作模式，并可自由设置Ⅰ路主用或Ⅱ路主用。

ATS 的基本工作原理如图 1-2 所示，市电 1 和市电 2 分别由空气开关 QA1、QA2 接入，接触器 KM1、KM2 及其辅助触点构成机械与电气互锁功能。只要有交流且交流电压在规定的范围之内时，市电 1 路交流优先，KM1 吸合，KM2 断开，送入 1 路市电。通过空气开关 QA301～QA307 给负载供电。市电采样板分别检测交流市电 1 和交流市电 2 的电压信号，供监控单元及市电控制板使用。市电控制板通过采样板检测的电压信号来控制接触器 KM1、KM2 的驱动线圈，从而实现两路交流市电的自动切换。

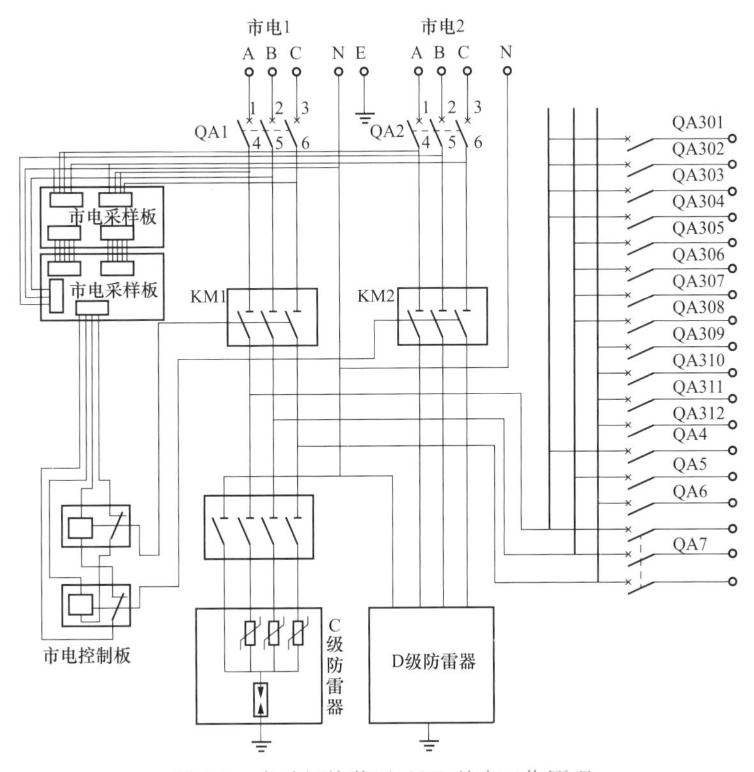

图 1-2　自动切换装置 ATS 基本工作原理

1. 高频开关电源系统

高频开关电源系统由交流配电屏、高频开关电源屏、直流配电屏（单元）、蓄电池组（柜）等单元组成，为通信设备提供不间断供电。每套高频开关电源系统应至少包括一面高频开关电源屏、一组蓄电池组，宜配置一面直流配电屏。高频开关电源屏由交流输入部分、高频开关整流模块、监控单元、直流输出等部分组成，图 1-3 所示为高频开关电源屏面板图。

交流市电输入到交流配电装置，通过交流配电装置将电能分配给各路交流负载和整流模块，整流模块将交流电压变换成－48V 的直流电压。整流模块输出的直流电流

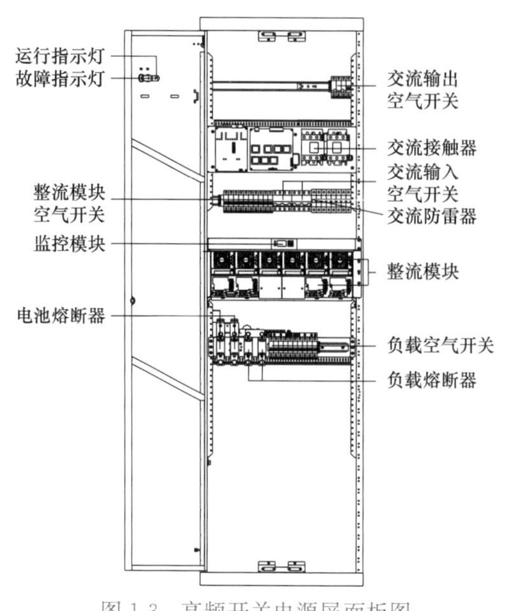

图 1-3　高频开关电源屏面板图

汇集到直流母线，直流电压一路通过总负载分流器（采集负载电流器件）、熔断器馈入直流配电装置，由直流配电装置将直流分配给各路直流负载［同步数字系统（synchronous digital hierarchy，SDH）、脉冲编码调制（pulse code modulation，PCM）、程控交换机等设备］；另一路经过蓄电池分流器（采集电池组电流器件）、直流断路器、熔断器等器件向蓄电池供电。

正常情况下，－48V 高频开关电源系统运行在并联浮充状态，即高频开关整流模块、通信设备负载、蓄电池组并联工作。高频开关整流模块除了给通信设备负载供电外，还为蓄电池组提供浮充供电。

当交流输入中断时，高频开关整流模块停止工作，由蓄电池组向通信设备负载供电，维持通信设备的正常工作。交流市电恢复后，高频开关整流模块重新启动工作，向通信设备供电，并对蓄电池进行充电，补充消耗的电量。

2. 直流分配屏

直流分配屏是用于连接整流模块和直流设备负载，并对供电系统进行监控和保护，具有在直流电源和各直流负载之间进行接通、断开、转换，实现规定的运行方式等控制功能的设备。

直流分配屏的配电单元主要由直流断路器（熔断器）通过直流母排连接组成，负责将直流电压供给直流设备负载。直流供电采用两线制，即一根直流正极线和一根直流负极线，其中正极线作为工作地，同时与保护地同一点接地处理。

直流分配屏主路开关容量应与相应分路开关容量相适应。发生短路故障时，各级保护电器应满足上、下级选择性配合要求，确保电源系统中任意点的故障可直接由故障点的上一级的保护电器消除。另外，分配屏输出分路数量配置应满足通信设备负载接入需求，适度预留远期负荷接入需求，同时考虑输入母线载流量和熔断器容量的冗余度。

3. 不间断电源 UPS 设备

通信中心站应配置两套独立的通信专用 UPS 系统，如图 1-4 所示，通信专用 UPS 系统由 UPS 主机、交流输入单元、交流输出单元、蓄电池组等设备组成。UPS 主机由整流器、逆变器、静态旁路开关、手动检修旁路开关、监控单元等组成。

UPS 是一种储能装置，以逆变器为主要组成部分的恒压恒频设备。当市电输入正常时，UPS 将市电稳压后为负载提供更可靠电源，此时 UPS 可作为一台交流稳压器，

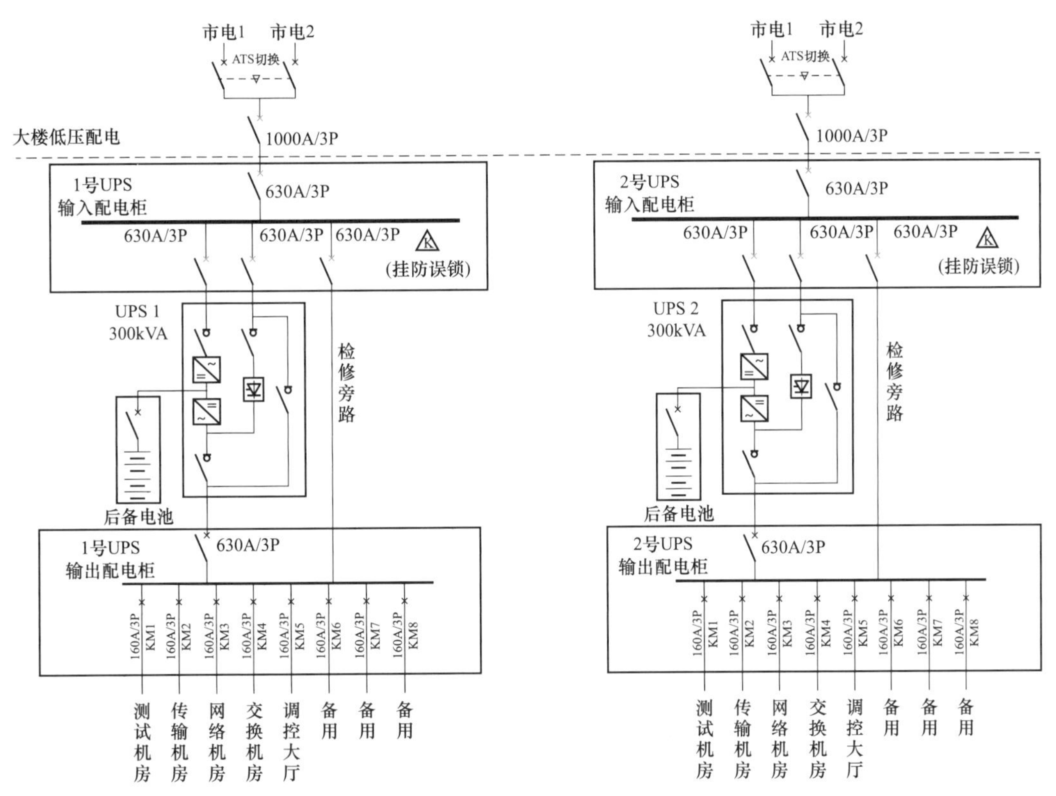

图 1-4 UPS 系统接线图

同时还通过充电单元为蓄电池充电。当市电中断时，UPS 立刻将蓄电池储存的电能通过逆变器将直流电源转换为交流电源为负载供电。

4. 蓄电池

通信中使用的蓄电池一般为阀控式铅酸蓄电池，按供电对象分为通信电源蓄电池和UPS 蓄电池。通信电源蓄电池一般放电电流小，容量大，寿命长，每节单体 2V，一组 48V 电池由 24 节单体串联组成。UPS 蓄电池一般放电电流大，容量小，寿命较短，常见的 UPS 蓄电池每个单体电压为 12V，一组 384V 电池由 32 节单体串联组成。

阀控式铅酸蓄电池在正常运行中以浮充电方式运行，根据单体电池参数特性，设定相应整组电池的浮充和均衡充电电压值。通信电源蓄电池的浮充电压值宜控制为－54.0～－53.52V，均衡充电电压值宜控制为－56.40～－55.20V，避免造成蓄电池欠充或过充。

5. 动力环境监控系统

动力环境监控系统（简称动环监控系统）是对分布的各个独立的动力设备和机房环境监控对象进行遥测、遥信等采集，实时监视系统和设备的运行状态，记录和处理相关数据，及时侦测故障，并做必要的遥控操作，适时通知人员处理；实现通信局（站）的少人或无人值守，以及电源、空调的集中监控维护管理，提高供电系统的可靠性和通信设备的安全性的一套系统。

如图 1-5 所示，动环监控系统将数据采集类、远程控制类、安防控制类子站端设备数据传送到主站端动环监控系统，实时监视系统和设备的运行状态，记录和处理相关数据，及时侦测故障，并做必要的遥控操作，实现对动环系统的在线监测、远程控制、分析预警及智能运维功能。其中，在线监测为基础必选功能，其余均为扩展可选功能。

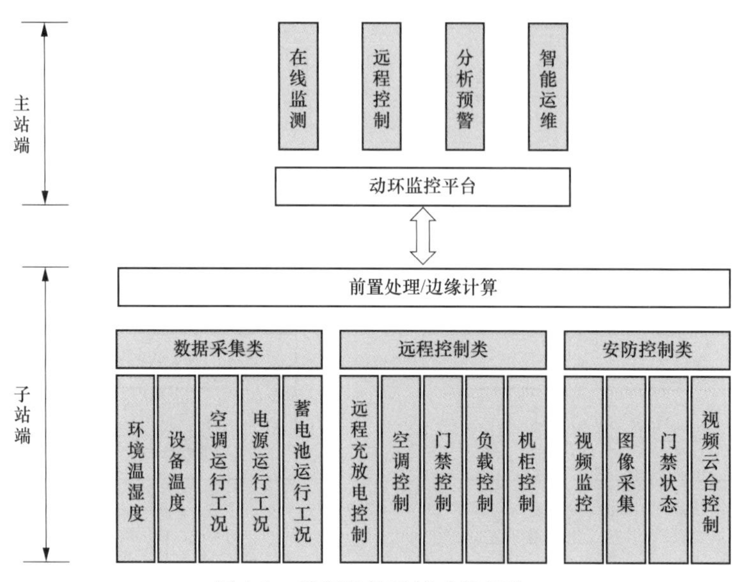

图 1-5　动环监控系统功能架构

二、运维要点

根据 Q/GDW 11442—2020《通信电源技术、验收及运行维护规程》相关要求，运维单位应做好以下运行维护工作：

（1）－48V 高频开关电源系统交流输出不宜接入其他大功率负载，如需接入应核对系统容量、开关上下级匹配情况是否满足接入条件。

（2）通信电源设备运行时间达到 10 年、阀控式铅酸蓄电池低于额定容量 80%，或使用年限达到 8 年，经状态评价及风险评估不满足生产运行要求的，应进行更换改造。

（3）－48V 高频开关电源每季度应进行一次交流输入切换试验，每年应进行一次工作地和保护地接至机房环形接地铜排的电阻测试。

（4）UPS 主机应每季度进行一次交流输入切换试验，每年进行一次旁路切换试验、蓄电池放电测试、保护地接至机房环形接地铜排的电阻测试。

（5）UPS 设备负荷不得超过额定输出功率的 70%，采用双 UPS 供电时，单台 UPS 设备的负荷不应超过额定输出功率的 35%，且并机 UPS 运行冗余系统，应定期检查负载均衡性能。

（6）新安装的阀控式铅酸蓄电池组，投运前应进行一次全核对性充放电试验，运行 4 年内应每隔 2 年进行一次核对性放电试验，运行超 4 年应每年进行一次核对性放电试验。若经过 3 次核对性放充电，蓄电池组容量均达不到额定容量的 80%以上，可认为此组阀控式铅酸蓄电池不合格，应安排更换。

（7）应定期开展电源监控装置本地及与监控站之间的远传功能试验，以确保动环监控系统采集的数据真实性。

第二节 典 型 案 例

案例一 UPS系统自动切换装置故障

一、背景

（一）事件经过

2021年4月19日14时50分，某中心站机房巡检人员在巡检时听到双电源自动切换开关柜有异响，检查发现站内UPS系统的ATS切换装置故障，装置频繁自行切换，造成触点过热冒烟。初步判断为站内UPS系统的ATS故障，立即通知通信运维抢修人员前往现场处置。

（二）设备基本情况

设备厂家：施耐德（投运时间2012年9月15日）。

所属系统：某公司局大楼机房电源系统。

所属站点：某调度中心站。

属地运行维护单位：某市供电公司。

二、主要做法

（一）现场处置措施

4月19日15时15分，经现场测试，确认ATS切换柜有双路交流市电输入，且蓄电池开始放电，判断为ATS故障。立即开展抢修，将ATS由自动切换模式调整为手动切换模式。

4月19日15时28分，与站内人员确认中心站大楼低压配电侧无检修，且市电供电正常后，断开ATS总输入、7号和8号交流输入，闭合UPS系统旁路开关，启用旁路供电，如图1-6所示。

4月19日15时30分，发生故障的ATS被隔离出UPS系统。

（二）后续整改措施

后续经事件调查组现场调研，发现该站UPS系统的交流切换柜的ATS内部元器件老化，长期运行控制模块发生故障，引发频繁自行切换，是造成此次事件的直接原因。计划开展检修工作，对故障及同一批次投入使用的ATS进行更换，完成隐患消缺，情况如下。

1. 工作内容及影响范围

检修工作需拆除原ATS，更换为新的ATS。考虑ATS柜空间受限，需断开ATS

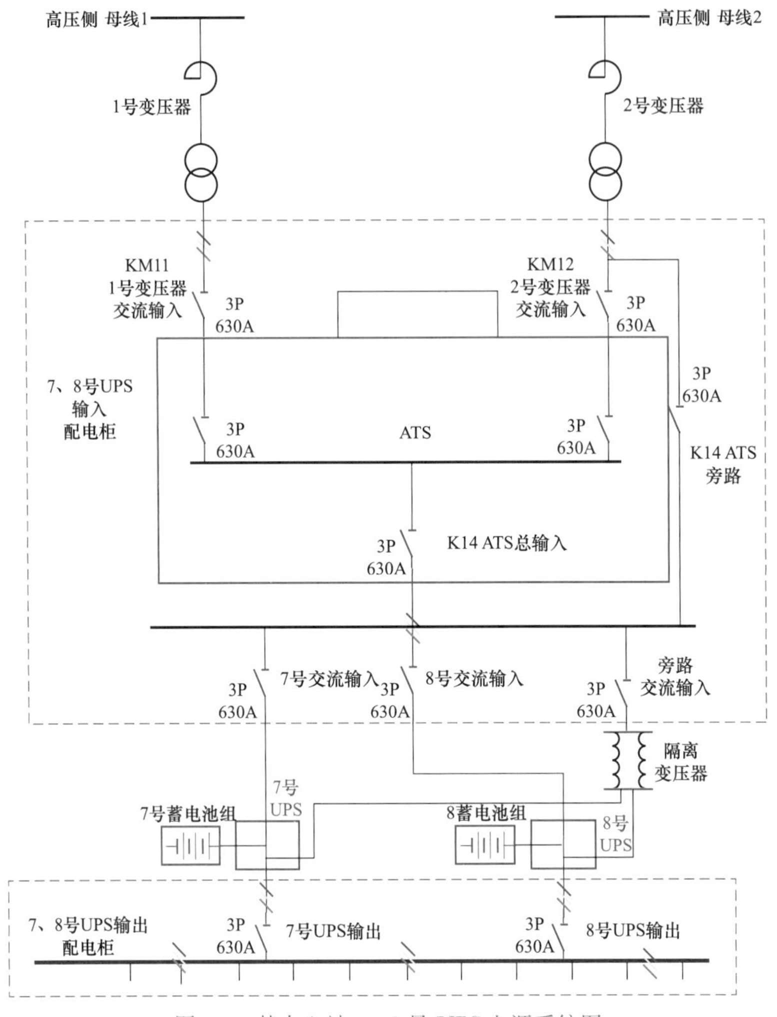

图 1-6　某中心站 7、8 号 UPS 电源系统图

两路市电输入保证检修安全（ATS 检修旁路不可用）。检修过程中 7、8 号 UPS 主路、旁路输入需断电，机房设备 B 路电源由蓄电池逆变供电。

此次工作前已完成蓄电池核对性充放电试验，按现有负载预算，放电电流约 200A，预计可以保证后备放电时间 2.5h。更换过程中使用蓄电池后备供电，机房 B 路供电可靠性相对降低，理论上不影响负载正常运行。

2. 检修详细操作步骤

（1）对 7、8 号 UPS 的 ATS 进行断电。

1）断开 7 号 UPS 交流输入，观察 UPS 正常进入放电状态。

2）断开 8 号 UPS 交流输入，观察 UPS 正常进入放电状态。

3）断开旁路交流输入；断开 ATS 旁路；断开 1、2 号主变压器电源输入（断开低压配电侧配电）。

4）放置“禁止合闸”警示牌，使用万用表检测，确认电源已断开。

（2）更换原有7、8号UPS的ATS。

1）拆除原有7、8号UPS的ATS。拆除后，开始为7、8号UPS安装新ATS。

2）更换ATS时，需时刻观察7、8号UPS的蓄电池放电状态。如果蓄电池组电压低于365V或单节蓄电池电压低于1.9V，则停止更换ATS作业，立即为停止检修作业裸露金属部位做好绝缘处理，检测线路正常无短路情况后，准备送电，合闸ATS旁路，合闸旁路交流输入，恢复ATS旁路供电为7、8号UPS供电和电池组充电。

3）完成ATS安装，检查安装完成成功，准备上电测试。

4）合闸1、2号主变压器电源输入（合闸低压配电侧配电），测试ATS是否正常，确认正常后，准备启用。

（3）对7、8号UPS的ATS进行恢复供电。

1）合闸ATS输出；合闸旁路交流输入；合闸7号UPS交流输入，观察UPS正常进入充电状态；合闸8号UPS交流输入，观察UPS正常进入充电状态。

2）ATS旁路上锁，非紧急情况不能合闸，更换ATS作业完成。

（4）确认检修工作完成。观察7、8号UPS主机运行状态，验证检修结果满足检修工作要求，达到预期效果。

三、实践成效

4月19日15时30分，经紧急抢修，故障ATS隔离出UPS系统，机房设备转为市电供电，蓄电池放电停止，转入均充状态。后续通过检修完成对故障ATS的隐患消缺。

当判断UPS系统发生ATS故障时，若该UPS系统有配置ATS旁路开关，宜采用旁路供电的方式进行应急处置，将故障装置隔离出UPS系统，待后续的检修作业进行故障消缺。启用ATS旁路供电前，可根据现场实际情况，将ATS转入手动切换模式，然后逐级断开ATS的输入和输出开关。

当通信电源系统发生ATS或交流接触器故障时，一般不具备旁路供电模式，宜通过将一路交流输入绕开ATS装置或交流接触器直接接入交流配电屏母排的方式将故障装置隔离出电源系统，待后续检修作业进行故障消缺。注意在做上述紧急处理前，需断开上级交流输入，避免触电。

案例二　UPS电源设备故障缺陷

一、背景

（一）事件经过

2020年4月12日，某大楼动环监控监视发现，地下2楼机房配置艾默生UPS，容量为200kVA，采用1+1并机运行。1号UPS报主路B缺相报警，UPS主机逆变工作，蓄电池处于放电状态。现场值班人员进入机房现场查看发现，UPS整流器指示灯灭，停止工作，并触发告警蜂鸣器（每隔1s鸣叫1下），UPS工作在逆变状态，由蓄电池后备供电。

现场值班人员汇报该事件后，进行应急处置，并通知厂家人员进入大楼机房进行排查确认故障原因及解决故障。

（二）设备基本情况

设备厂家：艾默生（投运时间2018年3月21日）。

所属系统：某公司局大楼机房电源系统。

所属站点：本部局大楼。

属地运行维护单位：某市供电公司。

二、主要做法

（一）现场应急处置

现场值班人员进入机房现场查看UPS整流器指示灯灭，停止工作，并触发告警蜂鸣器（每隔1s鸣叫一下），UPS工作在电池逆变状态。初步判断有两方面原因：一是外部原因，可能存在主路电压异常，有A/B/C三相中B相缺相，需要现场使用万用表核实，或者低压配电UPS市电B相接线松动，需要现场查看确认；二是设备原因，可能UPS主机采集板（熔断器及高压信号接口板）有故障、采样检测线松动或是其他内部板件或者电气元器件故障，需要停机检测。

考虑这台UPS电池运行了5年，存在一定的安全风险，并且品牌厂家专业技术人员赶到现场时间需要2h。为防止蓄电池放电完毕导致业务系统中断，运维单位考虑将1号UPS负载转到并机2号UPS上去（前提要核实两台UPS负载转移到一台负载率要小于40%）。确认现场负载满足条件后。按照现场使用说明书的操作将1号UPS逆变关机，确认负载转移到2号UPS，完成应急处置。

（二）后续整改措施

设备厂家技术人员赶至现场后，查看监控历史记录，使用万用表检测UPS整流输入前端输入电压正常，确认市电无B相缺相故障，查看UPS主机日志，调用故障信息，获取故障点，结合故障现象，初步分析是高压信号转接板（ULK366SI2）或信号接口板（ULS366SI1）的检测线缆接触不良或断路引起的故障。

使用钳形电流表确认UPS配电柜1号UPS输出，断开输入输出开关后（防止2号UPS逆变输出电反送到1号UPS输出端），使用万用表检测，熔丝正常，检测到采集样板到信号转接板的主路线缆接触不良，J9引脚B相检测线脱落，线缆已经在插线端子外，如图1-7所示。重新插入后，再检测其他相的检测线接头确认正常。

按照正常开机步骤恢复1号UPS供电，闭合监控屏告警显示正常，主路输入电压正常，无缺相告警，闭合UPS配电柜1号UPS输出。重新正常流程开机，UPS运行正常。

三、实践成效

2020年4月12日14时，现场故障处理完成，并进行了1h性能监测及观察，确认

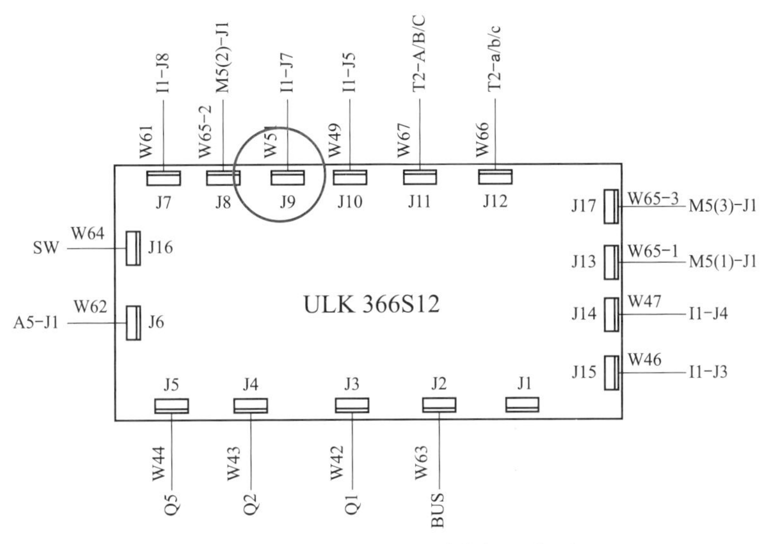

图 1-7　某站 UPS 主机采集板示意图

告警消除，设备运行正常。15 时，此次消缺工作结束。

由于 UPS 在机房供电中起到非常重要的作用，运维单位需对平时维护环节更加重视，不仅需要加强平时设备的巡检，而且维护人员需要具备熟练设备的操作步骤，以便能及时应急处理。此外，运维人员需要了解一些常规告警内容及产生原因，以便和厂家有效沟通，设备厂家技术人员能有效及时初步判断故障，以便现场故障检修并带好相应备件，更快地处理故障。

案例三　UPS 电源并机系统单台 UPS 主机故障

一、背景介绍

（一）事件经过

某调度中心站有 UPS 并机系统为大楼信息机房供电，电源系统图如图 1-8 所示。该大楼 UPS 系统有四台 UPS 主机构成两套 1+1 并机系统，其中 1 号 UPS 与 2 号 UPS 构成一套并机系统为信息机房提供 A 路供电，3 号 UPS 与 4 号 UPS 构成一套并机系统为信息机房提供 B 路供电。

2021 年 1 月 20 日 9 时 50 分，机房巡检人员在巡检时听到 3 号 UPS 主机出现声光告警，经现场查看监控面板发现该 UPS 主机的电源主板故障，且故障 UPS 主机已自动切换至内置静态旁路工作模式，因此立即通知抢修人员前往现场处置。

（二）设备基本情况

设备厂家：伊顿（投运时间 2019 年 9 月 15 日）。

所属系统：某公司局大楼机房电源系统。

所属站点：某调度中心站。

属地运行维护单位：某市供电公司。

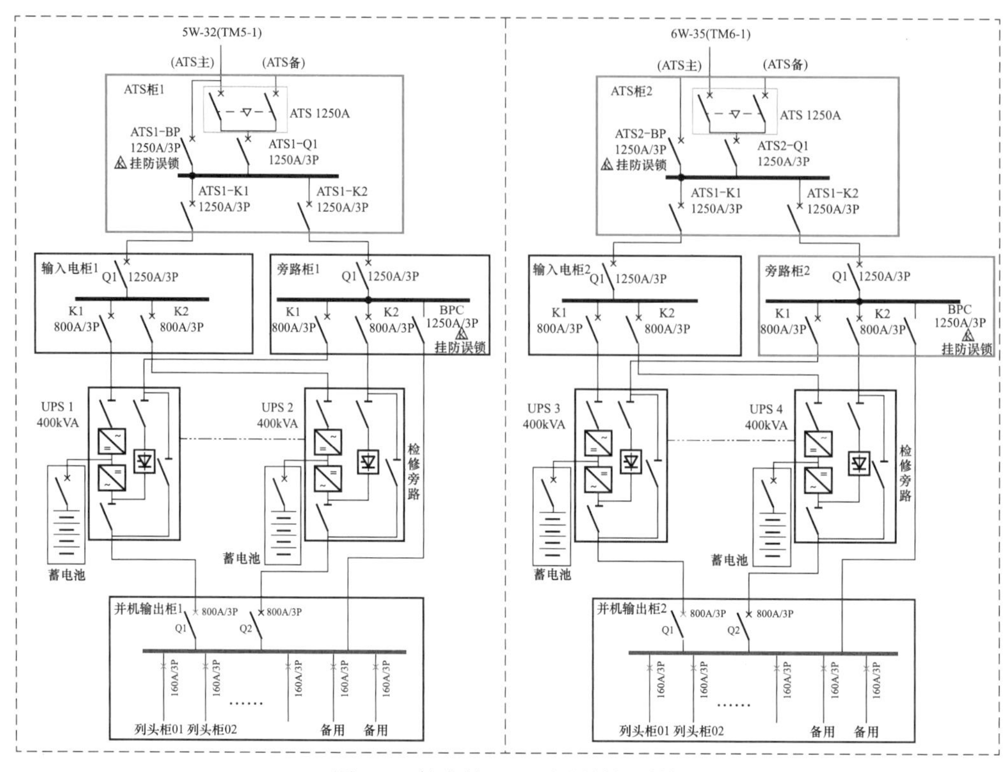

图 1-8 某大楼 UPS 电源并机系统

二、主要做法

（一）现场处置措施

20 日 10 时 5 分，抢修人员至现场进行操作，断开主路输入输出及静态旁路开关，闭合外置检修旁路开关，将故障 UPS 主机的并机系统由内置静态旁路工作模式切换至外置维修旁路以隔离故障设备，如图 1-9 所示，此时由市电直接对交流负载进行供电，同时通知设备厂家对故障主板进行更换。

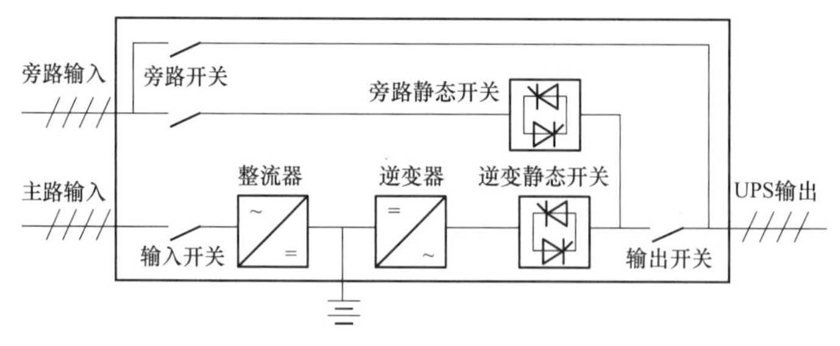

图 1-9 UPS 单机示意图

（二）后续整改措施

21 日 9 时 30 分，厂家人员至现场，将 3 号 UPS 主机停机下电（此时信息机房 B 路供电由 4 号 UPS 提供），对故障 UPS 主机的电源板完成更换，重新上电开机后，设备运行正常，具体操作步骤如下。

(1) 检查所有 UPS 系统运行状态，确认主机设备无告警。

(2) 检查 3、4 号 UPS 交流输入、后备蓄电池是否可靠，并记录 UPS 当前运行数据。

(3) 关闭 3 号 UPS 逆变器，UPS 静态旁路无输出运行。

(4) 检查 3 号 UPS 负载是否转移至 4 号 UPS。

(5) 使用钳形电流表测量 3 号 UPS 输出至 3、4 号并机输出柜对应开关无电流。

(6) 断开 3 号 UPS 直流输入开关、输出开关、主路输入开关、旁路输入开关。

(7) 使用万用表确认 3 号 UPS 各输入、输出开关相关元器件已下电。

(8) 进行 3 号 UPS 电源板更换。

(9) 更换完成后使用万用表测量各级开关、元器件相间通短路情况。

(10) 开启 3 号 UPS 逆变并接入至 3、4 号 UPS 并机系统。

(11) 观察 30min，确认电源板更换完成后 UPS 系统运行正常。

三、实践成效

重新上电开机后，设备运行正常，确认故障已经消除。UPS 系统内置静态旁路及外置检修旁路的切换是对故障设备进行检修维护或应急处置常用手段。UPS 的静态旁路是内置的内部旁路，当 UPS 出现故障或过载时系统会自动转入静态旁路，也可以人为操作转入静态旁路。这样的设计可以更好地使 UPS 对负载提供不间断供电。

当 UPS 电源出现故障需要维修时，而设备又不能停电，这时就要用到外置维修旁路。但需要注意的是外置维修旁路不是随便可以开启的，UPS 在逆变状态下输出的电源是经过净化的，和维修旁路下的电源不一样，如果在没有关闭 UPS 的情况下闭合维修旁路，会引起 UPS 损坏。

案例四　35kV 变电站中恒嵌入式 IPS00416 通信电源设备故障缺陷

一、背景

（一）事件经过

2021 年 5 月 17 日 9 时 30 分，某区域 35kV 变电站巡检发现该站点中恒嵌入式通信电源（型号：IPS00416）的 AC/DC 整流模块故障指示灯（红色）告警，监控面板发出蜂鸣声，对应的监控面板红色告警指示灯常亮，并提示交流输入电压过低，所用电屏柜交流空气开关跳开。

交流失电，一体化电源由 DC/DC 直流变换模块带动整个直流负载，与信通运维人员沟通进行故障排查，初步判断为交流失电引起故障告警。造成整流模块故障指示灯（红色）告警灯常亮异常原因通常有输出过电压、过温、风扇故障、整流器故障、输入过/欠电压，需进一步排查确认故障原因。

（二）设备基本情况

设备厂家：杭州中恒电气股份有限公司（投运时间2020年4月21日）。

所属系统：35kV变电站通信电源系统。

所属站点：35kV某变电站。

属地运行维护单位：某市供电公司。

二、主要做法

（一）现场处置措施

整流模块故障指示灯（红色）告警灯常亮异常原因通常有输出过电压、过温、风扇故障、整流器故障、输入过/欠电压，现场按照原因逐个进行排除。

（1）通过监控面板，确认设备温度、风扇工作正常。

（2）进入监控面板告警页面，上报整流器故障告警。

（3）测量输出电压：直流49.50V，正常，由DC/DC模块进行整流输出，属于正常电压范围。

（4）万用表测量输入交流电压：0.7V，零地电压0.8V，AC/DC模块输入交流失电压，所用电屏柜交流空气开关跳开，但一体化电源交流总输入与AC/DC交流模块空气开关未跳开。

经过比较分析，所用电屏柜交流空气开关型号为C20A，一体化电源交流空气开关型号为C32A，发生了越级开关动作情况，如图1-10所示，出现了开关逐级安装选型不合理的情况。

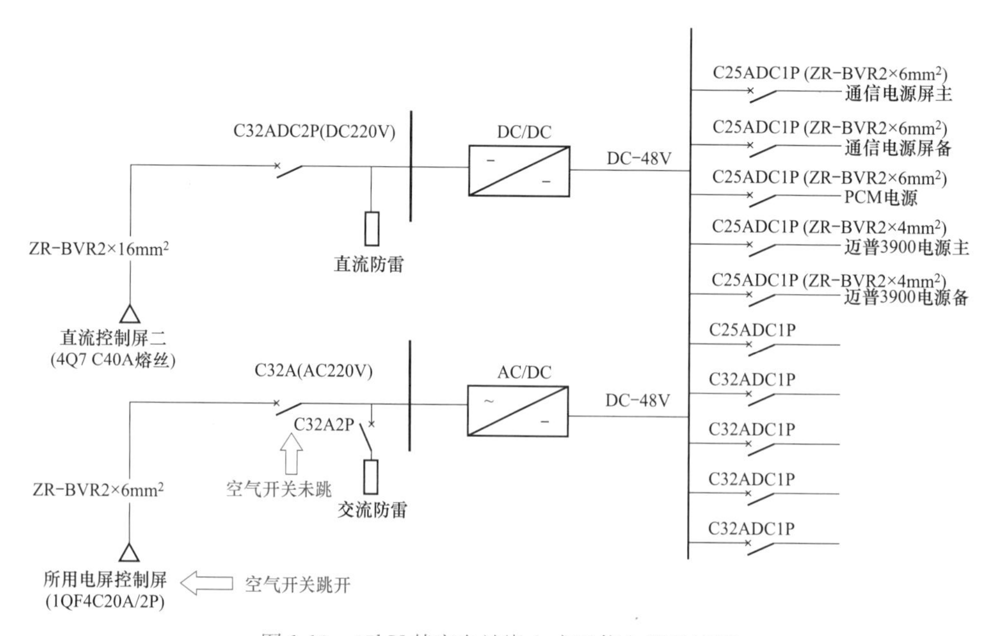

图1-10 35kV某变电站嵌入式通信电源系统图

（二）后续整改措施

首先，针对开关设置不合理情况，将所用电屏空气开关和嵌入式电源空气开关进行更换，根据线径及负载容量，将所用用电屏柜空气开关更换 C32A 空气开关，将中恒一体化电源交流空气开关更换为 C20A 空气开关。

将所有负载空气开关断开后，进行逐级复电，当进行单个 AC/DC 整流模块空气开关闭合时，一体化电源总空气开关再次跳开，如图 1-11 所示。

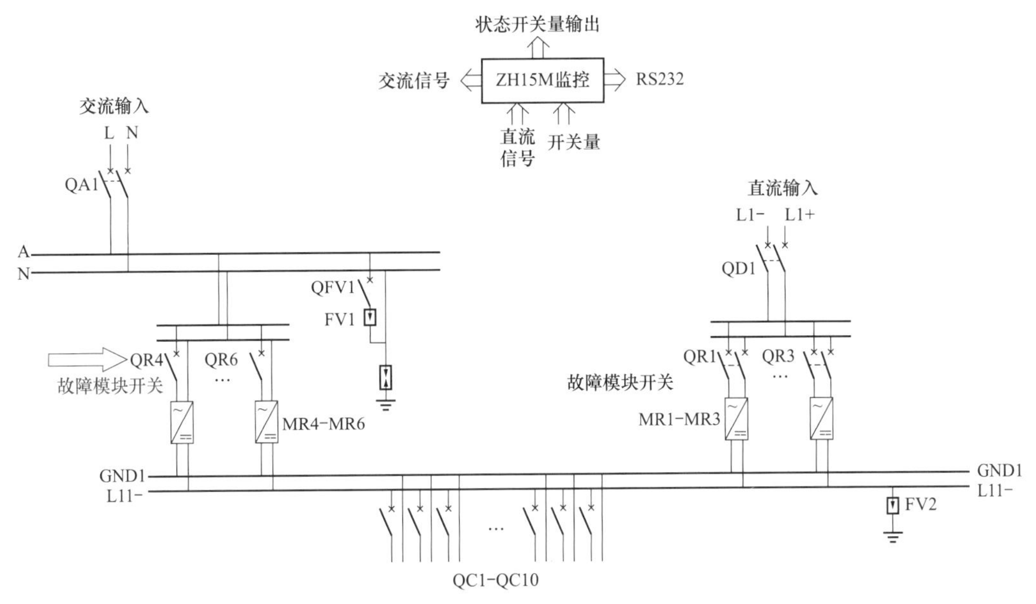

图 1-11　35kV 某变电站嵌入式通信电源系统图

结合监控模块告警信息，判断为整流模块故障，继续将新的中恒 AC/DC 整流模块进行更换。把故障模块拔出，按照正常步骤插入新的整流模块，模块告警消失，重启监控屏幕，告警消除。

三、实践成效

2021 年 5 月 18 日 9 时，现场故障处理完成，并进行了 30min 性能监测及观察，9 时 30 分完成消缺工作。

该次故障由于 AC/DC 整流模块内部短路故障产生，中恒的 48V 通信电源模块运行在应用之中，相对比较稳定，故障率也比较低，可这是相对而言，不排除个别的电源模块质量问题；同时，运维人员需要对厂家参数及性能较熟悉，才能及时判断现场的故障及排除故障。

另外，由于逐级开关选型不合理，总开关负载容量小于分开关负载总和容量，可能会扩大事件的影响范围；开关的级差现象也是运维人员在对电源方式校核中需要关注的重点。该站点的通信电源故障发现是季度巡检发现的，存在偶然性，建议把通信电源接入机房动环监控，以便能随时发现电源运行产生的故障。

案例五 500kV 变电站全站通信中断

一、背景

（一）事件经过

2020 年 10 月 23 日 23 时 50 分，某电力调控中心监控发现 7 条 500kV、6 条 220kV 共计 13 条线路单套继电保护通道中断。同时，某电力信通调度监控发现某变电站多套通信设备托管，动力环境监控系统上报该站动环监控系统通信中断。初步判断为站内的通信电源系统故障，造成站内通信设备失电，立即通知相关单位通信运维抢修人员前往现场处置。

（二）设备基本情况

设备厂家：东方电子。

所属系统：500kV 变电站通信电源系统。

所属站点：500kV 变电站。

属地运行维护单位：某市供电公司。

二、主要做法

（一）现场处置措施

10 月 24 日 1 时 5 分，经现场测试，确认通信电源交流配电屏有双路交流输入，无交流输出，判断交流配电屏市电侧 ATS 故障，立即开展抢修，将一路交流输入绕开 ATS 装置，直接接入交流配电屏母排。通信电源 ATS 装置图如图 1-12 所示。

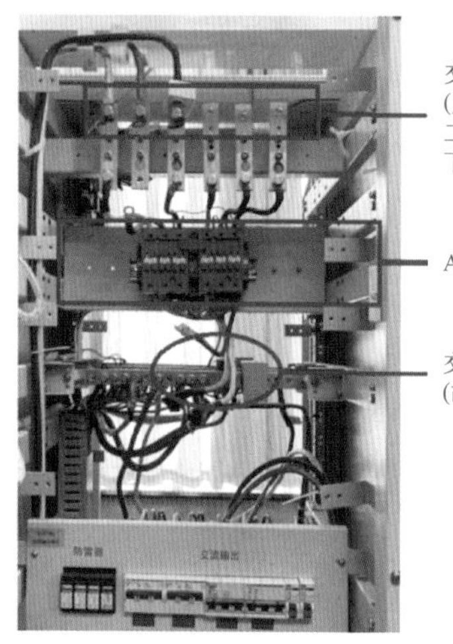

图 1-12 通信电源 ATS 装置图

10 月 24 日 1 时 51 分，通信设备恢复正常运行。

（二）后续整改措施

后续经事故调查组现场调研，发现该站通信电源系统和动环监控系统存在以下几方面问题：

（1）设备问题，交流配电屏 ATS 装置内部长期运行的 1 号主触点模块发生故障，无法正常吸合，且未达到切换 2 号主触点模块触发条件，是造成此次事件的直接原因。

（2）运行方式，交流配电屏的两路供电来自 1、5 号站用电，并通过 ATS 切换后输出至两套高频开关电源。每套高频开关电源均有来自上级交流配电屏的两路交流输入，并经由交流接触器输出至高频开关电源的整流模块转换为直流输出，如图 1-13 所示。该电源系统的运行方式，即两套通信电源的交流输入共用一套 ATS，存在单点隐患。

若装置发生故障，会造成两套通信电源同时失去交流输入，站内负载设备由蓄电池临时供电，是造成此次事件的间接原因。

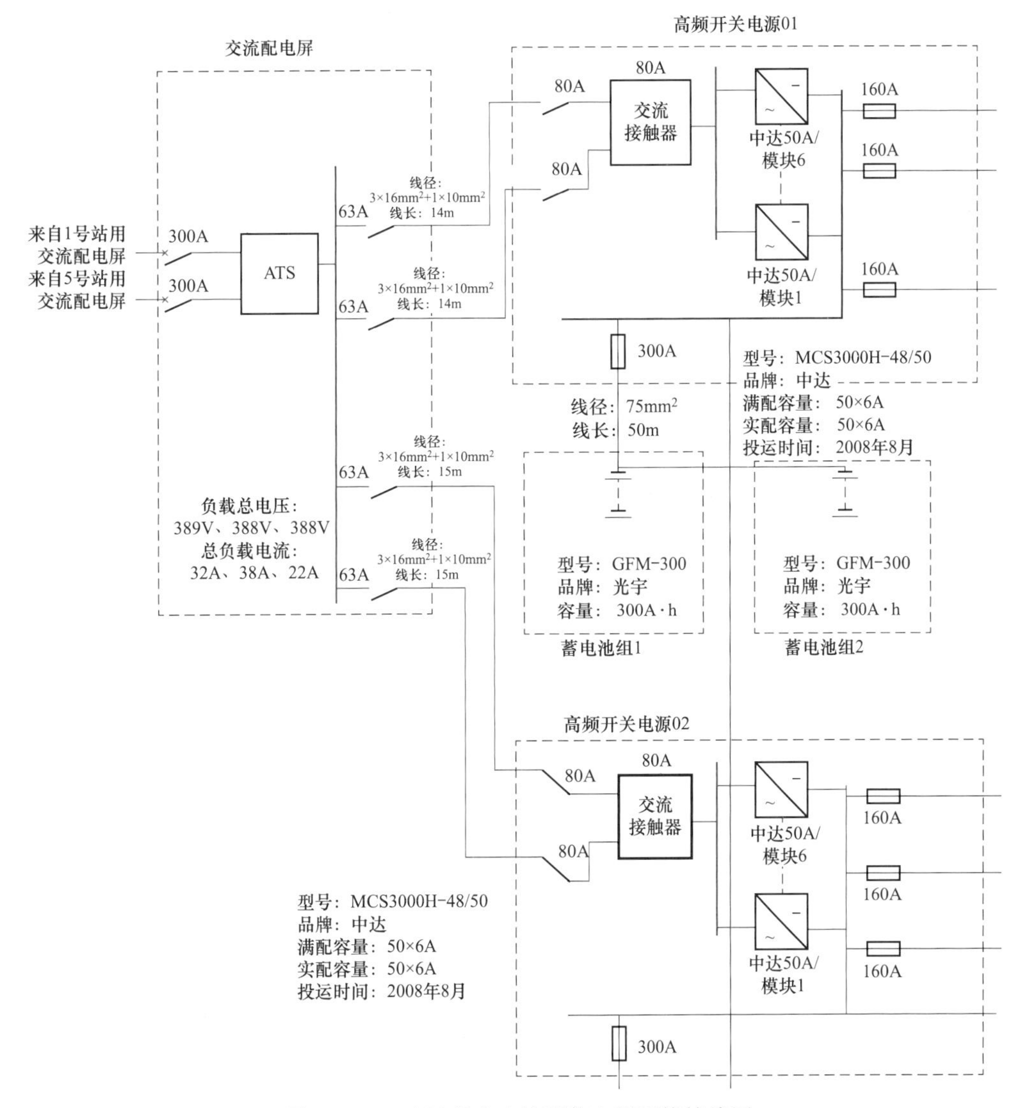

图 1-13　500kV 某变电站通信电源系统接线图

（3）动环监控系统，动环监控系统的交流失电告警采集终端由交流配电屏供电，电源中断后，无法正常采集、上传告警信号，造成通信运行人员无法及时获取信息并开展应急处置，是造成此次事件影响扩大的原因。

（4）蓄电池容量不足，通信蓄电池实际供电时间为 80min，不满足后备时间不少于 4h 的规程要求。

根据上述调查结果，相关单位制订了整改计划：

（1）更换故障 ATS，并对通信电源上级交流配电系统进行改造，按规程要求配置两套 ATS。

(2) 更换动环监控设备，将站内由单路交流供电的动环监控设备，包括一体化采集器、服务器等更换为直流供电设备。

(3) 开展全省范围内各站点的两套通信电源的交流输入共用一套 ATS 切换装置的单点隐患排查工作。

三、实践成效

10 月 24 日 2 时 2 分，500kV 及 220kV 共计 11 条线路保护通道恢复，2 条线路保护因设备板卡故障仍未恢复，24 日 8 时 7 分，经更换故障板卡后该线路保护恢复。此次事故反映出运维单位需做好通信电源运行方式核查、年度试验性检修和隐患跟踪管理三个方面的工作，任何环节出现纰漏，都可能导致事件影响范围扩大。

案例六　通信电源整体更换改造及负载割接

一、背景

随着电力通信网发展，电力系统对通信业务的需求不断扩大。同时，通信传输设备的集成度和功耗也不断增加，这对通信电源的供电可靠性提出了更高的要求。因此，不少站点在运行过程中，由于通信机房内设备逐年增多，造成通信电源整流能力不足［按照《通信电源技术、验收及运行维护规程》(Q/GDW 11442—2020) 要求，通信电源整流能力须在整流模块 $N-1$ 情况下，大于蓄电池组 10h 放电率放电电流的 2 倍与站内全部负载之和］，需提前进行扩容改造（一般通信电源运行年限为 10 年）。

某特高压站通信电源投运于 2014 年，单套电源配置整流容量为 48V/300A（30×10 模块），且已无模块扩容空间，蓄电池容量为 1000Ah（2 组 500Ah 并联），共 4 组，总负载约为 204A，不满足一套电源在 $N-1$ 情况下带全站负荷及 10%蓄电池容量，同时原模块运行年限长，部分出现多次故障，模块型号已停产，因此亟须开展电源整体扩容改造。

结合负荷预测和运行负载，本改造工程配置 2 套 48V/500A 通信电源屏和 4 组免维护 500Ah 蓄电池组及配套设备，需对原高频开关电源和蓄电池组进行拆除，而原直流分配屏利旧。

二、主要做法

此次整流屏更换改造采用异地改造方式进行，负载割接采用等电位并接方式进行不断电割接，蓄电池则采用原地改造方式进行更换。该特高压站的第一套通信电源改造按以下施工步骤开展。

（一）新电源屏Ⅰ、Ⅱ安装及线缆敷设

分别从站用电室取二路交流电，布放交流电缆接入新高频开关电源屏Ⅰ、Ⅱ，完成两套新高频开关电源上端交流输入的接入。

(二) 新蓄电池组Ⅰ安装、新电源屏Ⅰ开机测试及动环监控系统接入

(1) 拆除原高频开关电源屏Ⅰ与原通信蓄电池组Ⅰ之间的连线，拆除原通信蓄电池组Ⅰ。在原通信蓄电池组Ⅰ的位置搭建新通信蓄电池组Ⅰ，由蓄电池室敷设蓄电池电缆并接至新高频开关电源屏Ⅰ。

(2) 高频开关电源屏Ⅰ接入省动环平台，联合国家电网有限公司（简称国家电网公司）开展新电源的TMS动环联调测试。闭合站用电室电源空气开关，开启新高频开关电源屏Ⅰ，将新通信蓄电池组Ⅰ接入新高频开关电源屏Ⅰ，闭合新通信蓄电池组Ⅰ的熔丝。空载试运行新高频开关电源屏Ⅰ，运行时间10h（新高频开关电源屏Ⅰ于电源割接前准备阶段完成空载试运行），观察新高频开关电源屏Ⅰ工作情况。

(三) 新蓄电池组Ⅲ安装、新电源屏Ⅱ开机测试及动环监控系统接入

同步骤（二），完成新蓄电池组Ⅲ安装并接至新高频开关电源屏Ⅱ，如图1-14所示，完成新电源屏Ⅱ开机测试及动环监控系统接入工作。

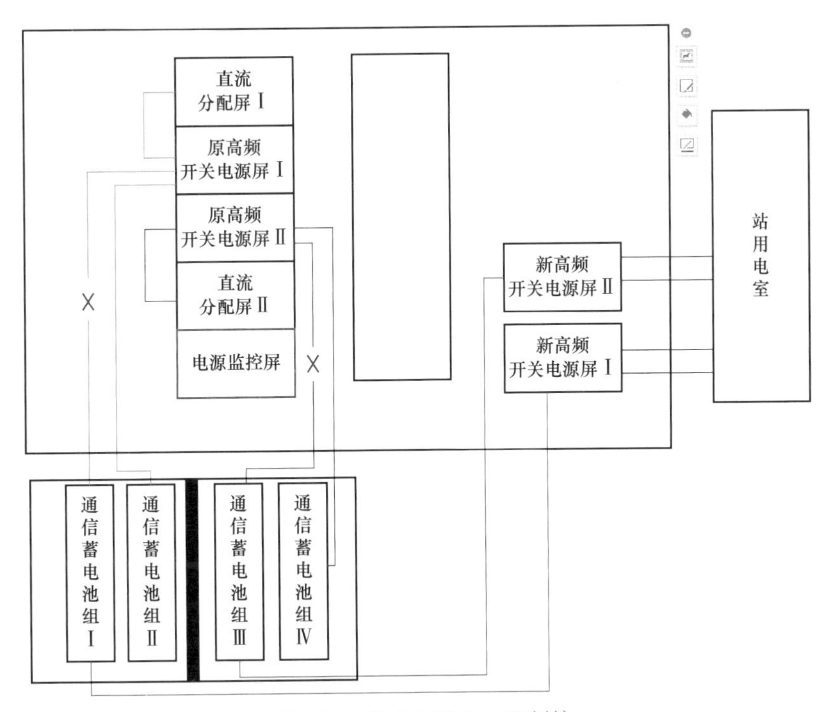

图1-14 蓄电池组Ⅰ、Ⅲ割接

(四) 原高频开关电源Ⅰ交直流负载割接

(1) 将原高频开关电源Ⅰ上的交流负载逐路割接至新高频开关电源Ⅰ。

(2) 逐渐调高原高频开关电源屏Ⅱ输出电压（比原高频开关电源屏Ⅰ高出约0.5V），使负载电流逐步转移至原高频开关电源屏Ⅱ，由直流分配屏Ⅱ承担大部分负载。

(3) 确认新高频开关电源屏Ⅰ工作正常，并敷设临时直流电源电缆，至直流分配屏Ⅰ，同时调整新高频开关电源屏Ⅰ与直流分配屏Ⅰ电压一致，然后通过并接头，将临时直流电源电缆直接带电等电位并接至直流分配屏Ⅰ的母排上，转移负载至新高频开关电源Ⅰ（分配屏侧电源输入端并接前需断开测量正负极性）。

（4）脱开原高频开关电源屏Ⅰ的负载和原蓄电池Ⅱ的熔丝，对原高频开关电源屏Ⅰ进行关停。确认原高频开关电源屏Ⅰ已无电压（交流、48V直流），脱开原高频电源屏Ⅰ与原蓄电池组Ⅱ之间的连线，脱开原高频开关电源屏Ⅰ与通信直流分配屏Ⅰ之间的连线。

（5）由新高频开关电源屏Ⅰ敷设正式的直流电源电缆至直流分配屏Ⅰ，等电位并接入直流分配屏Ⅰ的母排输入端子（分配屏侧电源输入端并接前需断开测量正负极性）。

（五）原蓄电池组Ⅱ拆除更换

（1）拆除临时直流电源电缆，调低原高频开关电源屏Ⅱ的电压，与新高频开关电源屏Ⅰ的电压保持一致，如图1-15所示。此时原高频开关电源屏Ⅰ电源割接完成。拆除原蓄电池组Ⅱ及相应线缆。

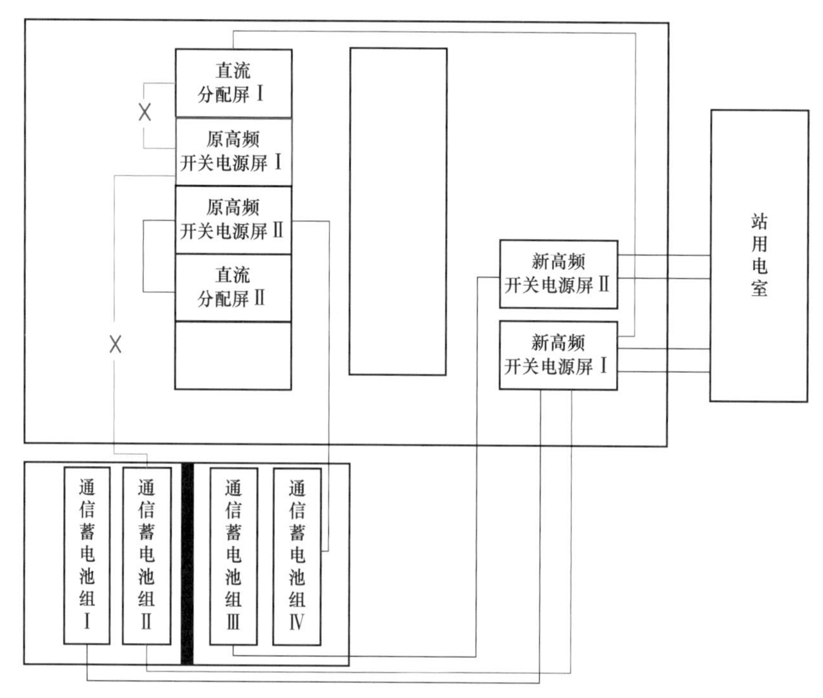

图1-15　施工示意图

（2）在原蓄电池组Ⅱ位置安装新蓄电池组Ⅱ安装，并敷设相应直流电缆接入新高频开关电源Ⅰ。

（3）在原蓄电池组Ⅱ位置安装新蓄电池组Ⅱ，并敷设相应直流电缆接入新高频开关电源Ⅰ。

（4）重复上述操作，完成第二套高频开关电源的负载割接及蓄电池组更换。

如果机房预留空间不足，则整流屏更换改造需采用原地改造方式进行（直流分配屏仍利旧），负载割接可采用等电位并接临时电源的方式进行不断电割接。具体按以下施工步骤开展：

（1）临时电源安装调试。

1）在原高频开关电源屏Ⅰ旁边空余位置安装临时通信电源（新高频开关电源屏Ⅱ，带 12V/200Ah 蓄电池），从低压配电室取一路交流电源完成临时电源交流电缆连接，临时蓄电池连接，检测线缆绝缘等正常，开机试用，参数设置确认设备运行正常，无异常告警。

2）新放临时直流电缆至直流分配屏Ⅰ并做好标签和绝缘备用。

（2）直流分配屏Ⅰ负载不断电转移至临时电源。

1）确认临时电源工作正常，对原高频通信电源Ⅰ的交流负载进行割接。

2）逐渐调低原第一套高频开关电源屏Ⅰ输出电压（比原输出低约 0.5V），将直流负载大部分转移至原第二套高频开关电源Ⅱ，由直流分配屏Ⅱ承担大部分负载。

3）临时电源直流输出用直流电缆等电位并接直流分配屏Ⅰ母排（临时电源输出电压与原高频开关电源屏Ⅰ输出电压一致），转移剩余负载至临时电源。

4）脱开原高频开关电源屏Ⅰ的输出负载熔丝和蓄电池组的熔丝，对原高频开关电源屏Ⅰ进行关停（交流停电验电确认）。确认原高频开关电源屏Ⅰ已无电压（交流、48V 直流），脱开原高频电源屏Ⅰ与蓄电池组之间的总连线，脱开原高频开关信电源屏Ⅰ与直流分配屏Ⅰ之间的连线。

（3）临时电源负载不断电转移至新高频开关电源Ⅰ。

1）拆除原高频开关电源屏Ⅰ，在拆除的位置安装新高频开关电源屏Ⅰ。新高频开关电源屏Ⅰ两路市电输入连接。合上市电空气开关，开启新高频开关电源屏Ⅰ、将新更换的电池电缆接入新高频开关电源屏Ⅰ；闭合电池熔丝（核实正负极性），并设置好参数，对设备进行调试。

2）敷设直流电缆从新高频开关电源屏Ⅰ至直流分配屏Ⅰ，调整新中恒高频开关电源屏Ⅰ整流输出电压，用直流电缆等电位接入直流分配屏Ⅰ母排；确认直流分配屏Ⅰ母排由临时电源与新高频开关电源屏Ⅰ同时供电，脱开临时电源输出负载熔丝，逐步调高新中恒高频开关电源屏Ⅰ整流输出电压至正常，直流分配屏Ⅰ负载转移至新立的高频开关电源屏Ⅰ供电。

3）将接在临时电源的交流负载割接至新高频通信电源屏Ⅰ。

4）关停临时电源，并验电，确认（交流市电无电）、拔出临时电池熔丝，拆除临时直流电源电缆，拆除临时电源的交流输入电缆及蓄电池。

5）重复上述操作，完成第二套高频开关电源的负载割接及蓄电池组更换。

三、实践成效

由于该特高压站点机房存在预留空闲屏位，新整流屏将利用预留屏柜的位置，采用异地改造的方式进行更换改造，而蓄电池组则在蓄电池室内原位置改造。同时，原直流分配屏利旧，在直流分配屏割接过程中可采用不停电割接的方式进行负载割接。上述改造方案有以下优点：

（1）降低作业人员工作压力。一般涉及负载割接的通信电源检修作业是不允许跨天检修的，若采用原地改造方式进行更换改造，则需先将原整流屏进行拆除（拆除前可提前将负载割接至临时电源上），后在原位置立新整流屏，再将负载割接至新屏上。检修期间工序较为繁琐，所需检修时间较长，且必须在一个工作日内完成，对检修人员操作娴熟度有较高要求。而异地改造时，则可提前在机房利用预留屏柜的位置立好新整流屏，再进行负载割接，待割接完成后拆除原整流屏。异地改造将整体流程拆分为上述三个环节，虽降低了整体作业的效率，但大大减轻了现场作业人员的工作压力，避免了作业人员由于长时间高强度工作而精神不集中误操作的可能性，尤其是在站点通信等级较高、负载设备数量较多的条件下作业。

（2）降低负载设备断电风险。通常原地改造需先对整流屏进行断电，再进行拆除和更换。在作业过程中，该套整流屏所带的单电源负载需进行中断处理，而双电源负载则处于单电源供电状态，存在电源模块故障而掉电的风险。虽也可采用临时电源和直流分配屏母联开关的方式保障设备正常运行，但往往作业现场和设备条件无法满足需求。而异地改造时，可采用不停电割接方式转移负载，大大降低了负载设备的断电风险。

异地改造有上述所列优点，但也存在缺陷：①在不停电割接时，增加了作业人员的触电风险；②增加了检修所需工期，提高了人力成本。

该特高压站点的通信电源更换改造实施方案为相似通信电源更换检修作业提供参考，适用于机房内有空闲屏柜空间，且站内负载设备较多不宜断电的情况。在其他通信电源更换改造的方案编审过程中，设计人员还应根据站点通信电源的自身改造条件权衡利弊，设计合理的实施方案。

案例七　并联直流电源技术在电力通信系统中的应用

一、背景

目前，广泛应用的电力通信电源系统主要由高频开关电源、蓄电池组、监控系统（蓄电池巡检仪等）等部分构成。当前普遍使用的电力通信电源系统的标称输出电压为直流－48V，配套蓄电池组由24节2V或4节12V的密封阀控式铅酸蓄电池单体串联而成。蓄电池组直接并联在通信电源系统直流母线上，浮充状态下作为后备电源使用。

由于蓄电池组串联结构的充放电回路电流一致，如果蓄电池之间存在较大差异，则必然会产生过度充电或过度放电现象，急速缩短电池寿命。但是，即使同一品牌不同批次的蓄电池也难以保证单节蓄电池的性能参数一致，并且在运行过程中蓄电池个体差异不可避免地会扩大，难以人为控制。因此，并联型直流电源技术的提出将从根本上解决上述问题。

二、主要做法

并联型直流电源系统是针对解决蓄电池串联结构问题而开发的，其基本单元为并联电源变换模块，由一个AC/DC整流电路、蓄电池充电DC/DC电路、蓄电池放电DC/DC电路等集成而成。目前，市面上并联电源变换模块大部分基于12V蓄电池单体或6节2V蓄电池小组而进行设计，在电力系统中主要应用于变电站直流操作电源中。在并联直流电源系统中，正常运行方式下，交流220V通过AC/DC电路整流后输出至直流母线电压并为负载设备供电，输出电流通过均流控制器局域网络（controller area network，CAN）总线实现负荷电流平均分配，同时交流电源通过充电DC/DC电路对模块下连接的单体蓄电池（小组）进行充电管理，交流供电中断情况下，每个支路的单体蓄电池（小组）通过放电DC/DC电路升压后，无需切换就可以直接为负载设备供电。并联型直流电源系统结构框图如图1-16所示。

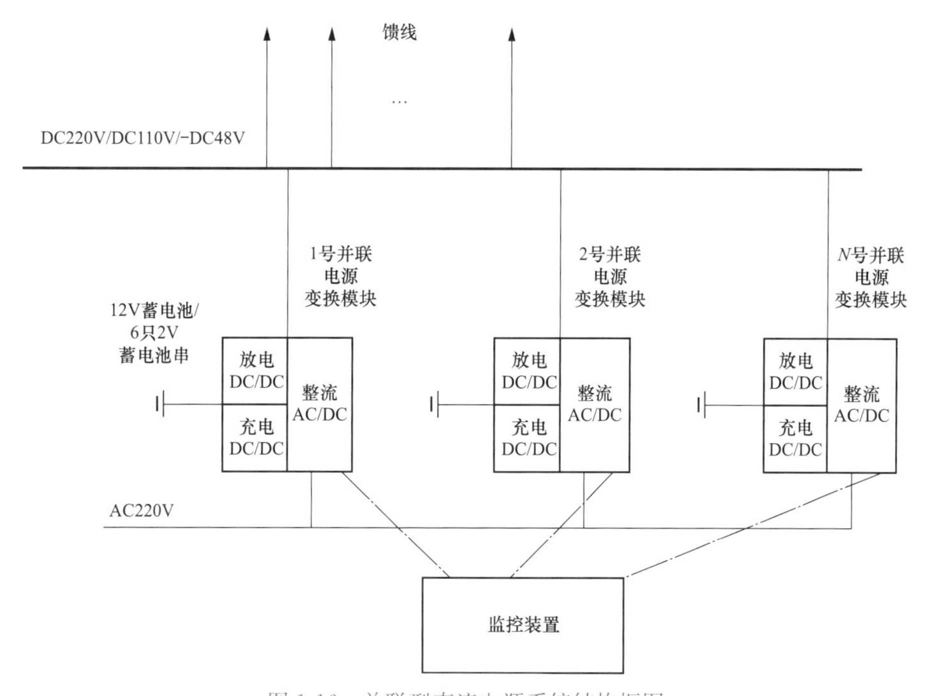

图1-16　并联型直流电源系统结构框图

一个并联电源变换模块与一只单体12V蓄电池或6节2V蓄电池串组成一个并联电源组件。并联电源变换模块内有专用数字信号处理（digital signal processing，DSP）芯片进行采集、计算和控制，如图1-17所示。正常运行方式下，整流DC/DC输出通过隔离二极管与放电DC/DC电路并联，并设置整流DC/DC输出电压比放电DC/DC输出电压略高3～5V，作为主用电路为负载设备供电，并将放电DC/DC电路作为热备用。

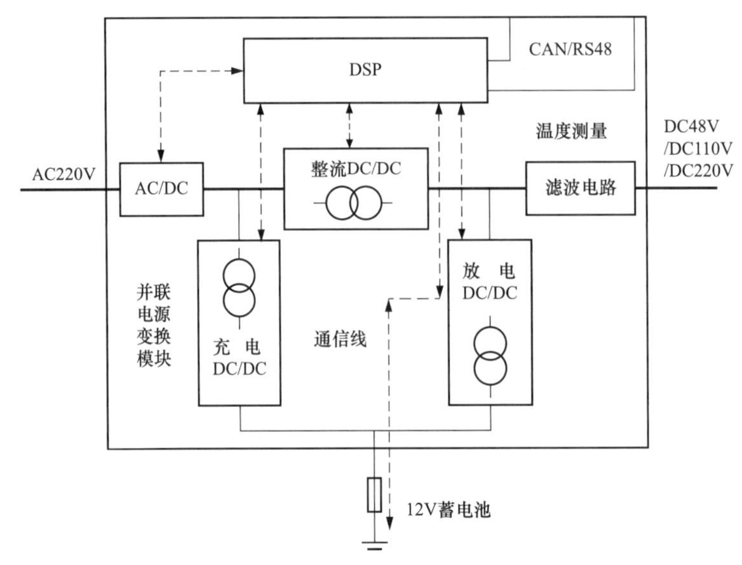

图 1-17 并联电源变换模块内部原理图

现阶段成熟的 12V 阀控铅酸蓄电池最大容量为 200Ah，而各类变电站（换流站）通信电源配套蓄电池组容量大多以 300Ah 或 500Ah 蓄电池为主，甚至可到 1500Ah 左右。将 2V 大容量蓄电池单体经 DC/DC 转换模块升压至 48V 后并联接入直流母线中将是最直接的方式。但考虑改造的经济成本和工作量，对于大容量蓄电池组，现阶段可以考虑将原 24 节 2V 电池分成 4 小组（每小组 2V×6，每小组电压 12V），经 DC/DC 转换模块升压至 48V 后并联接入直流母线中。并联直流电源系统将单体蓄电池（小组）经过并联电源变换模块接入通信电源系统的直流母线提供直流供电后备，与传统的串联型蓄电池技术对比如图 1-18 所示。

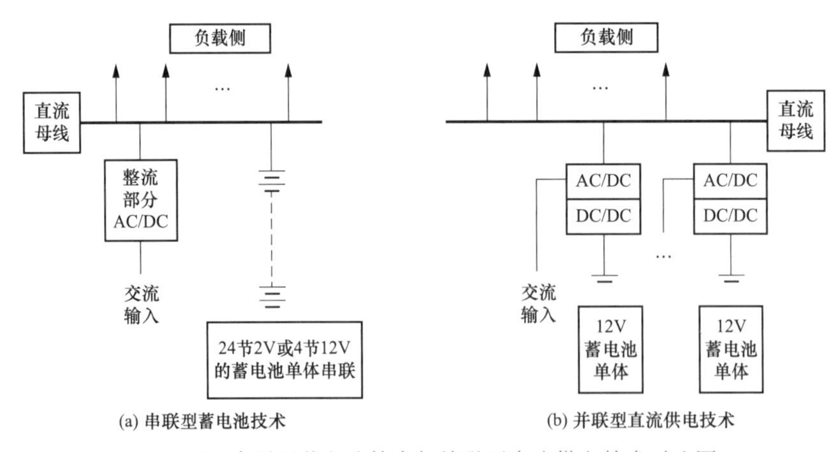

图 1-18 串联型蓄电池技术与并联型直流供电技术对比图

并联直流电源技术从根本上革新了蓄电池单体之间连接方式，由此衍生出一系列技术优势。

（1）自动在线全容量核容技术。目前判断串联型蓄电池组的真实容量的最有效方法是离线式充放电测试。并联直流电源技术提供了对单体蓄电池一对一管理的物理条件，可按照通用的10h放电率进行放电，实现自动在线全容量核容。

（2）精细化在线蓄电池管理技术。并联型直流电源组件中智能模块可对每节蓄电池单体进行精细化管理，包括电池充放电管理、定时均浮充管理、温度补偿、容量监测、各种完善保护等。在并联电池模块与监控连接失效状态下，按默认参数对电池进行管理；与监控连接有效状态下，按监控设置参数进行电池管理。

（3）均流技术。均流技术是并联直流电源的关键技术，可通过均流数字化技术，采用CAN通信网实现各并联支路对负荷电流的平均分配。

（4）可靠性大幅提升。并联直流电源技术组件中蓄电池与交流母线、直流母线之间设计有隔离变压器，各蓄电池之间没有直接电气联系，加之系统为并联冗余结构，只有冗余配置的组件全部故障才会影响系统运行，系统可靠性得到大幅提升。

三、实践成效

2012年起，并联型直流电源技术已陆续在全国100多个110kV及以下变电站中作为站用直流操作电源投入应用，主要功能是将12V蓄电池升压至DC 220V/DC 110V。从运行情况分析，已取得了良好的实际应用效果。

（1）大幅减少铅酸蓄电池使用量。目前，电力通信电源系统通常采用“1+1双电源”配置，而采用并联型直流电源技术则按（$N+X$）组件冗余方式进行配置，其中N为满足实际需要的最小数量，X为备用数量。经测算，使用原蓄电池组能量的1.3倍设计，可以代替通信电源现有双电源配置模式，则每个变电站通信电源能减少0.7倍原蓄电池组能量的电池使用量。不但具有明显的经济效益，也具有显著的环境效益。

（2）大幅减少现场运维工作量。并联型直流电源技术独有的自动在线全容量核容技术，大大减轻了通信电源现场运维工作量。以2人在2天完成一组蓄电池年度容量测试为例计算，每年每组蓄电池节约的现场充放电工作量为4人·天。

案例八　动环监测省级集中系统网络架构调整

一、背景

近年来，随着国家电网数字化转型及多元融合高弹性电网战略的提出，对电力通信网的适应能力、稳定能力、响应能力和运维能力提出了更高的要求和挑战。某省在运一套动环监控系统，整体架构如图1-19所示，各地市站点的通信机房动力环境信息通过各地市监测平台直接监控（B接口），再经过C接口传送至集中系统。省级平台以C接口互联的方式实现全省机房动力环境数据的统一监控。另外，省集中平台可通过D接口与通信管理系统（telecommunication management system，TMS）进行互联，并已完成一级骨干网站点通信电源监控标准化专项接入工作，具备告警贯通上报至国家电网公司TMS能力。

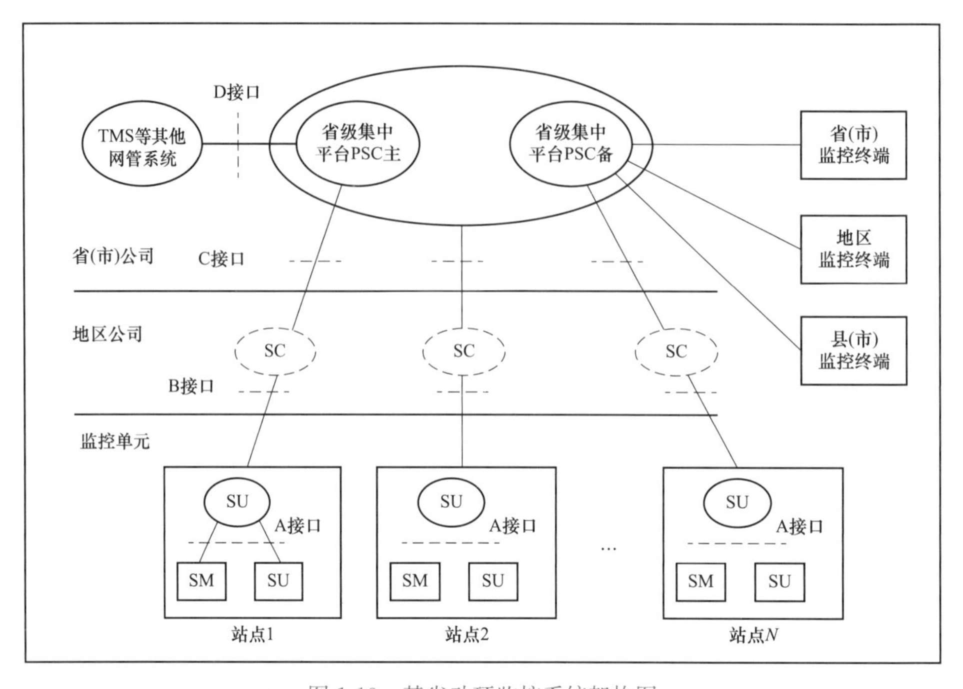

图 1-19　某省动环监控系统架构图

PSC——一级监控中心；SC—二级监控中心；SU—监控单元；SM—监控模块

为响应国家电网公司提出的调度集约化要求，结合信息通信发展规划，某信通公司推进动环省级动环监控系统的建设工作，以现有的动环系统为基础，调整其网络架构，组建新一代省级动环监控系统。

二、主要做法

现阶段，各地市动环监控系统采用数据传输的网络不统一。由于 3.0 平台将于云上部署，因此需对地市动环监控系统开展网络割接，统一由信息内网进行数据传输，在网络割接的过渡期间，由动环 2.0 平台向 3.0 平台同步数据，将采用信息内网和传输网传输数据至 2.0 平台的地市动环平台先后割接数据至 3.0 平台，过渡期间各地市和省动环监控系统的网络拓扑如图 1-20 所示。

3.0 平台在云上分配应用服务器、MySql 数据库、Redis 数据库资源，应用服务器通过信息内网对接 2.0 平台，获取电源、蓄电池、机房环境的数据和告警。为实现全省所有变电站的数据在省平台集中处理，解决服务器架构和硬件能力在面对全省各级站点动环监测数据的接入和处理需求方面存在的短板，还将新增 2 台采集服务器，以满足过渡期内服务器配置满足未来所有地市的数据采集需求。

当网络架构调整并将所有数据全部割接至动环 3.0 平台后，省级动环监控系统组网架构如图 1-21 所示。

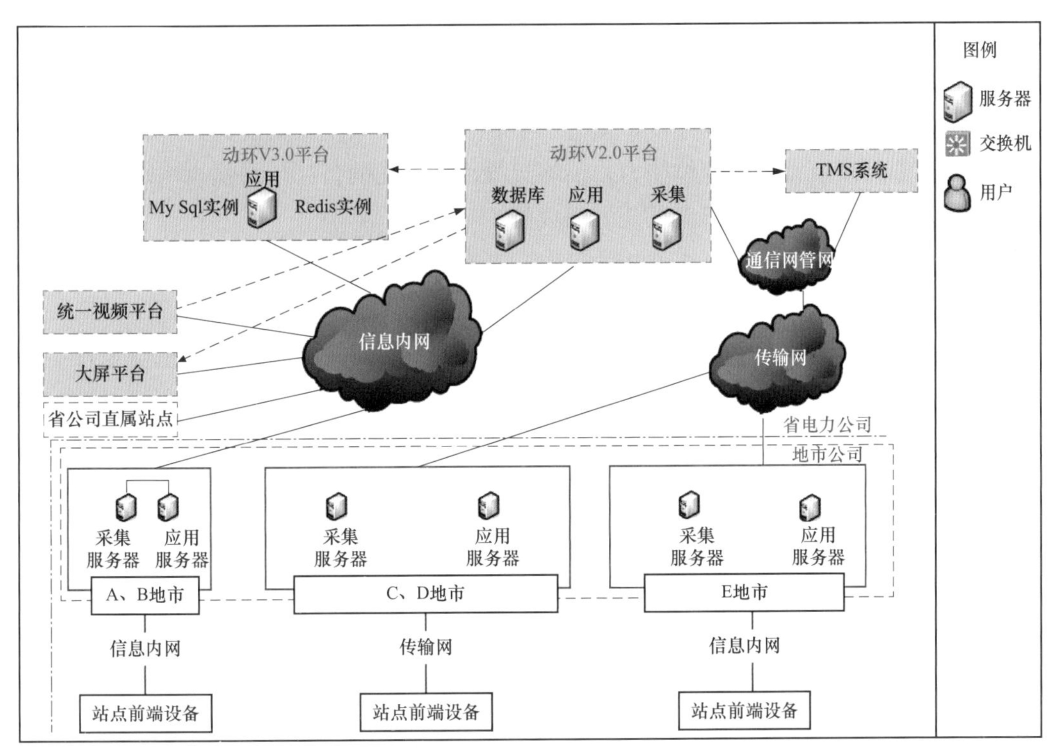

图 1-20　省级动环监控系统拓扑图（过渡期）

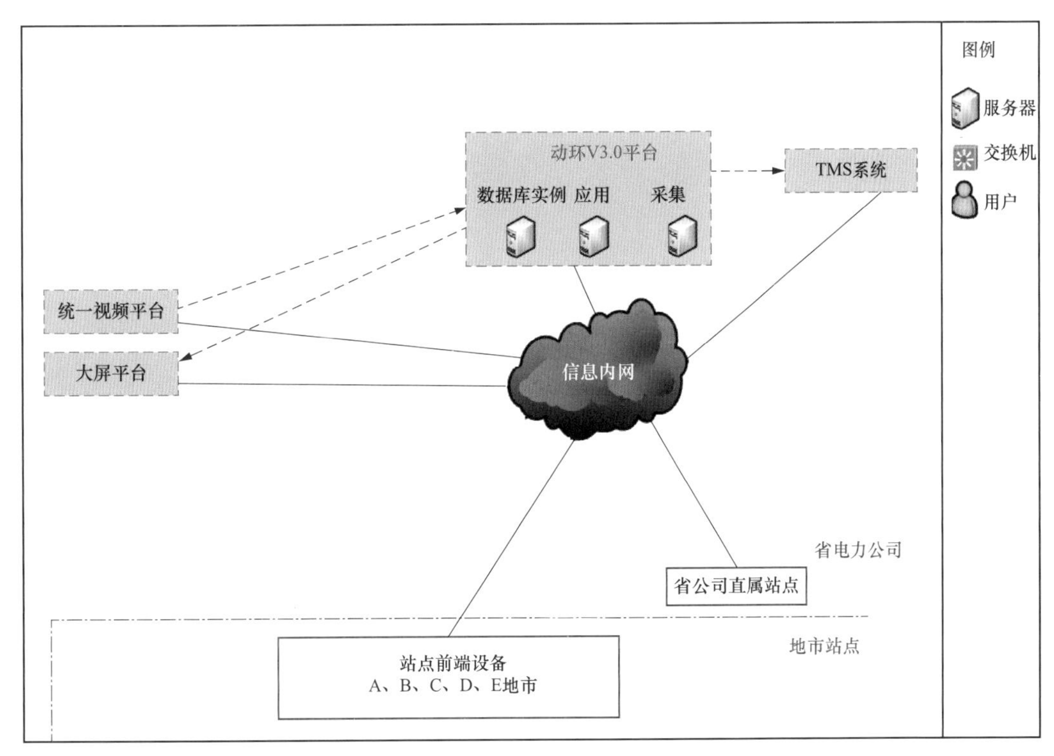

图 1-21　省级动环监控系统组网架构图（改造后）

三、实践成效

通过省级动环监控系统的建设，提升了全省动环监控系统采集能力、应用水平、故障精准定位能力以及智能化管控能力，消除运维现场存在的盲区，增强机房动力环境情况的有效实时跟踪。主要取得以下几方面成效：

（1）系统云上部署，平台新增功能可在云平台进行容器化开发，增强平台功能可扩展性。

（2）减少告警监测类信息数据上送时延，站端信息将通过B接口直接上送至省集中平台，信息上送时延减少至30s。

第二章 光缆线路

电力通信光缆在多元融合的高弹性电网建设中处于基础地位，是实现全面服务“示范窗口”建设的基石，主要分为光纤复合架空地线（optical fiber composite overhead ground wire，OPGW）、光纤复合架空相线（optical phase conductor，OPPC）、全介质自承式光缆（all dielectric self supporting，ADSS）、金属铠装自承式光缆（metal aerial self-supporting optical fiber cable，MASS）、吊线式普通架空光缆、地下管（沟）道光缆及光纤复合海底电缆等类型。本章主要介绍光缆线路技术性能、建设运维注意要点、标准工艺规范，以及智能增强型 OPGW 接续盒、电力通信光缆防鼠患措施及应用、光纤配线架快速拔帽器的应用、基于智能光配的通信远程运维体系、变电站光缆专用接续沟道、光缆普查仪在光缆运检中的应用、变电站构架 OPGW 纤芯熔断故障分析、台风对 ADSS 影响分析及部分改进方案、光纤复合海底电缆运维管理、电缆接头故障对同沟、同井光缆的影响及改进方案等典型案例。

第一节 光缆线路基本概念与建设运维要点

一、基本概念

电力系统的光缆线路除采用普通光缆和管（沟）道光缆外，海岛采用专用的海底光缆和海底光纤复合电缆，为提高容灾性能，还采用电力特种光缆，如利用输电线路导、地线架设的 OPGW、OPPC，沿高压输电线路同杆架设的 ADSS、MASS 等，这些架设在输电线路杆塔上的光缆承挂在现有线路杆塔上，利用高压线路走廊，充分利用了电力系统输电线路资源，从而降低了通信光缆线路的建设成本，并具有较高的可靠性。

（一）主要类型

电力系统通信光缆主要有 OPGW、OPPC、ADSS、MASS、吊线式普通架空光缆、地下管（沟）道光缆及光纤复合海底电缆等类型，目前应用较为广泛的电力特种光缆主要有 OPGW 和 ADSS 两种。

1. OPGW

OPGW 是将光纤单元复合在地线中，具有传统地线防雷功能，对输电导线抗雷电提供屏蔽保护的作用，同时通过复合在地线中的光纤来传输信息，设计使用寿命可达 35 年以上。OPGW 一般与新建输电线路同步架设。

2. OPPC

OPPC是将光纤单元复合在相线中，具有相线和通信的双重功能。对光纤长期运行和短期故障电流引起的温度特性要求比OPGW高，还要考虑OPPC的机械性能和电气性能应与相邻导线一致，其安装的金具和附件（如耐张线夹、悬垂线夹和接续盒）需绝缘。

3. ADSS

ADSS是一种利用现有的高压输电杆塔，与电力线同杆架设的特种光缆，设计使用寿命可长达25年以上，其张力承载元件材料主要是纺纶纤维，具有工程造价低、施工方便、安全性高和易维护等优点，施工及运行维护与电力系统的运行相关性很小，可在输电线路带电条件下进行施工作业。

4. MASS

MASS结构类似于OPGW，架设方式类似于ADSS，适用于35kV及以下的输电线路，设计使用寿命可达35年以上。在做好安全措施的条件下可以进行带电作业，因此通信光缆与电力线路的相关性相对较小。

5. 光纤复合海底电缆

光纤复合海底电缆是将光纤单元复合在输电线路海底电缆中，具备输电和通信双重功能，它能简单、方便地解决海岛电力通信通道问题。不同的结构形式具有不同的技术要求、技术性能、制造工艺、安装工艺、运行质量等。最大的问题是施工过程中弯曲与拉伸和海底洋流运动对光纤及光单元的损伤，运行中温度对光纤的使用寿命影响较大。

（二）光缆性能

1. OPGW主要性能

OPGW主要技术性能包括机械性能、电气性能、环境性能等。OPGW的机械性能包括抗拉、应力应变、过滑轮、风激振动、舞动、蠕变性能等。OPGW电气性能主要包括承受短路电流的性能和耐受雷击的性能，以确保线路运行时通信与电力输送均可靠和安全。OPGW的环境性能包括温度衰减特性、滴流试验和渗水性能等。

2. ADSS主要性能

ADSS性能主要包括电气性能、机械性能和环境特性。ADSS的电气性能主要是光缆外护套的性能，外护套取决于光缆安装位置的空间电位的大小，与电力线路的电压等级、杆塔结构、导线布置及相位排列等诸多因素相关。ADSS的机械性能包括光缆的拉伸、压扁、冲击、反复弯曲、卷绕、微风疲劳振动、舞动、过滑轮、蠕变、扭转、磨损等。ADSS的环境特性包括衰减温度特性、热老化性能、滴流性能、渗水性能、低温下弯曲性能和低温下冲击性能、耐电痕性能、抗紫外线性能和阻燃性（当采用阻燃光缆时考虑）等。

3. OPPC 主要性能

OPPC 与另两相导线组成一个三相交流输电系统，需传导三相系统中的永久性电流，具有一定的持续温度，重载线路可达 90℃以上，光单元中的纤膏及光纤的涂覆层的温度性能必须满足长期运行的要求。由于 OPPC 具有一定的持续温度，热膨胀产生的导线伸长明显，因此其光纤应力应变性能要求比 OPGW 要高。为了保持相同的载流量和三相电气平衡，以及与相邻导线的弧垂张力特性保持一致，设计时尽量保证 OPPC 与其他两相导线的直径、抗拉强度、质量、直流电阻等相似。OPPC 的导电性能要求比 OPGW 要高，其外层绞线通常是铝合金线；在配网线路中需配置绝缘材料的外护套。

4. MASS 主要性能

MASS 作为自承光缆应用时，主要考虑强度和弧垂，以及与相邻导/地线和对地的安全间距。它不必像 OPGW 要考虑短路电流和热容量，也不需要像 OPPC 那样要考虑绝缘、载流量和阻抗，更不需要像 ADSS 要考虑安装点场强，其外层金属绞线的作用仅是容纳和保护光纤。在破断力相近的情况下，虽然 MASS 比 ADSS 重，但外直径比中心管 ADSS 约小 1/4，比层绞 ADSS 约小 1/3。在直径相近的情况下，破断力和允许张力却要比 ADSS 大很多。类似于吊线式普通架空光缆，MASS 光缆在架设应用时需要考虑交叉跨越时的安全距离。

5. 光纤复合海底电缆主要性能

光纤复合海底电缆的性能主要包括热性能、机械性能、环境性能和光单元的电气性能。光纤复合海底电缆的热性能主要是在 90℃的正常温度下所有材料能确保热稳定，能承受短时温度 185℃，短路电流产生的 250℃不会导致光纤性能劣化。光纤复合海底电缆的机械性能主要是机械强度、海底电缆张力、抗压强度及弯曲特性、防磨损、冲击和压扁和海底电缆回收再利用等。光纤复合海底电缆的环境性能主要是防腐性能。光纤复合海底电缆光单元的电气性能主要指光单元管（不锈钢管）的直流电阻、电容及对地绝缘电阻等的详细的技术指标必须满足规程、规范的要求。

二、建设运维要点

（1）电网调度机构、集控中心（站）、重要变电站、直调发电厂、重要风电场和通信枢纽站的通信光缆或电缆应采用不同路径的电缆沟（竖井）进入通信机房和主控室；避免与一次动力电缆同沟（架）布放，并完善防火阻燃和阻火分隔等各项安全措施，绑扎醒目的识别标志。

（2）电力光缆与电力管道同沟敷设时推荐采用同沟分井（井错位）设计，防止电缆事故导致光缆事故。

（3）在输电线路上架挂通信光缆必须进行力学校验；线路设计时应预防因光缆引起的杆塔损坏事故，尤其要防范光缆断裂后的纵向不平衡张力影响；对已经架设的光缆进行隐患排查，强度不能满足要求的要做好光缆金具的改进或杆塔补强措施。

（4）为防止雷击和电力系统发生短路事故，OPGW 被感应电压、地电流击穿、熔损而中断，OPGW 进站可选用下列三种方法之一：

1）OPGW 门架引下应三点接地，接地点分别在构架顶端、最下端固定点（余缆前）和光缆末端，并通过匹配的专用接地线可靠接地（变电站测量接地电阻时可拆除接地，引下线夹、余缆架等对地绝缘）。

2）线路终端塔与门架间采用地埋（管道）介质光缆。

3）220kV 及以下输电线路，在线路终端塔与门架间采用 ADSS。

（5）通信光缆线路作业执行输电线路相关安全规定；编制通信光缆线路施工方案前必须进行现场踏勘；复杂、大型光缆施工作业，应制定专门的安全技术措施，指定有经验的专人负责，事前应对参加工作的全体人员进行全面的安全技术交底。

（6）施工机械应严格按照相关要求进行接地；自立杆和光缆吊线施工时应保证安全距离，防止碰触电力线；光缆在与电力线平行接近地段施工或检修时，应将光缆线路的金属构件作临时接地；进入与电力电缆同沟的光缆人孔前必须验电；进入管道光缆人孔作业前必须按规定进行通风、设置安全围栏，并做好夜间警示和防井盖掉落措施。

（7）光缆线路投运前应对所有光缆接续盒进行检查验收、拍照存档，同时对光缆纤芯测试数据进行记录并存档。

（8）电力特种光缆应定期检查杆塔固定、连接金具、防振金具运行工况，防止因金具锈蚀、缺损、移位、松动导致线路缺陷；应认真检查金具锁紧销的运行状况，防止因锁紧销失效而导致掉线事故；光缆线路接头盒应安装牢固、无缺件、无锈蚀变形、密封良好。

（9）通信光缆管沟盖板应齐全、完整，无破损，封盖严密，电缆井盖无破损，无丢失。通信光缆管沟（夹层）内应无积水、积油及杂物。

第二节　典　型　案　例

案例一　智能增强型 OPGW 接续盒设计制作

一、背景

光缆接续盒是 OPGW 通信工程中的关键部件，是为 OPGW 端间、OPGW 与普通光缆端间提供光学和机械强度连接的密封保护装置。OPGW 接续盒的易用性和可靠性直接影响光缆运行质量，长时间应用中普遍暴露出密封性能差、固定不牢固等缺点，国网浙江省电力有限公司（简称国网浙江电力）近几年已多次发生因接续盒进水（结冰）、脱落等问题导致通信光路中断的事件，如图 2-1、图 2-2 所示。

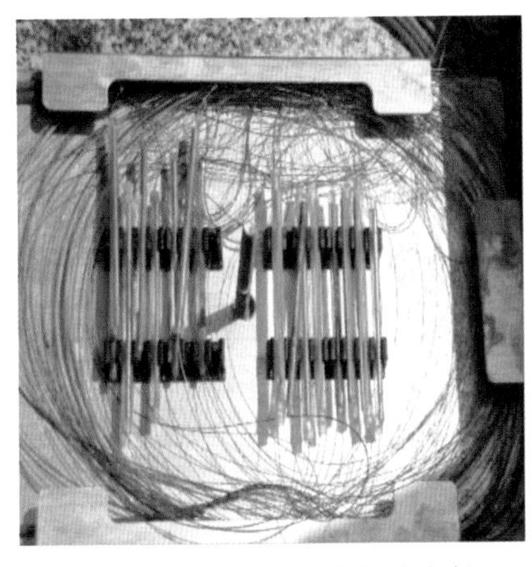

图 2-1　接续盒熔纤盘杂乱中断

图 2-2　接续盒脱落中断

根据国网浙江电力通信专业多年的 OPGW 运行经验，接续盒故障导致的通信光路中断的主要原因是：

(1) 电力通信 OPGW 多运行于山区、林区，常年昼夜温差大、湿度大，容易导致接续盒内积水。

(2) 目前的接续盒大多存在盘纤空间不足的缺陷，导致熔纤盘内纤芯弯曲半径过小。

(3) 目前铁塔上无专门的接续盒固定点或固定装置，施工难度高，质量参差不齐，固定不严可能导致接续盒体晃动。

(4) 接续盒作为哑设备运行于电力线路的恶劣环境中，运维人员不能判断和掌握接续盒的内部状况和运行状态，缺少智能化的实时监测手段。

因此，急需从结构设计、材料选型、监测等方面着手，设计并制作一种符合电力通信应用场景的 OPGW 接续盒。

二、主要做法

根据现状，国网浙江电力自主设计并制作了智能增强型 OPGW 接续盒，如图 2-3 所示。采用更合理的设计结构与材料选型，从根本上提升了接续盒的稳定性，并创新性地增加了监测模块。

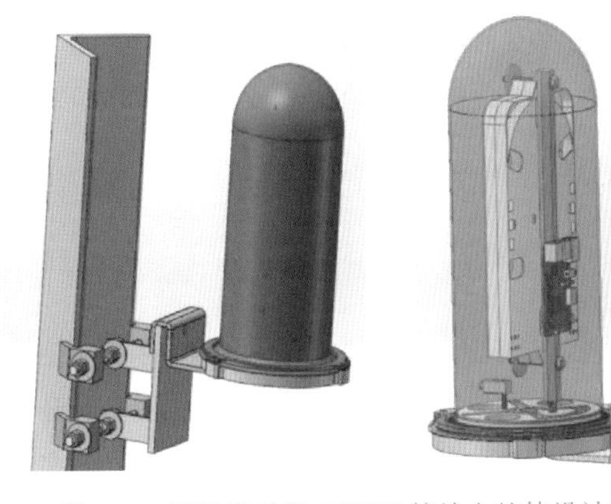

图 2-3　智能增强型 OPGW 接续盒整体设计图

(一) 密封结构

接续盒底座与盒盖之间、光缆连接件部位采用双重密封结构，包括轴向 O 形密封和径向平垫密封的结构，极大地提高了接续盒整体的密封性；光单元及复合缆进缆处采用了锥形密封设计，拧紧螺帽后通过挤压橡胶锥使其产生对光单元的挤压力，大大提高了光单元和复合缆进缆处的密封性能。密封性能满足如下试验要求：接续盒内充入 202kPa 气压的干燥空气，待气压稳定后将接续盒完全浸没在水下 10cm 深处，持续 15min，观察无气泡逸出。

（二）容纤盘设计

合理设计容纤盘结构，在满足大芯数 72 芯的要求下，增大余纤的容纳空间，保证弯曲半径不小于光缆外径的 15 倍；采用纵向卡槽设计，盘纤结构更合理，热缩套管的保护更稳固；采用透明压盖结合卡扣式固定条的方式，加强对余纤的保护，并且安装简易。

（三）安装固定结构

接续盒盒盖与底座之间的固定方式由传统的钢带固定改为三点螺栓连接固定，受力均匀，连接稳定可靠，操作方便。创新设计接续盒与铁塔之间的固定结构，优化设计安装附件，采用螺栓夹紧结构，能适用通用的塔材，安装简易、牢固。

（四）监测设计

研制由监测主机、接续盒、数据处理服务器组成的监测系统。接续盒内置光纤光栅温湿度传感器和倾角传感器，应用 1 根光纤进行串联，接入监测系统。在终端站，用解调设备对传感光纤进行解调，并通过后台软件算法得出接头盒的温湿度、倾角参数，同时可在系统软件中设置报警值，便于运维人员检修。

三、实践成效

采用智能增强型 OPGW 接续盒，在施工阶段能降低接续盒施工难度，提升安装效率和施工工艺，在运维阶段既能降低接续盒的故障率，节省抢修次数和人员投入，又可以通过监测工具减少每年巡视人员的投入。

自 2022 年 1 月开始，已经完成了在 500kV 及以下全电压等级输电线路上的试点应用工作，挂网运行期间，接续盒运行稳定，未发生因接续盒原因导致的光缆中断事件，提升了电网通信系统的运行稳定性。

智能增强型 OPGW 接续盒的应用，能够有效减少因接续盒问题而导致的通信系统故障，提升电力通信光缆的运维水平，还能减轻运维人员的巡视工作量，进一步提高电力通信系统运行可靠性，全力支撑电网的稳定性。

案例二　电力通信光缆防鼠患措施及应用

一、背景

随着电力通信的迅猛发展，传输网网架结构逐渐由环状网向网状网过渡。通信光缆作为传输网的媒介，敷设总长度也呈逐年上升趋势。通信光缆总长度的增加，在使传输网络更加坚强的同时，也带来了缺陷次数增多、抢修工作量加大的弊端。通信光缆需穿过不同的地形及生态环境，特别是一些位于偏远山区和林区的架空光缆，经常发生因松鼠咬噬而导致光缆信号传输故障，严重影响了正常的电力通信。据统计，某地区电力通信网 2015 年共发生缺陷 65 起，其中光缆线路缺陷 46 起，占比 70.77%。而光缆故障中，小动物啃咬导致的光缆中断有 25 起，占比 54.34%。

目前，现行的防鼠措施主要有普通架空光缆封包白铁皮、管道光缆套保护子管等方法，都存在一定的弊端和不足，具体分析如下：

（1）工艺难度高：传统的物理防护施工方法费时费力，两个熟练工配合施工一天只能完成 1km 的白铁皮封装。

（2）保护范围存在盲点：防鼠挡板只能防止小动物从两端爬上光缆进而啃咬，无法防止小动物从树枝上跳上光缆。

（3）防护效果差：保护子管为 PVC 材质，并不能阻挡小动物的啃咬。

二、主要做法

针对现行防小动物措施存在的弊端，项目组结合生产实际，参照其他防鼠化学材料，研制出符合电力通信光缆需求的防鼠涂料及其配套工艺，具体研究内容如下。

（一）防鼠涂料的研制及应用

从鼠害发生地段的气候条件、地理状况、松鼠习性、咬噬状况等方面，深入调研通信光缆由于鼠害导致的故障情况，总结出鼠害的特点，梳理当前国内外防鼠等动物导致的通信光缆被咬噬而导致故障的主要反措、技术措施及其应用效果；重点研究防鼠用趋避剂在通信光缆防松鼠咬噬的应用，研制可应用于 PVC 材料表面，且具有耐老化和抗划伤特性的涂料品种，作为趋避剂载体的材料。

使用丙烯酸树脂作为防鼠咬涂料的基体树脂，在其中加入功能性填料能使得基体树脂所制备的涂料具有特殊功能。使用丙烯酸树脂加入辣椒碱作为防鼠咬功能性填料能制备出防鼠咬涂料，通过加入增塑剂、流平剂等其他添加剂，改善涂料性能，使防鼠咬涂料适用于不同的涂装环境，如图 2-4、图 2-5 所示。将防鼠咬涂料涂装在玻璃纤维薄膜表面，固化后能制备出以防鼠咬材料为基体，玻璃纤维为增强纤维的复合防鼠咬涂层护套材料，通过该护套材料对缆线进行包覆，施工工艺更加便捷，防鼠咬效果明显。光缆包覆防鼠咬护套效果如图 2-6 所示。

通过以上方法制备出的防鼠咬涂料和防鼠咬护套材料能适用于通信光缆的基材驱鼠防护。制备的防鼠咬涂料涂层和防鼠咬护套材料具有优异的性能，包括对基底优异的附着力，优异的耐热氧老化、耐紫外老化及耐盐雾性能，优异的耐磨性能，以及优异而长效的防鼠、驱鼠效果。

（二）ADSS 防鼠挡板的研制及应用

近年来，ADSS 鼠患事故逐年增加，为尽可能防止 ADSS 鼠患，通过对 ADSS 鼠害引起的故障进行分析，ADSS 位于铁塔金具安装的外端裸露部分最容易遭受鼠咬，根据松鼠的活动特性，在 ADSS 预绞丝金具端头上加装防鼠挡板（如图 2-7 所示），经过多次实践试验，取得了较好的效果。

(a) 防鼠咬涂料外观图

(b) 防鼠咬护套材料图

图 2-4　防鼠咬涂料外观和护套材料

图 2-5　防鼠咬护套

(a) 垂直光缆包覆防鼠咬护套效果

(b) 架空段光缆包覆防鼠咬护套效果

图 2-6　光缆包覆防鼠咬护套效果

(a) ADSS防鼠挡板组装前

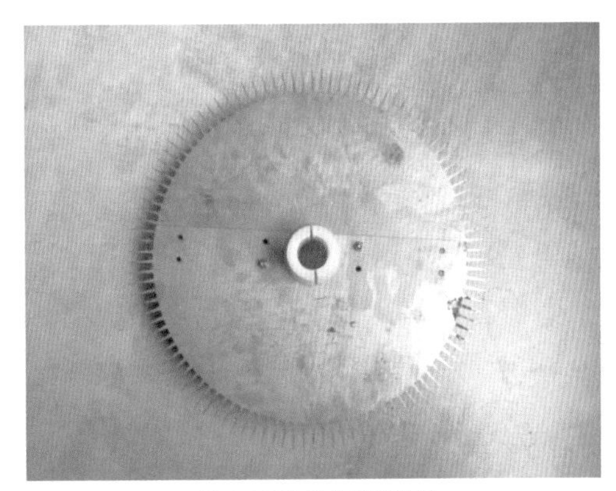

(b) ADSS防鼠挡板组装后

图 2-7　ADSS 防鼠挡板组装前后图示

ADSS 防鼠挡板由两片半圆形的挡板和衬套组成，使用带锯齿型拆卸式的防鼠挡板，具有安装灵活，施工便捷等特点。在安装衬套前，在预绞丝上适当缠绕自黏性橡胶带，确保挡板无滑动；防鼠挡板宜安装在距离铁塔 1m 以上预绞丝的端头的位置；安装完挡板后在挡板与塔材之间涂抹高熔点黄油，由于黄油的黏稠，能起到阻止松鼠通行的作用，通常高熔点黄油在 1～2 年内效果较好。

国网浙江电力研制并试用了 ADSS 防鼠挡板，有效地阻止了鼠害，部分山区 ADSS 加装了防鼠挡板后（如图 2-8 所示），该类故障明显下降，取得了良好的效果，加装了防鼠挡板的 ADSS 未发生过一起鼠害事件。

(a) 森林环境ADSS防鼠挡板现场安装图

(b) 农田环境ADSS防鼠挡板现场安装图

图 2-8　ADSS 防鼠挡板现场安装图

三、实践成效

实践成效包括以下方面。

（1）对现行的防鼠措施进行补充完善，开展防鼠涂料及ADSS加装防鼠挡板施工工艺的研究，加强对光缆穿越林区地段的光缆及ADSS的保护。同时，施工方便，维护成本低，节省人力、物力，充分保证通信设施的安全性和可靠性。

（2）通过普通架空使用防鼠咬护套材料、ADSS加装防鼠挡板等防鼠患措施的应用，通信光缆遭受鼠害引起的故障大大降低。据近年来统计，浙江某公司通信网光缆故障中，小动物啃咬导致的光缆中断占比从55%下降至10%左右。

（3）防鼠涂料及ADSS加装防鼠挡板施工方便，维护成本低，没有地域、气候限制，具有广阔的推广前景和价值。

案例三　光纤配线架快速拔帽器的应用

一、背景

随着光纤通信的快速发展，光缆已经成为通信传输业务的重要载体，而光纤配线架是光缆线路成端后用于连接、分配、调度的重要单元。光纤配线架纤芯测试是光缆检修、空余纤芯周期性测试的重要维护手段。

图2-9　光纤配线架

通信光缆一般为24、36、72芯，一个通信站又有多条光缆，每次对通信光缆进行纤芯测试前，测试人员都会用手拔下纤芯的防尘帽。这种防尘帽不易拔，有的节点通信站光纤配线架空闲纤芯的数量非常多（见图2-9），用手拔防尘帽既费时又费力。而且对于业务较多的光纤配线架，防尘帽附近有很多正在使用的尾纤，用手拔防尘帽很容易发生挤碰，用力不当时还会造成在用尾纤的损坏，从而引起业务中断。

因此，探索如何简单高效地开展纤芯测试，降低故障修复、日常运维等工作时间，成为通信整体行业发展的一个重要方向。

二、主要做法

结合新型电力系统建设，以加快光缆故障修复、减少日常运维所需时间为出发点，以操作简单、携带便捷为着力点，以符合电力通信实际场景为应用点，研制一种光纤配线架快速拔帽器。

（1）设计光纤配线架快速拔帽器的结构原理图，如图 2-10 所示。

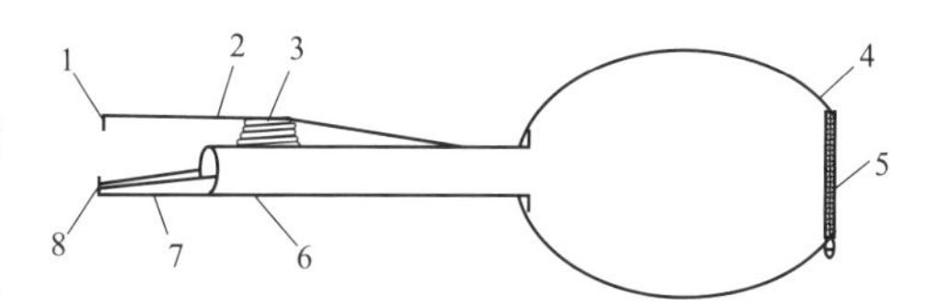

图 2-10　光纤配线架快速拔帽器结构原理图

1—压点Ⅱ；2—压片；3—弹簧；4—收纳袋；5—拉链；6—滑管；7—滑道槽；8—压点Ⅰ

光纤配线架快速拔帽器包括弹簧及拉链，其收纳袋 4 的一端与滑管 6 的一端连通，收纳袋 4 的另一端设有封口的拉链 5，滑管 6 的另一端与滑道槽 7 的一端对接并固定连接，滑道槽 7 的另一端设有垂直弯钩构成的压点Ⅰ8，与滑道槽 7 对称的滑管 6 外面的适配位置纵向设有弹簧 3，弹簧 3 上方设有与滑道槽 7 平行的压片 2，该压片 2 的一端跨过弹簧 3 与滑管 6 的外表面固连，压片 2 的另一端设有垂直弯钩构成的压点Ⅱ1，该压点Ⅱ1 和压点Ⅰ8 的接触面均在同一平面。上述的滑管 6 的内径需大于防尘帽的外径。

图 2-11　光纤配线架快速拔帽器实物

（2）制作光纤配线架快速拔帽器及其使用说明。光纤配线架快速拔帽器实物如图 2-11 所示。

当光纤配线架进行纤芯测试时，维护人员通过用手指挤压拔帽器前端带有弹簧 3 的压片 2，当压点Ⅰ8 和压点Ⅱ1 的前端接触面同时被按压时，可夹住防尘帽并迅速地将光纤配线架上的防尘帽拔下，使其通过一个较短的滑道 7 及滑管 6 滚落到手中的收纳袋 4 中，最后当收纳袋 4 中所拔下来的防尘帽达到一定量后，打开收纳袋 4 尾部的拉链 5 统一取出。

三、实践成效

光纤配线架快速拔帽器的工具革新给纤芯测试带来了全新的工作模式。实践发现，测试人员仅需通过简单的按压操作，便可夹住防尘帽并迅速拔下，防尘帽通过短滑管滚落到手中的收纳袋中，还可以防止挤碰周围正在使用的光纤，当防尘帽达到一定数量后，便可以从收纳袋尾部拉链出口取出，待测试完毕后统一归位，现场应用如图 2-12 所示。

图 2-12　光纤配线架快速拔帽器现场应用

快速拔帽器工具构造简单、合理，携带方便，实用性强，使用省时又省力，可以大幅度减少光纤配线架线芯测试的时间，既大大提高了工作效率，又减少了误碰事件的发生，保证了正在使用的光纤业务的安全，非常适合于通信领域推广应用。

案例四　基于智能光配的通信远程运维体系

一、背景

光通信技术作为当前通信主要支撑技术和实现方式，是各行各业信息交换和业务系统基础承载。当前，光通信网络日益复杂，发生通信中断故障时，需要快速、智能、高效地恢复通信网络，保障业务的正常传输，避免造成二次损失。特别是在电力系统，作为现代电网的神经网络，电力光通信网承载着继电保护、调度自动化等电网控制信息和企业管理信息，一旦通信故障无法及时抢通，将直接影响电网的安全、可靠、稳定运行。

2008年初，特大冰雪灾害袭击了我国南方大部分地区，持续的冰雪低温天气给电网造成严重损坏，大量输电线路覆冰严重，出现了断线、跳闸等问题，部分变电站停电，直接影响正常供电。电力通信网络也受到严重影响，原先坚强的光缆通信传输网变得支离破碎，多次开环运行，通信传输网络处于解列边缘。光缆故障发生后，由于受极端天气的影响，不能立即开展光缆的抢修恢复工作，只能将中断光缆承载的核心业务倒换至正常运行的光缆上。光缆业务的倒换需要工作人员到变电站现场操作，但由于雨雪天气路况条件极差，在路途上需要较长时间，严重制约了通信网络的恢复速度。探索高效光缆运维模式已成为电力通信乃至通信整体行业发展的一个重要方向。

二、主要做法

结合新型电力系统建设，以智能光配系统为抓手，建成行业内首张区域性自动化光缆网络，整合通信资源管理系统、通信网管系统等多方数据，打造通信全要素数据中心，建成通信数字化平台，如图2-13所示。

将空分交换、智能控制、网络通信等技术应用于光纤通信领域，自主研制国内首台光纤芯远程交换机器人，开发光缆网络控制系统，实现故障自动研判、路径远程切换、纤芯周期巡检，建立行业内首张区域性自动化光缆网络。在此基础上，利用数据挖掘、人工智能等手段，研究网络瓶颈分析、光缆寿命预警等高级应用，变“被动抢修”为“主动检修”，整合分散通道，盘活存量资产，唤醒沉睡资源，实现人员、设备、投资三增效。

人员增效方面，依托数据挖掘与分析技术，通过图像化展示界面，基于远程光路倒换的基础功能，完成通信票据自动生成、路由智能倒换等高级应用功能，实现现场作业远程化、数据处理规范化、网络信息可视化、操作界面人性化。

设备增效方面，依托数据分析和网络优化技术，完成通信各系统的多元融合和统一调配，实现全网资源集中呈现和监控、纤芯管道资源弹性管理、通信设备资源统筹规划，实现设备管理的智能化，减少大量重复无用的工作，提升设备综合效率，优化设备

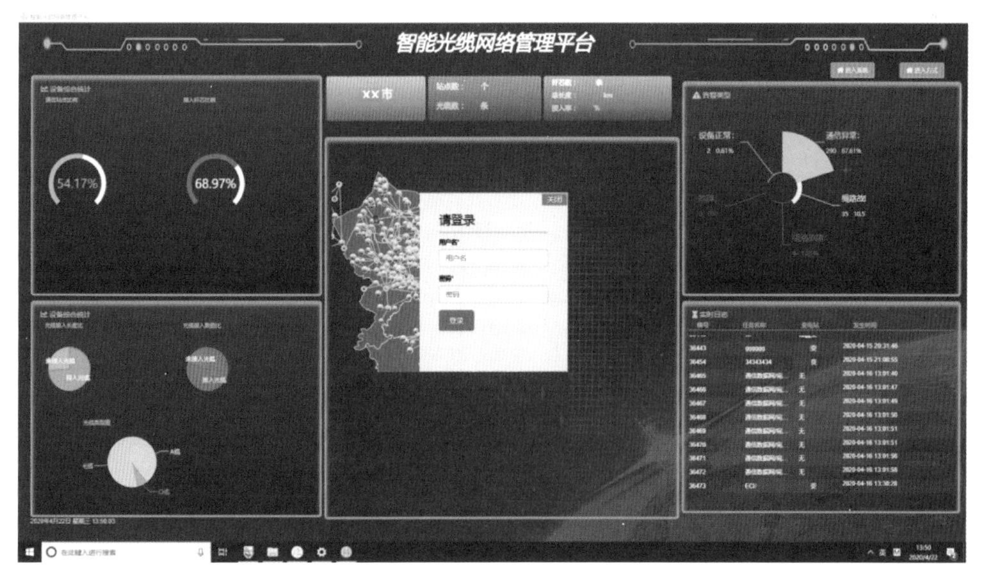

图 2-13　通信数字化平台界面

资源配置，保证设备能够随时投入生产或使用，提高生产经营的效率。

投资增效方面，依托平台辅助决策和云技术，为专业管理、工程建设、运行维护提供决策建议，实现通信网络状态评价、差异化运检、精准化投资，辅以云端电力一次资源，集成电力通信网络数字规划和建设体系。总体架构体系如图 2-14 所示。

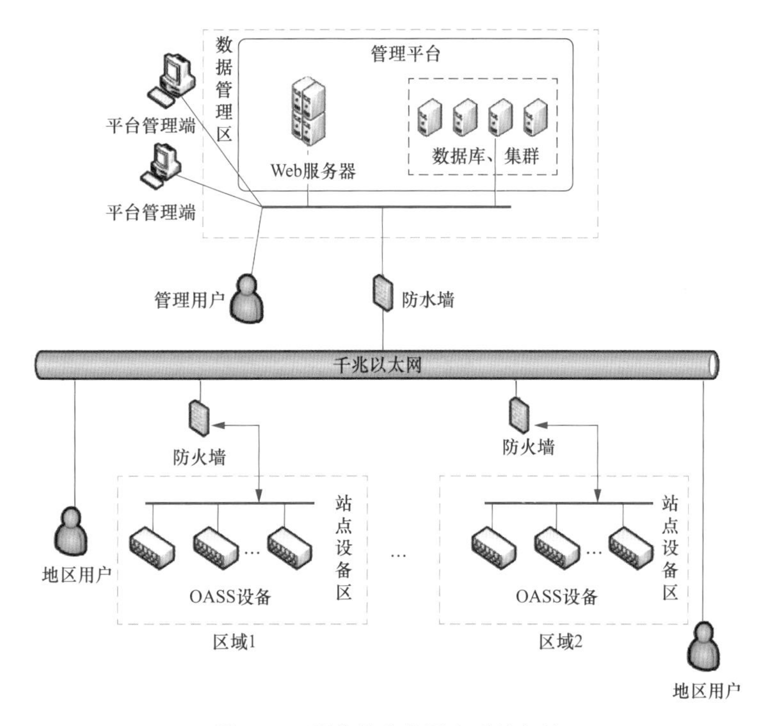

图 2-14　通信数字化平台系统架构

三、实践成效

智能光配远程倒换方式革新带来了全新的工作模式。新模式极大提高了工作效率，减少了日常工作所需人力、车辆、缩短了工作时间，减少了业务中断的时间，工作方式成本比较见表 2-1。

表 2-1　　工作方式对比表

工作模式	工作人次	工作时间（min）	车次	业务中断时间（min）
业务倒换原模式	18	1050	6	120
业务倒换新模式	2	55	0	10
故障处理原模式	6	360	2	300
故障处理新模式	2	20	0	20
光缆测试原模式	4	120	2	0
光缆测试新模式	2	20	0	0

光缆资源信息采集方式引入了更高效的自动巡检模式。新型的资源信息采集模式不仅极大地提高了工作效率，缩短了采集周期，还降低了采集信息的错误率，增大了巡检线路的覆盖面，为通信调度工作带来便利，具体成效见表 2-2。

表 2-2　　资源采集成效对比表

采集模式	单条线路采集时长	巡检周期	资源准确率	线路巡检覆盖面
传统人工采集模式	1h	1 年	80%	220kV 以上线路
新型自动巡检模式	1min	1 个月	100%	接入系统所有线路

新模式可以记录光缆投产后每次巡检监测采集到的信息，智能分析光缆温度、应变、时间与衰耗的内在关联，实现光缆寿命预警、光缆状态检修预警、光缆覆冰预警等功能。辅助电力通信部门做好光缆传输质量评估、光缆寿命预判、光缆状态检修等工作。

案例五　变电站光缆专用接续沟道

一、背景

随着电网规模不断扩大、业务可靠性需求的不断提升，OPGW 作为现有通信网架中可靠性最高的光缆类型之一，随线路大量敷设投运。该类光缆在线路上与地线复合架设，进站后从终端塔引下，与站内导引光缆熔接后通过电缆沟进入机房。在此过程中，其站内引下方式的选择将直接影响整条光缆的安全稳定运行，进而影响其上承载的光差保护、安控业务的可靠运行，以及通信网运行可靠性。国家电网公司、国网浙江电力高度重视 OPGW 运行可靠性，定期组织开展 OPGW 专项检查工作，重点检查站内

OPGW 引下线及导引缆、接头盒的三点接地情况，光缆引下线及导引缆安装工艺和接地是否符合要求，是否存在安全隐患等方面，势必保证 OPGW 落点的可靠性，减少光缆中断可能。

OPGW 站内引下方式从早期的余缆架＋接头盒方式，如图 2-15 所示，到后期的厢式余缆架＋接头盒方式，如图 2-16 所示，再到目前普遍采用的落地式余缆箱结构方式，如图 2-17、图 2-18 所示，经历了多次更新。早期余缆架＋接头盒方式一般位于终端塔塔底处，结构简单，但光缆及绑扎线裸露在外，外观与站内设备不协调，影响整体美观；余缆架安装工艺复杂，余缆架盘线杂乱，外部金具容易生锈脱落，而且裸露在户外的导引光缆，容易遭到小动物的破坏。后来为了统一美观，采用厢式余缆架＋接头盒方式，这种方式在大风天气时会因箱体受风面积大而产生脱落风险，并产生较大噪声，且厢式余缆架顶端电缆进出开口比较大，鸟类容易进入筑巢。目前，普遍采用的落地式余缆箱方式，虽然从外观上解决了与站内设备协调性，但仍存在安装工艺复杂、弯曲角度难控制和容易让小动物做窝等缺点，系统内已发生多起小动物咬断导引光缆的故障；

图 2-15　余缆架＋接头盒方式

图 2-16　厢式余缆架＋接头盒方式

图 2-17　落地式一体箱方式

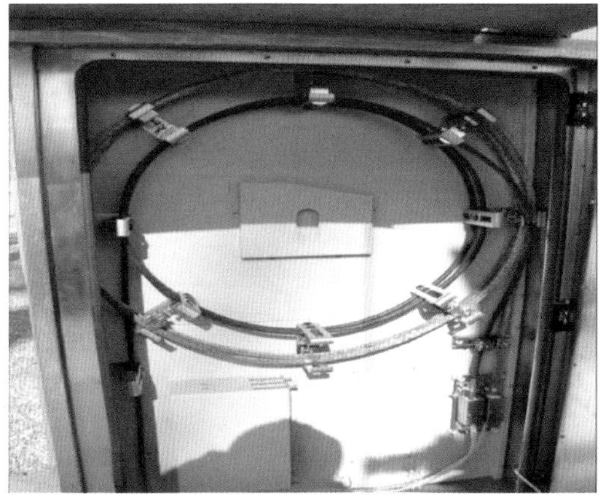

图 2-18　落地式一体箱内部结构

且余缆箱结构复杂，卡扣尺寸固定，工艺要求高，导引缆伸缩性差，OPGW 盘绕半径不符合要求，容易造成光纤弯曲衰耗过大。经过多年的运行实践，以上三种 OPGW 引下及接续方式还存在致命缺点，就是 OPGW 和导引光缆盘绕在一起，在系统发生短路事故或遭到直接雷击时，会形成电感效应，OPGW 被感应电压、地电流击穿熔损而导致光单元受损中断，存在严重的安全隐患。

二、主要做法

为解决 OPGW 光缆站内引下及接续方式存在的系列问题，国网浙江电力在现有 OPGW 进站各类故障及事故隐患分析总结的基础上，提出了站内 OPGW 引下及专用沟道接续的创新方式。

该方式是在 OPGW 终端杆塔与主电缆沟之间建一条通信光缆专用接续沟道（见图 2-19），长度和形状可结合地形分别设计成一字形或 L 形，并使其底部略高于主电缆沟，以避免沟内积水，变电站内光缆专用沟整体效果见图 2-20；OPGW 与引入光缆在接续沟内采用专用卧式接头盒接续，为确保二次接续，沟内接续点设置尽量靠近主电缆沟侧，非金属引入光缆留部分余缆盘绕固定在沟道内，OPGW 引下后不作余缆盘绕处理，解决了 OPGW 电感效应；在光缆专用接续沟道内安装单层悬空桥架，接续盒安装在悬空桥架上，沟道上方采用带标识的专用盖板，安装在接续盒上方，便于巡检及防水，变电站内光缆专用沟内部结构见图 2-21；OPGW 站内引下除在构架顶端接地外，在接头盒前端用专用接地线与变电站主电缆沟接地体进行连接接地。

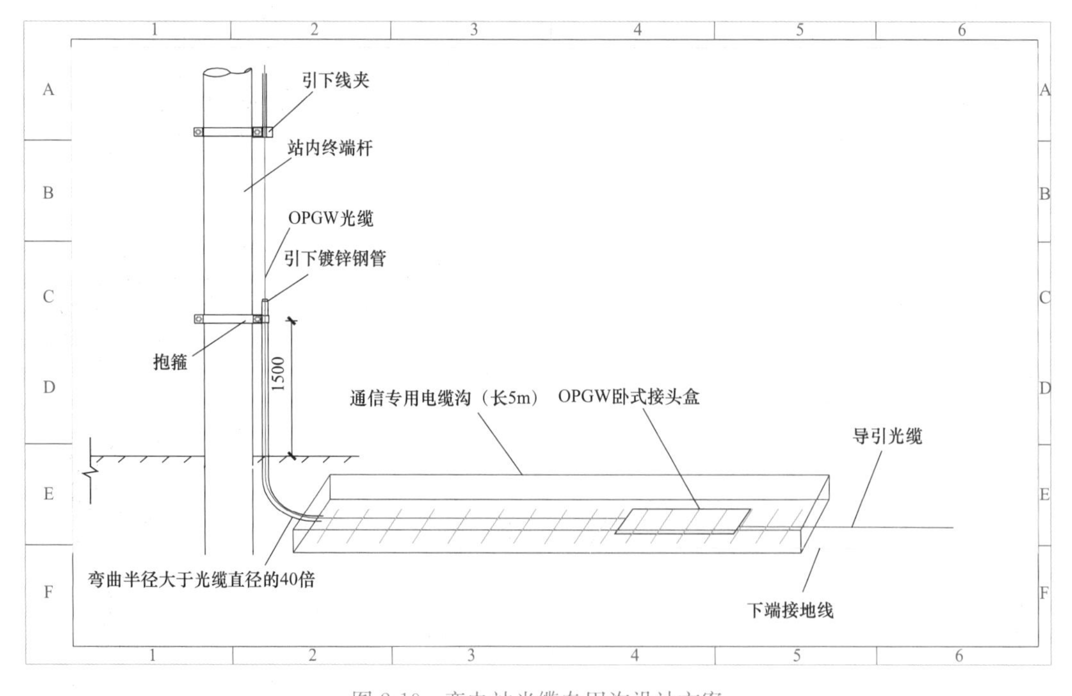

图 2-19　变电站光缆专用沟设计方案

图 2-20 变电站内光缆专用沟整体效果

图 2-21 变电站内光缆专用沟内部结构

三、实践成效

该创新方式可有效降低站内 OPGW 终端施工及安装难度，站内地面不再有余缆架（箱）及接头盒等附加装置，使变电站运行环境整洁、美观，同时专用电缆沟也有助于检修运维人员迅速定位余缆位置，避免因站内光缆埋设、标签不足导致的光缆外破事件。相较于原有方法，引入光缆不再暴露在户外，消除了小动物啃咬或进入余缆箱损伤引入光缆的隐患。该方法也可以有效解决老旧变电站水泥杆门架无接地点的隐患，满足国家电网公司提出的 OPGW 站内引下的三点接地要求；通过取消 OPGW 在站内预留的余缆盘绕，解决了自身的电感效应，从而排除了故障电流、雷击电流的泄放阻力，消除了因强电流击穿熔损 OPGW 而导致光单元受损中断的事故隐患。

总而言之，变电站光缆专用沟是提升 OPGW 运维可靠性上的又一个进步，目前浙江地区已有多个 220kV 变电站使用了此种引下方式，经过时间检验取得了良好效果，有效提高了光差保护、通信、信息、自动化等业务的运行效率。

案例六 光缆普查仪在光缆运检中的应用

一、背景

随着电力通信网内光纤通信的普及，光缆进行了大量的铺设。由于光缆网络发展极快，设计、施工及运维时出现的缺陷和失误被放大，使部分光缆出现了异构、无标牌、缺少运维资料等难以整改的隐患，直接导致施工时易开断错误光缆，酿成电网事故。不仅如此，光缆铺设后面临的老化、外力破坏、雨水侵蚀、不规范施工和维护等方面的影响，都可能造成光缆故障。光缆故障发生后，如何高效排查、减少抢修时间、准确快速追踪故障点的地理位置，是电网及通信网抢修的关键点。

现有通过光时域反射仪（optical time-domain reflectometer，OTDR）确定光缆故障点的常用方法有开断定位法和弯曲定位法，两种方法对比见表 2-3。

表 2-3　　故障点定位方法对比

比较项	开断定位	弯曲定位
原理	确定接头盒为原点，开断接头盒内的空芯，寻找故障点位置	确定站端为原点，将接头盒内的空芯打小环，通过人为制造 OTDR 事件点的方式确定接头盒位置，进而寻找故障点位置
定位精确性	若故障点距离接头盒较远（大于 100m），则开断定位较为精准；若使用盲区光纤避免 OTDR 盲区影响，则开断定位在任意故障点位置具有最高的定位精确度	若故障点距离接头盒较近（小于 100m），弯曲定位较为精准
可恢复性	差，须重新熔接	好，只需将光纤恢复平直即可
安全性	较差，须取出热缩管，容易在操作过程中破坏其他光纤	较好，只需在边缘位置打小圈，基本不影响其他纤芯
操作位置	在接头盒处使用 OTDR 进行测量	在两端站点使用 OTDR 进行测量

除以上两种方法外还有冷冻的方法，但是因为成本过高不易操作等原因使用较少。开断定位与弯曲定位本质实现方法相同，都是通过确定接头盒位置来确定光缆或根据接头盒位置和 OTDR 故障点位置的相对距离来进一步确定故障点的实际物理位置，但实际的施工现场往往较为复杂，运维人员需耗费大量时间和精力，甚至会有不规范操作引发意料之外的事故。简而言之，依靠 OTDR 这样的工具难以使光纤测量距离与实际现场产生强联系，OTDR 测试定位如图 2-22 所示。

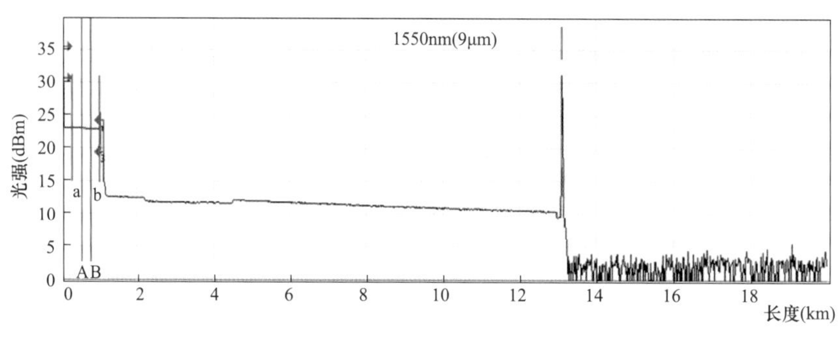

图 2-22　OTDR 测试定位

针对该种状况，光缆普查仪应运而生，大大弥补了 OTDR 仪表在光缆检修和施工中的不足。光缆普查仪能够大幅度提高光缆运维人员的工作效率，在光缆故障追踪仪的帮助下，仅需敲击即可确定光缆，只需两三次的追踪定位操作就可迅速找到故障现场，追踪过程中光缆形变完全在允许的安全范围内，避免了暴力弯折损伤光缆；部分情况甚至不需要下井、攀爬操作，也不需要查找光缆接续盒和交接箱，大大降低了抢修人员的工作强度。

二、主要做法

光缆普查仪工作原理如图 2-23 所示。光从激光源射出，通过耦合器分成顺时针和逆时针两束光束，经过端面反射后最后再经过耦合器到达光探测器。

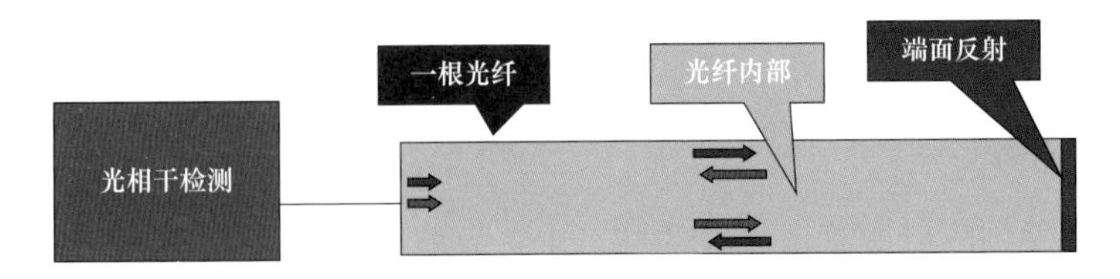

图 2-23　光缆普查仪工作原理示意图

激光器发出的光经光纤耦合到 2×2 单模光纤耦合器中，经该耦合器入射的光波被分成两束，分别沿顺时针和逆时针方向传播，当光纤光缆受到外界应力干扰（敲击）时，则这两束光将在 PD 探测器的表面形成干涉，输出的干涉信号通过光电探测器转换为电信号，电信号经过光缆普查仪表的处理，在仪表上输出声音和图像信号。

因为激光能量是集中的，激光束分裂成一对可以使激光能在很长的光纤内产生干涉模式。这种干涉模式将显示为沿着光纤分布的一串或明或暗的区域。干涉模式也必须回到光学探测器监测系统中接受检测。光的干涉现象是指：若两个（或多个）光波叠加的区域，某些点的振动始终加强，另一些点振动始终减弱，形成在该区域内稳定的光强强弱分布的现象。

在稳定状态条件下，干涉模式不会改变，如图 2-24（a）稳定情况下光干涉情况，探测器可以沿光纤收到同样强度的光。但是，如果光缆被扭曲，被敲打，导致轻微的改变激光束在光纤的传输途径，这将改变干涉模式的位置，如图 2-24（b）不稳定情况下光干涉情况，利用这种光缆的物理变化产生压力从而使探测器检测到光强变化，进而确定光缆位置及物理变化位置。

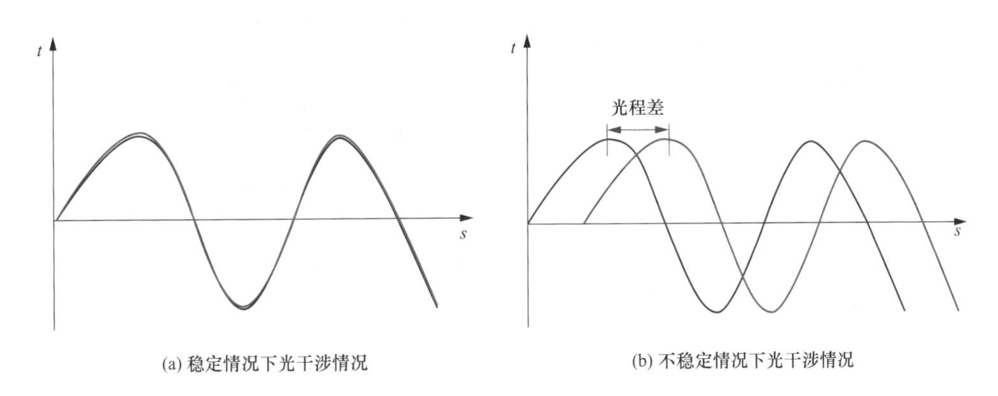

(a) 稳定情况下光干涉情况　　(b) 不稳定情况下光干涉情况

图 2-24　稳定或不稳定情况下光干涉情况

由其原理易得光缆普查仪实现了测量仪器的测量数值与实际故障点之间的强联系，在实际运用中光缆普查仪根据弹光效应，利用光学干涉的方法，通过光的相干解调将光缆的敲击振动信号转换为可视信号和音频信号，准确查找和识别铺设于管道（人井）、隧道和电杆架空等环境下的目标光缆。使用光缆普查仪时，工程人员只需要轻轻敲击光缆，即可轻松识别出所需要寻找的目标光缆，完全取代以往切割、弯折、冷冻等光缆识别方法通过弯曲整条光缆才可大致确定弯曲点距离测量点的距离的不足，而且仅通过少量弯曲动作即可确定故障点的物理位置。

三、实践成效

在存在光缆异构隐患或管道光缆的施工中，光缆施工人员需分为两组，站端组前往变电站，将光缆普查仪与测量跳线进行跳接，再将跳线接入被测光缆配线架上的法兰，并设置目标光缆的末端长度；现场组前往现场，将敲击点的多根光缆（若存在）加以分离，最好去除捆扎点，将原绑扎的光缆束解开至少 1m 以上，以适当的力度在距离捆扎点 0.5m 以上的位置敲击光缆，并将每根光缆用胶带编上号，一人双手握紧光缆，另一个人按照固定节奏频率（1 次/s）敲击光缆；站端组首先从强度条图像中判定出目标光缆：当现场组逐根敲击光缆时，仪表对其他光缆几乎无反应，当敲击目标光缆时，强度条图像将反映光缆线路振动信号强度，图像上会呈现比较明显的与敲击幅度/频率一致的强度波动；从音频耳机中再次确认。最后，按“停止”键，面板上心电图或强度条停止输出，声音信号也停止输出，光缆普查仪测试停止，即可确定目标光缆，光缆普查仪强度条图像如图 2-25 所示。

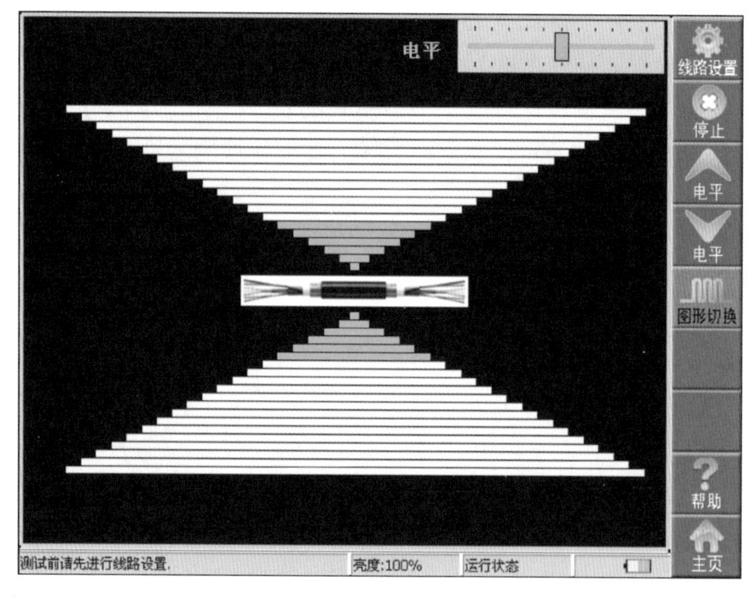

图 2-25　光缆普查仪强度条图像

在光缆抢修过程中，光缆抢修人员需分为两组，站端组前往变电站，将光缆普查仪与测量跳线进行跳接，再将跳线接入到被测光缆配线架上的法兰，并设置目标光缆的末端长度；现场组前往现场，对故障光缆进行弯曲，站端组通过弯曲测量功能确定站端与弯曲点的距离；现场组不断重复该过程，缩小弯曲点与故障点的距离，进而确定故障点的物理位置。光缆普查仪设备测试结果如图 2-26 所示。

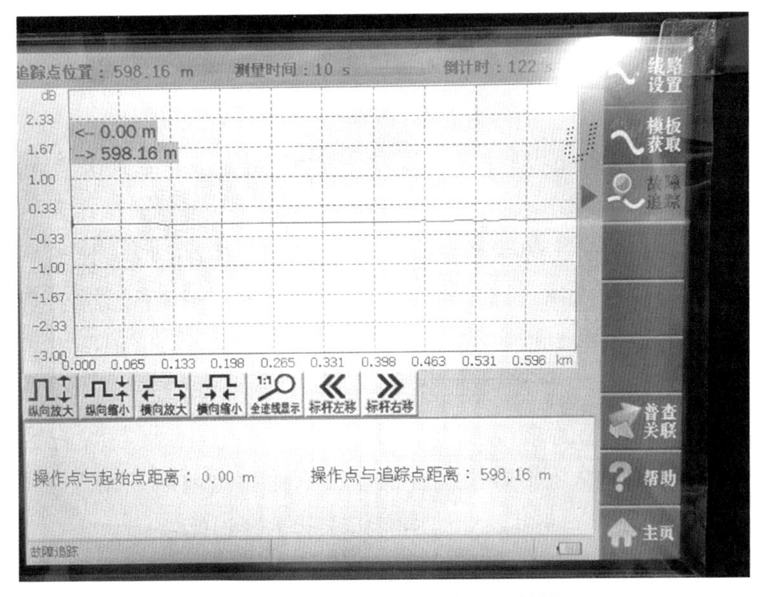

图 2-26　光缆普查仪设备测试结果

案例七　变电站构架 OPGW 纤芯熔断故障

一、背景

变电站构架侧 OPGW 引下部分在与金属构件接触处间隙放电形成高温发热、电弧烧蚀现象，造成 OPGW 外层绞线熔损，最终损伤内层不锈钢管和纤芯，造成运行中的通信业务中断。针对上述现象，老旧 220kV 变电站在 OPGW 接入变电站构架时，存在着 OPGW 与变电站构架接地网连接、OPGW 与变电站构架接地网连接的接触面积过小及接触不良、OPGW 从构架顶部引下时与构架金属构件有非固定性接触的现象。运行中的 OPGW 存在着较强的感应电流和感应电压，在释放电荷能量到变电站接地网的过程中，由于存在材质与构架材质不同，构架接触面不够平整光滑，以及连接不够牢固等因素，造成 OPGW 与构架金属构件非固定性接触处形成放电回路而产生电弧，导致 OPGW 外层绞线逐渐熔化断股。由于变电站站外输电线路杆塔的接地电阻远大于变电站的接地电阻，从而增加了 OPGW 放电电流，加速了 OPGW 的损坏过程，现场故障如图 2-27 所示。

图 2-27　光缆故障

二、主要做法

这是一起由于构架顶端引下的 OPGW 接地不可靠及 OPGW 与构架金属构件有非固定性接触形

成放电回路而产生电弧，导致 OPGW 外层绞线逐渐熔化断股，光单元内塑料部件受高温熔化光纤阻断出现业务中断现象。针对此故障，采取以下做法。

（1）OPGW 应采用与架空地线相同的接地方式，特别是进入变电站时，应在门型架构的上部顶端及下部分别与接地构件可靠连接，保证线路电流或雷电流沿 OPGW 引入变电站可靠入地，避免损坏光缆。

（2）接入变电站构架时，要求将 OPGW 与变电站构架顶端的接地网连接点之间用匹配的专用接地线可靠连接，接地线和变电站构架接地网的金属连接面要求表面平整，牢固连接后具有良好的导电性能，保证 OPGW 与变电站接地网有可靠的第一连接处。

（3）在 OPGW 接续盒的余缆架与顶端的 OPGW 接地点之间适当位置间，将 OPGW 与变电站构架横向金属平台构件接地点或与地面接地网连接点之间用专用接地线可靠连接，保证 OPGW 与变电站接地网有可靠的第二连接处。

（4）在 OPGW 接续盒与余缆架之间适当位置，将 OPGW 与地面接地网连接点之间用专用接地线可靠连接，保证 OPGW 与变电站接地网有可靠的第三连接处。

（5）保证引下 OPGW 与构架所有金属体之间不存在非安装性固定接触点，采用从变电站构架顶端引下的 OPGW 使用带绝缘胶垫固定线夹进行固定，引下部分 OPGW 外体与构架的构件间至少保持 50mm 以上的距离，修复后的 OPGW 如图 2-28 所示。

图 2-28　修复后的 OPGW

三、实践成效

上述做法的实践成效包括以下几个方面。

（1）通过站内 OPGW 构架引下在构架顶端、构架顶端与余缆架之间的中端和余缆架与接续盒之间的末端的三点可靠接地，确保了由于线路短路或雷击引起的大电流沿

OPGW 快速引入变电站可靠入地，避免损坏光缆。

（2）OPGW 站内构架引下在构架联结法兰等突出处加装固定卡具，确保 OPGW 与构架金属体之间不存在非安装性固定接触点，避免形成放电回路而产生电弧损伤 OPGW 外层绞线导致纤芯熔断。

（3）为避免 OPGW 在变电站内烧蚀熔断，还需要注意以下几点：

1）在变电站外的线路终端塔上 OPGW 两侧耐张金具分别可靠接地，可削弱线路方向来的浪涌，减小进入变电站的浪涌幅值。

2）余缆架对地不绝缘时，盘绕余缆应用不易生锈的扎线绑扎牢固，防止似接非接拉弧烧蚀余缆。

案例八　台风对 ADSS 影响分析及部分改进方案

一、背景

2020 年 8 月，黑格比台风对浙江某地南部区域造成严重影响，在清查台风造成影响的工作中，光缆运维人员发现某地南部区域多条 ADSS 出现不同程度的纤芯损坏，通过 OTDR 测量和开接头盒定位的方式，基本确定纤芯断点大多集中在输电塔塔身与光缆的交叉部位，某条 ADSS 光缆损坏情况如图 2-29 所示。

图 2-29　某条 ADSS 光缆损坏情况

二、主要做法

经无人机勘察结果推断，台风影响期间，大风作用于 ADSS 导致其出现风偏摆动，使光缆不断撞击塔身，最终受外力影响，内部纤芯出现损坏。经过调查统计，受影响的 ADSS 均为单线夹的固定方式，该种固定方式仅能提供基本的固定 ADSS 能力，受到台风影响时 ADSS 只能依靠自身重力和张力对抗风力作用，导致 ADSS 光缆不断晃动，撞击塔身。

根据实验室实验结果及现有的运维经验，双线夹的固定方式相比单线夹的固定方式能更有效地固定 ADSS 的位置，减少 ADSS 风偏摆动的幅度，因此可以推断，将单线夹固定的 ADSS 改为双线夹固定可以减少 ADSS 遭受大风情况下撞击输电塔塔身的力度，进而避免 ADSS 受到损害。

2021 年春季防台防汛大检查中，光缆运维人员将沿海所有 ADSS 从单线夹的固定方式改造为双线夹的固定方式，经长期观察验证，双线夹固定 ADSS 受风力影响时晃动幅度相比原固定方式变小，双线夹固定相比单线夹固定能够大幅增加 ADSS 挂接的牢固性。光缆改造前后如图 2-30、图 2-31 所示。

图 2-30　ADSS 改造前

图 2-31　ADSS 改造后

三、实践成效

根据实验室实验结果，双线夹的固定方式相比单线夹的固定方式能够有效减少 ADSS 遭受大风情况下撞击输电塔塔身的力度，随后出现的多起台风事故都未使 ADSS 出现外力造成的纤芯损坏。但值得注意的是，整改至今某地尚未遭受与利奇马、黑格比相似规模的台风，因此该整改措施的效果仍需等待验证。

案例九　光纤复合海底电缆运维管理

一、背景

光纤复合海底电力电缆（简称光纤复合海底电缆）是一种安装投放于海底的特殊电缆。其本质是在海底电缆中加入光纤单元，实现单条海缆既能承载电力输送，又能实现通信传输功能。光纤复合海底电缆的制造技术一直是世界公认的大型复杂技术工程之一，仅有少数国家拥有独立制造的能力，而我国就是其中之一。光纤单元及电缆导电单元的材料结构、排布方式、电缆施工方法等都是决定其可靠性的重要因素。近年来，我国在光纤复合海底电缆的敷设及应用中已投入了大量人力物力，越来越多的岛屿城市通过光纤复合海底电缆与大陆实现电力并网及通信互联。由于安装环境特殊，光纤复合海底电缆长期受海水腐蚀、海浪冲击、过往船只锚损、礁石意外撞击等因素影响，其纤芯受损率远大于其他类型的光缆，因此如何有效保障光纤复合海底电缆的光纤单元可靠运行，是该类型光缆最为主要的问题。但是现有的各种结构材料、结构工艺、运维管理等仍处于不断探索的阶段，远不能有效保障光纤单元的可靠性。

二、主要做法

（一）海缆绝缘材料优化提升

作为运行电缆，绝缘隔热是光纤复合海底电缆必须满足的条件之一。导电单位的运行温度远大于光纤单元，一旦电缆发生过载或短路，会释放巨大热量，虽有海水降温，但是瞬时的高温会导致其填充层及外护套熔化，影响其中的光纤运行。早期的光纤复合海底电缆采用聚乙烯作为外护套及填充物，其可承受70℃高温，已无法满足现有大电流的输电需求。为此，人们对该材料进行改进优化，通过交联技术得到性能更加优异的交联聚乙烯材料，不仅提高了力学性能、耐环境应力开裂性能、耐化学药品腐蚀性能、抗蠕变性和电性能等综合性能，而且在耐温等级上有着非常明显的提高，可使耐热温度从原有的70℃提高到90℃以上，承受170～250℃的瞬时短路温度，极大满足电缆运行需要，提高光纤运行可靠性。

（二）产品结构优化提升

因海底环境复杂，无法有效感知海缆周围环境的变化，海缆在抗外破、抗磨损、抗腐蚀方面需要有特别的设计。据现有数据统计，光纤复合海底电缆因船只锚损、洋流影响、海底磨损等外破方面导致的故障在总体故障占比中占据70%以上。而光纤单元作为海缆中最为脆弱的部分，势必会受到影响。

一般而言，光纤复合海底电缆结构包括外护层、铠装层、填充层、屏蔽层、阻水层、光纤单元、接地馈线、导电单元等。部分厂商为加强电缆防外破能力，在单层铠装层基础上附加铠装亚层；增加屏蔽层结构数量以加强电缆绝缘能力；填充层增加阻燃带层级阻燃内衬层等。根据内置电缆芯数的不同，光纤复合海底电缆可分为单芯电缆和多芯电缆。针对单芯电缆，光纤单元根据不同设计，可以位于不同的位置。对于单芯电缆，较为普遍的是将其置于电缆填充层，这种设计在应用过程中极易受到电缆自身重力或外力拉扯，导致光缆纤芯受损。为解决此问题，人们提出两种方法：方法1是在光纤单元两侧安置填充条以实现减震、防止压迫的作用，再在两侧安置金属丝来承担光纤单元所需承担的拉力或压力，从而实现保护功能，结构如图2-32所示；方法2则是在光纤单元安装铠装层，利用钢丝铠装结构实现光纤单元的抗拉、抗压功能。经过实际运维发现，方法1的结构较为复杂，但是其可靠性优于方法2。

针对多芯电缆，光纤单元普遍位于电缆缆芯空隙处，根据电缆剖面结构，对称分布。光纤外层配置钢丝铠装以保护纤芯，内部填充纤膏。该结构虽比单芯电缆更为可靠，但是光纤单元的保护完全依靠了自身的外层铠装结构，一旦铠装受损变形，其内部的纤芯也将受损。对此提出了采用加强芯及铠装相结合的结构，利用中心束管式结构保护内部纤芯单元，结构如图2-33所示。

（三）运维监管优化提升

为加强对光纤复合海底电缆的实时监控，了解海缆运行的实时数据，降低海缆因各类外破导致的故障，同时确保其在发生故障时能迅速定位故障点，一个成熟的海缆运维方案就显得尤为重要。国网浙江电力通过先进设备监控、智能化技术支持、人工巡视运维等一系列措施手段对海缆进行全方位保护，打造“海陆空”三位一体输电智能运维体系，并在此基础上开发出了国内首套海缆一体化综合监控微应用，实现海缆运行环境的多方位、全天候、多技术手段的立体化监控。通过与政府相关单位合作打造电子海图，

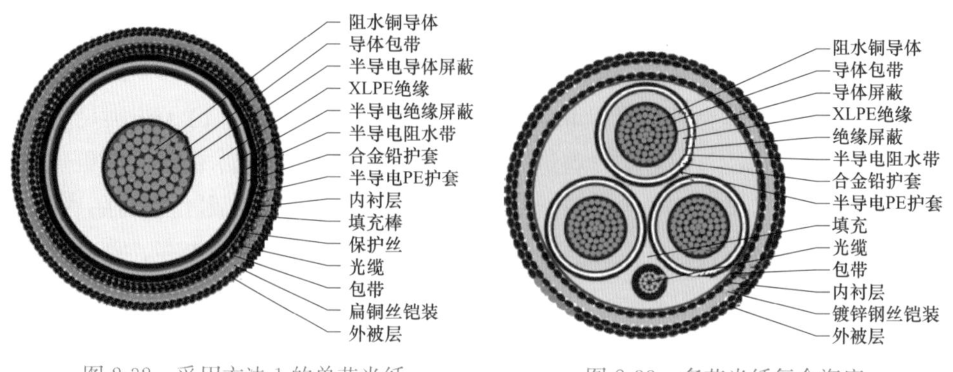

图 2-32　采用方法 1 的单芯光纤复合海底电缆剖面图

图 2-33　多芯光纤复合海底电缆剖面图

实现辖区所有船舶的实时动态监管；海岸摄像头配置红外热成像技术，实现在夜间对船只的动态追踪；采用 AIS 技术、雷达技术、光电扰动监测技术等多项监控技术协同监测，将海缆的监测数据通过光纤单元实时反馈至监控中心，通过后台大数据分析确认海缆运行状态。海缆监控大厅如图 2-34 所示。

图 2-34　海缆监控大厅

此外，国网浙江省电力有限公司舟山供电公司（简称国网舟山供电公司）还创新采用“海上电子围栏”，通过在海图及导航仪显示系统上自动标识海缆禁锚区，实现对海上违章锚泊船只的主动警告、智能报警、快速处置，确保海缆监控保护更加准确及时。除了创新应用各种智能化技防手段，国网舟山供电公司还加大海缆运检船只和人员力量的投入。在重点海域部署应急值守船，联合渔政执法船进行现场驻点值守，并与海警、海事等部门不定期开展保供电联合巡航和海上联合执法演练，不断提升突发状况下的应对处置能力。补强海缆登陆点并进行针对性隐患治理，对潮间带区域海缆进行加固和防护，确保海缆运行安全。持续加大海缆保护宣传力度，深入施工现场、渔业社区、码头等地开展上门宣传活动，积极宣贯海缆保护法律法规，提醒渔民出海作业时禁止在海缆敷设区域内抛锚、捕捞。

三、实践成效

随着我国越来越多的岛屿并入电网，越来越多的海上石油平台、海上风电场投入运行，光纤复合海底电缆的可靠运行愈发重要。通过以上多方面的完善和优化，光纤单元的可靠性将得到极大提升。在日常运维及故障定位方面，也有了有效的手段帮助工作人员对海缆进行管理及快速定位。

虽然现有的光纤复合海底电缆离可靠运行还需要很长一段时间的发展，但是随着科技不断进步，各种新式材料不断涌现，光纤复合海底电缆作为一种重要的光缆类型，势必会随之不断发展，不断优化。结合当前流行的5G通信技术、人工智能技术等，海缆的运维管理也将迈上新的台阶。

案例十　电缆接头故障对同沟同井光缆的影响及改进方案

一、背景

2011年9月30日上午9时42分至10时25分期间，某区域通信调度网管监视发现业务中断。

具体故障现象如下：碧某变电站至某山方向48芯光缆（含碧某变电站至南某变电站8芯光缆、碧某变电站至武某变电站8芯光缆、碧某变电站至菱某所8芯光缆、碧某变电站至埭某所8芯光缆）、碧某变电站至定某桥方向48芯光缆（含碧某变电站至闻某变电站24芯光缆、碧某变电站至城某所24芯光缆）陆续阻断，造成上述光缆所承载的业务全部中断。

经碧某变电站光配OTDR测量，发现碧某变电站出口段光缆纤芯均在距碧某变电站320m处断芯，基本确定纤芯断点。

因碧某变电站出口东至定某桥方向、西至某山方向光缆均利用10kV配电网管道同沟同井敷设，造成这两方向光缆同时阻断故障点，首要排查目标是与配网管道同沟同井敷设地段。

二、主要做法

9月30日11时40分左右，经现场仔细巡查发现与电力管道同井光缆因10kV环网站电缆中间接头井内10kV南某801线中间接头故障，引起光缆燃烧，造成上述方向光缆业务中断，现场故障情况如图2-35、图2-36所示。

（一）故障的直接原因分析

从现场情况分析，故障的直接原因是10kV南某801线中间接头绝缘击穿故障的瞬间高温引起同井敷设光缆外护套的燃烧，导致光缆纤芯烧断。

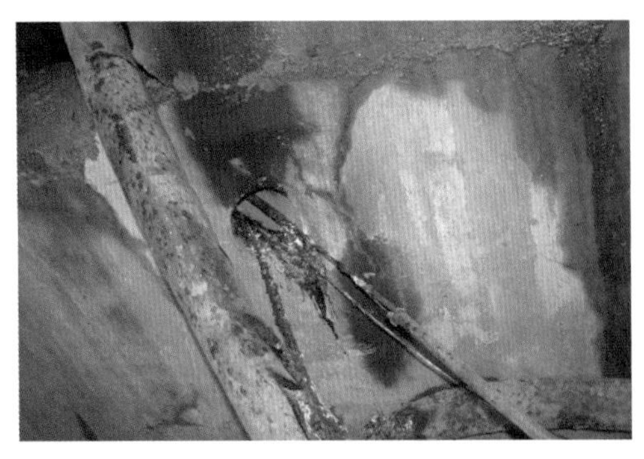

图 2-35　10kV 电缆故障引起光缆燃烧熔断故障点一

图 2-36　10kV 电缆故障引起光缆燃烧熔断故障点二

（二）故障的间接原因分析

（1）光缆敷设的施工不规范，光缆在与 10kV 电缆同井敷设时与 10kV 电缆缠绕，未做相对应的隔离措施（如沿井壁用专用扣钉固定等）。

（2）光缆在与 10kV 电缆同井敷设时未采取必要的防火措施（如采用阻燃护套的光缆或光缆刷防火涂料等）。

（三）采取的针对性措施

（1）对于新建管道光缆线路，全部采用带阻燃护套的光缆材料。

（2）对于存量管道光缆线路，未使用带阻燃护套的材料进行补刷防火涂料，特别是同沟同井存在多根光缆处，采取沿井壁用专用扣钉固定隔离和补刷防火涂料等多种方式，降低光缆故障的可能。

三、实践成效

对于管道光缆采取多种综合性防火阻燃措施后，随后出现的几起电缆接头故障均未造成故障点延伸，有效缩小了故障范围，有力提升了光缆线路的运行可靠性。

第三章　传　　输　　网

传输网由传输介质和传输设备两部分组成，作为电力通信网的核心，其上承载了大量的电网调度生产业务和管理信息业务，为电网的发展提供了坚强可靠的通信保障。本章主要介绍同步数字体系（synchronous digital hierarchy，SDH）、光传送网（optical transport network，OTN）。通过利用光纤线路自动切换保护装置（optical fiber line auto switch protection equipment，OLP）提升光路可靠性、基于高压力绝缘液体的通信设备不停电清洗装置的研制、电力线路保护专网建设、500kV及以上继电保护业务“三路由”优化、网管系统集中管理、高清视频会议接入传输通道扩容故障、骨干通信网SDH设备软件版本归集、板卡故障导致光路持续出现误码等典型案例介绍，从问题分析、优势提炼两种类型总结归纳运维经验，为电力通信网安全稳定运行提供强力的技术保障。

第一节　传输网基本概念与建设运维要点

传输网是用来提供信号传送和转换的网络，是负责将数据包从起点运输到终点，即承担了“搬运工”的角色，而传输技术的不断迭代演进也是为了对信息进行“快、准、稳”的传递。回顾电力通信的发展历史，传输网经历了从电路到光路、从低速到高速、从单一信号到多路信号的演变，在进入光传输时代后，传输网经历了准同步数字（plesiochronous digital hierarchy，PDH）、同步数字体系（SDH）、光波复用（wavelength division multiplexing，WDM）和光传送网（OTN）的演进。

一、基本概念

（一）同步数字体系（SDH）

SDH是一种成熟的、标准的传输体制，它定义了标准化数字信号结构用于同步信号的传输、复用、分插和交叉连接，能够快速、经济、有效地提供各种电路和业务。STM-1是SDH信号最基本的传送帧格式，速率为155.520Mbit/s，4个STM-1信号可以通过字节间插复用的方式，复用成1个STM-4帧格式，速率为622.040Mbit/s，依此类推最高可以复用成STM-64帧格式。字节间插复用的原理如图3-1所示。

1. SDH特点

（1）全世界统一的数字信号速率和帧结构标准。

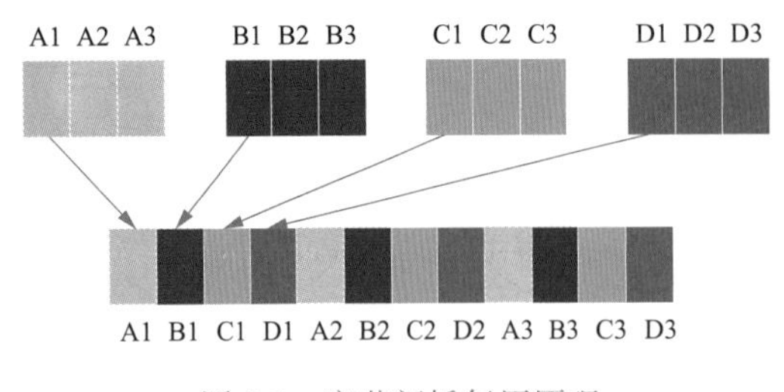

图 3-1 字节间插复用原理

（2）采用同步复用的方式和灵活的复用映射结构。

（3）丰富的开销比特，使网络的操作维护管理能力（operation administration and maintenance，OAM）大大增强。

（4）具有标准光接口。

（5）与现有的 PDH 完全兼容。

（6）以字节为单位复用。

2. SDH 帧结构

SDH 是以字节为单位的矩形块状帧结构，如图 3-2 所示。STM-N 帧由 9 行，270×*N* 列组成。帧长 9×270×*N*×8bit，帧频恒为 8000Hz。SDH 帧结构的三个主要区域是段开销、净负荷、管理单元指针。

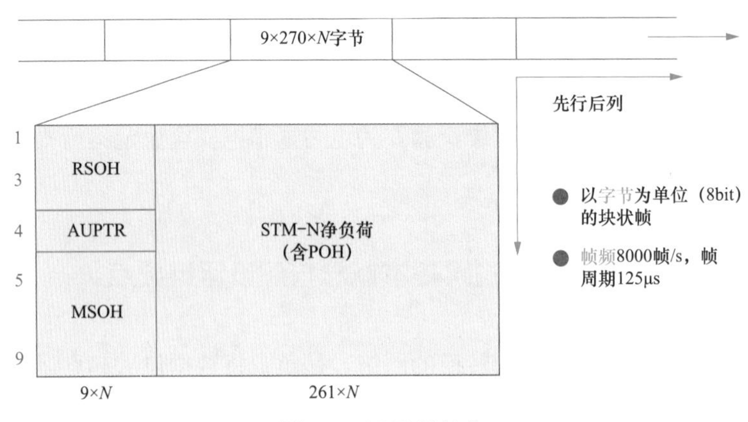

图 3-2 SDH 帧结构

（1）段开销（section overhead，SOH）。提供网络 OAM 使用的字节，包括再生段开销（regenerator section overhead，RSOH）和复用段开销（multiplexing section overhead，MSOH）。

（2）净负荷（Payload）。帧结构中存放各种信息负载的地方。其中，包括少量的通道开销（path overhead，POH）字节。信息净负荷第一字节在帧结构中的位置不固定。

（3）管理单元指针（administrator unit pointer，AU-PTR）。用来指示信息净负荷的第一个字节在 STM-N 帧中的准确位置，以便在接收端能正确地分解。

3. SDH 的复用映射结构

SDH 复用映射结构规定将 PDH 支路信号纳入（复用进）STM-N 帧的过程，包括映射（使各支路信号适配进虚容器的过程）、定位和复用三个过程。我国的 SDH 基本复用映射结构如图 3-3 所示。

（二）光传送网（OTN）

为了解决业务带宽问题，OTN 技术应运而生。OTN 技术可以支持客户信号的透明

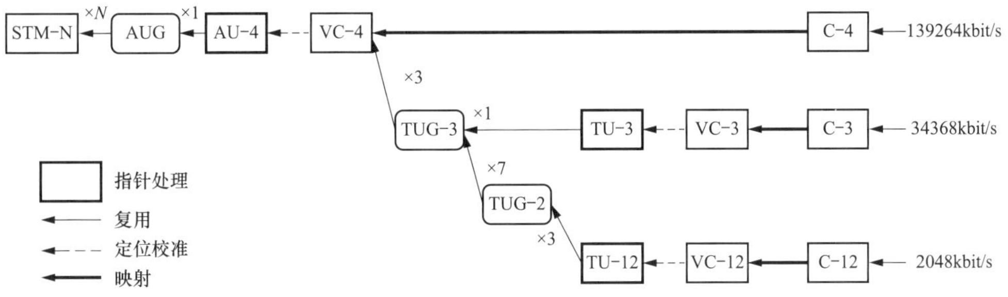

图 3-3　我国的 SDH 基本复用映射结构

传送、高带宽的复用交换和配置，具有强大的开销支持能力，提供强大的 OAM 功能，支持多层嵌套的串联连接监视（transmission control module，TCM）功能、具有前向纠错（forward error correction，FEC）支持能力。

1. OTN 的特点

（1）可提供多种客户信号的封装和透明传输。

（2）大颗粒的带宽复用和交叉调度能力。

（3）提供强大的保护恢复能力。

（4）强大的开销和维护管理能力。

（5）增强了组网能力。

2. OTN 的分层模型

OTN 分层模型如图 3-4 所示。

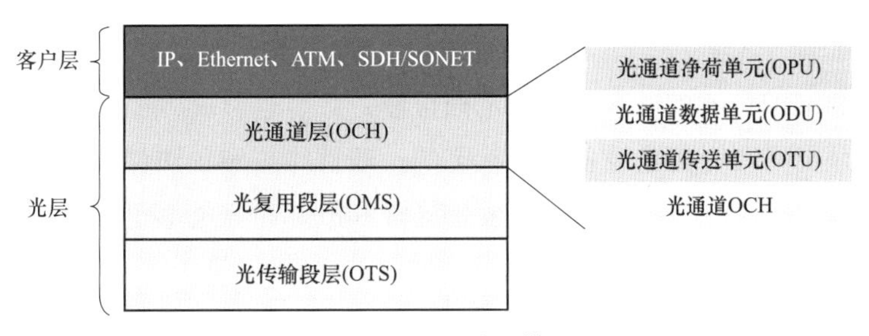

图 3-4　OTN 分层模型

（1）客户信号层：指 OTN 网络所要承载的业务信号，包括 IP、以太网、SDH 等。

（2）光通道净荷单元（optical channel payload unit，OPU）：用来适配业务信号，使其适合在光通道上传输。

（3）光通道数据单元（optical channel data unit，ODU）：以 OPU 为净负荷，增加相应开销，提供端到端光通道的性能监测。实现业务信号在 OTN 网络端到端的传送。

（4）光通道传送单元（optical channel transport unit，OTU）：以 ODU 为净负荷，增加相应开销，提供 FEC 功能和对 OTU 段的性能监测。实现业务信号在 OTN 网络 3R 再生点之间传送。

（5）光通道层（optical channel layer，OCH）：为业务信号提供端到端的组网功能，每个光通道 OCH 占用一个光波长，实现接入点之间的业务信号传送。

（6）光复用段层（optical multiplex section layer，OMS）：为经过波分复用的多波长信号提供组网功能，实现光通道在接入点之间的传送。

（7）光传输段层（optical transmission section layer，OTS）：提供在光纤上传输光信号的功能，实现光复用段在接入点之间的传送。

3. OTN 帧结构

OTN 分为光层和电层，其电层由光传送单元 OTU*k* 组成。OTU*k* 帧结构为基于字节的 4 行×4080 列块状帧结构，如图 3-5 所示，包括 OPU*k*、ODU*k*、OTU*k* 和 FEC。OTU1/2/3 所承载的客户信号速率分别为 2.5G/10G/40Gbit/s。各级别的 OTU*k* 的帧结构相同，但帧周期不同，级别越高，则帧频率和速率也越高，帧周期越短。

图 3-5　OTU*k* 电层帧结构

二、建设运维要点

传输设备的维护一般指日常维护和定期检修。

日常维护是指不改变传输设备运行状态的一般性维护和预防性维护。同时，包括维护设备各类技术资料的齐全性，确保在发生异常和故障时，能够迅速通过技术手段将设备恢复正常或将损失降至最低。

定期检修坚持应修必修、修必修好的原则，综合考虑设备状态、运行情况、环境影响，以及风险等因素。避免盲目检修、过度检修和设备失修，提高检修质量和效率。根据运行巡视、检测和监控系统发现的系统潜在运行风险、缺陷和异常情况确定检修内容，确保传输设备的安全运行。

（一）传输设备日常维护

（1）中心站每日/其他站点每半年现场巡视检查设备板卡告警指示灯情况，如有告警灯闪烁应及时查明原因，开展故障处置。

（2）每半年现场巡视检查设备标识是否清晰、标识有无脱落。

（3）每半年现场巡视检查设备机柜下进线孔封堵、设备接地情况。

（4）每半年现场核查电源接线关系、供电状态。

（5）每日检查设备告警，分析当前的设备硬件告警产生原因，包括紧急告警、重要告警、次要告警。

（6）每月检查全部网元和单板的在线状态，避免出现网元下线、板卡物理拔出，但网管侧未删除情况，确保设备在线，板卡在位。

（7）每月检查网元时间同步状态，应与网管服务器时间一致。

（8）每月检查板卡主备保护、工作状态，确保运行正常。

（9）每月检查网元数据和网管数据一致性，网管数据应与网元数据保持同步。

（10）每月检查网络异常的性能事件，分析性能事件原因，并完成消缺工作。

（11）每月检查单板误码性能，历史24h性能误码应小于10×10^{-4}。

（12）每月检查单板收光功率，收光应在合适范围内，即灵敏度＋3dB＜收光功率＜过载点－5dB。

（13）每月检查设备温度，出现温度过高情况应及时清理风扇、防尘网。迎峰度夏期间，应每周检查一次。

（二）传输设备定期检修

（1）传输设备除尘清扫。每半年开展传输设备风扇、滤网除尘清扫工作，清理设备散热出风网灰尘。

（2）OTN波道平坦度核查。每半年检查OTN波道平坦情况，检查光信噪比（optical signal noise ratio，OSNR）情况，与设计值进行比较，有差异则进行调整。

（3）传输设备光路跳纤方式核查。每半年核对传输设备光路跳纤方式，根据现场情况及时修订方式。

第二节　典　型　案　例

案例一　利用OLP设备提升光路可靠性

一、背景

光通信技术作为当前通信主要支撑技术和实现方式，是坚强智能电网“信息流”的基础承载。然而受灾害天气、外力破坏和光缆老化等因素影响，光缆故障时有发生。光缆发生故障时，新路由通道参数测试、光链路倒换、路由数据收集等工作均需人工现场完成。效率低下的传统光缆运维模式，无法满足智能电网对光通信系统的高可靠性要求。研究新型光纤交换技术，探索高效光缆运维模式，建设智能光缆网络是电力通信发展的重要方向之一。

针对某些重要光缆路由复杂，易受市政施工外力破坏，进而影响电网通信业务正常运行的现象。2020年，国网浙江电力在A、B、C、D等站点加装光切换装置，包含16条重要光路共配置32套OLP设备，提升日常光通信运维工作效率，提高光缆资源数据收集的准确性、实时性和完整性。

二、主要做法

光切换装置是一个独立于通信传输系统，完全建立在光缆物理链路上的自动监测保护设备。其采用先进的动态同步切换光开关技术，当光传输线路上光纤损耗变大或意外折断而导致通信质量下降或通信中断时，系统能够在极短时间内自动地将光传输线路由主用路由切换至备用路由，从而保证了通信线路的正常工作。该装置可将光缆故障恢复时间从数小时压缩至毫秒量级。工作模式如图 3-6 所示。

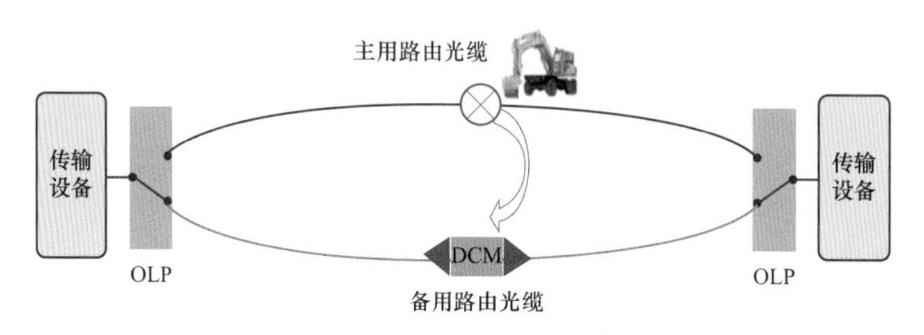

图 3-6　OLP 工作模式示意图

利用 OLP 光切换装置和冗余光纤线路，构建光缆保护网络，对线路实行 1＋1 或 1∶1 方式的线路保护，从而满足国网浙江电力对线路通信保障可用率指标的要求，并实现如下功能。

（1）自动切换功能。主线路光纤阻断，自动切换至备线路，保证通信业务无阻断。

（2）检修调度功能。在主线路正常的情况下，可由网管或设备面板发出指令调度切换工作路由，保证通信业务无中断。

（3）主备纤插损监测功能。可实时监测主用和备用路由的线路插损状况，并根据设定的告警门限告警提示。

（4）掉电、上电保持功能。切换盘掉电或上电，不影响主、备用路由的切换状态，保证系统正常工作；并具备热插拔功能。

（5）网管功能：

1）设备管理。实现对切换设备进行分类、配置、控制。

2）实时监控。实现对 OLP 设备状态和路由线路状况的实时监控。

3）告警管理。实时对切换设备的告警收集、报警、确认。

4）性能管理。可按用户设定的时间间隔收集设备运行状态的数据。

5）安全管理。用户及其权限管理。

6）日志管理。记录系统事件。

7）拓扑显示。实现设备分布及状态的拓扑显示。

三、实践成效

OLP 切换设备介入后，对在用设备的影响分析如下。

（1）设备本身对业务光信号完全透明。

（2）在光端机发射端和配对的接收端之间引入附加损耗最大为3dB，保证接收机的接收功率在合适的范围，并预留足够的富裕度，不会影响在用设备的可靠运行。

（3）引入的偏振相关损耗小于0.1dB，对在用设备的光信号无影响。

（4）引入的偏振模色散小于0.05ps，对10Gbit/s或10Gbit/s以下的在用设备正常工作无影响。

（5）引入的色度色散小于0.5ps/nm，对10Gbit/s或10Gbit/s以下的在用设备正常工作无影响。

（6）引入的波长（C band or L Band）相关损耗小于0.2dB，对单波长和DWDM系统无影响。

OLP装置安装实施后有效解决了光缆线路维护难的问题，达到预期目标：

（1）降低线缆维护费用。

（2）提高故障发现和修复速度，无需中断业务信号的传输。

（3）灵活调度路由，方便线路割接和检修。

国网浙江电力光切换装置已安装和调试，并带业务运行至今，当A站与B站光缆故障，OLP主用2.5G主用光路A站侧收光低或者两侧性能劣化低于限度时，快速发生自动切换，由主发主收自动切换至备发备收，业务无影响，可供检修运维充裕时间排故抢修。当光缆恢复时，再将主备通道切换，实现通信网整体运行稳定，效果良好。实验测试和应用案例表明，OLP设备切换速度快，可以满足通信系统的透明无阻断传输，达到了预期目标所实现的功能，适用于各种光缆运维场景。

案例二　基于高压力绝缘液体的通信设备不停电清洗装置的研制

一、背景

电力通信设备承载继电保护、安稳通道、调度自动化、调度电话等重要业务，需要24h进行不间断运行，是电网安全生产和日常事务处理的重要基础。在长期不间断运行过程中，通信设备不断受到各类灰尘、油污、潮气、腐蚀性气体等沾染源的侵蚀，某省需每6个月开展一次设备清洁维护工作。

近年来，通信设备积尘故障率如图3-7所示，显逐年上升趋势，2017年下半年达到8.3%，严重影响公司信息通信设备的安全可靠性。

而无法停运的关键设备故障占比89.5%，现在多采用吸尘器、毛刷等简易工具进行表面除尘，清洁程度一般并不理想，而且40%积尘设备出现了6个月以内重复故障，现有积尘设备平均清洗时间32min，通信设备清洗方式简单、清洗装备简陋，已无法满足清洗工作任务需要。

二、主要做法

以安全清洁、高效清洁、快速清洁为目标，采用电阻率高于$3\times10^5\Omega\cdot m$的绝缘液

图 3-7 通信设备积尘故障率

体实现不停电清洗，采用 2MPa 以上的高速气流喷射法实现表面附着物快速去除，90% 雾化率的雾化喷淋清洗剂的方式实现清洗效果提升，综合以上绝缘液体清洗、高速喷射清洗、雾化喷淋清洗的优点，研制一种不停电清洗装置，采用该新型装置，能够有效提高清洗效果，实现降低积尘设备故障率，从而进一步提升通信设备运行的可靠性。

该装置由电源模块、空气压缩模块、显示模块、开关模块、连接管、连接头、清洗剂容器、清洗剂和空气喷枪九个部分组成，示意图如图 3-8 所示。

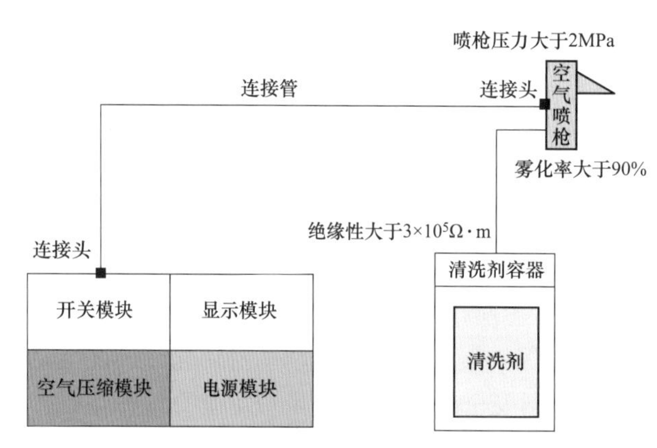

图 3-8 不停电清洗装置系统示意图

按照上述示意图，对各模块选型进行测试分析后，确定最佳方案，如图 3-9 所示。

根据最佳方案，制定详细的实施对策，完成实物制作。实物图如图 3-10 所示。

在检查设备各部件连接情况，对通信板卡进行物理化学混合清洗功能测试后，对机框、板卡、风扇等设备进行了不停电清洗，设备组装完整，功能 100%实现且运行正常。

三、实践成效

针对通信关键设备不能停电，却又积尘故障频发这一问题，创新出高压力物理清洗与高绝缘性化学清洗相结合的方法，研制成的通信设备带电清洗装置在 A 站进行清洗，清洗前后对比见表 3-1。

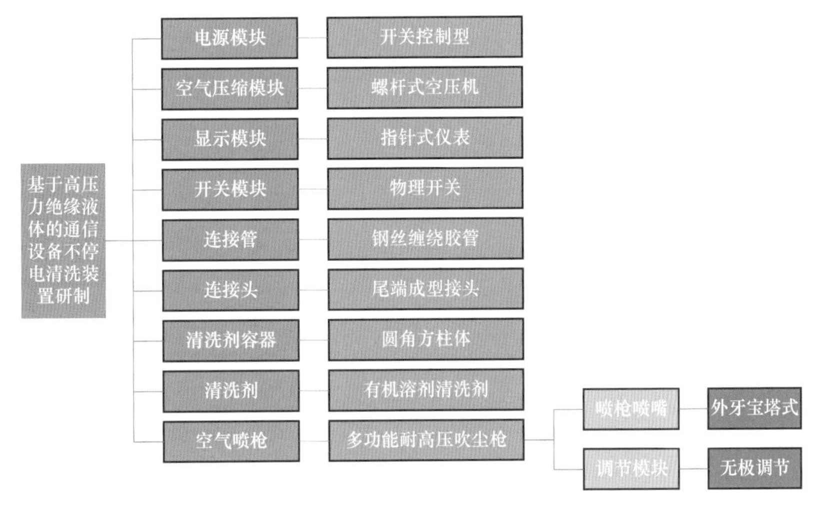

图 3-9　模块选型方案

图 3-10　不停电清洗装置实物图

表 3-1　　清洗前后对比表

部件	机框	板卡	风扇
清洗前			
清洗后			

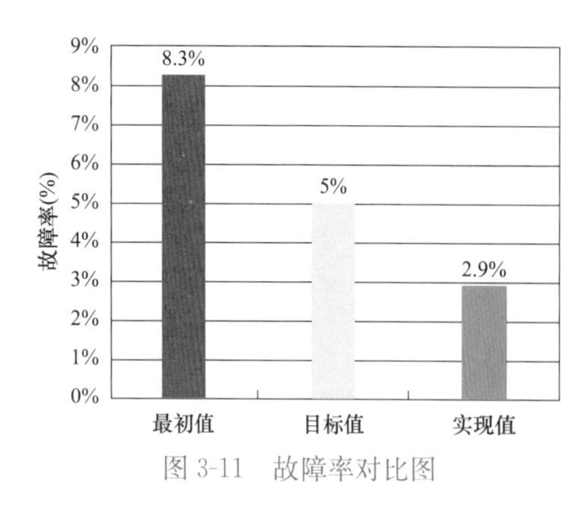

图 3-11 故障率对比图

随后，对 60 座变电站开展清洗测试，统计了从 2018 年 7—12 月共 6 个月期间的积灰故障记录，如图 3-11 所示，发现上年度同期积灰故障率为 8.3%，而采用本装置清洗后积灰故障率仅为 2.9%，优于设定目标值 5%，实现以下几个目标：

（1）信通设备积尘故障率小于 5%。

（2）不停电清洁，且实现安全清洁。

（3）高效清洁，清洁效果显著，且积尘设备 6 个月内无复发。

（4）快速清洁，减 50%的清洗时间，缩短故障时间，提高故障处置效率。

显然，带电清洗可以极大减少设备的积尘故障率，延长信息通信设备的使用寿命，提高设备的可靠性，提升日常清洁运维的效率，为电力通信网的稳定安全运行提供保障，为电网的安全稳定运行保驾护航。

案例三　500kV 及以上继电保护业务“三路由”优化

一、背景

由于电力系统的特殊性，如局部电网和设备事故得不到有效控制，就会造成破坏电网稳定的重大事故发生。继电保护及自动装置对保证电力系统的安全经济运行，防止电网事故发生和扩大起到决定作用。

根据国家电网公司关于“十四五”期间持续提升 500kV 及以上继电保护业务“三路由”工作的有关要求，针对调管范围内 1000kV 交流线路保护及承载于光纤专用芯的 500kV 继电保护业务开展“三路由”优化专项工作。在工程项目前期阶段充分考虑保护业务“三路由”方式安排的需求，确保新建、改建线路保护满足“三路由”方式要求。

对一、二、三级网迂回路由及光纤专用芯可用资源进行摸排，统筹可靠传输资源，结合一次线路停电计划、各类保电工作、风险预警情况及检修工作，对符合条件的线路保护业务通道开展“双改三”及“三路由”调优工作。

二、主要做法

1000kV 交流保护业务方式安排，遵循一、二通道由一级网双平面独立双路由承载，三通道由二级网迂回路由承载的基本原则。部分业务可用传输资源不足以遵循上述方式安排原则的情况，根据实际电路条件对三路由方式进行灵活组织。

500kV 继保业务方式安排，对具备独立三条路由条件的线路保护通道，按照“双装置/双接口，三路由”典型方式的“一二、一三”通信通道配置方式，如图 3-12 所示，组织通信通道一通道采用专用光纤芯方式时，二通道、三通道由二级通信网和三级通信网分别组织的基本原则。部分业务可用传输资源不足以遵循上述方式安排原则的情况，根据实际电路条件对三路由方式进行灵活组织。专用芯所用光缆应为本线光缆，且双（三）缆情况下二、三通道方式安排为直达电路时，电路所在光路应配置 MSP（1+1）保护，且主、备光路分别安排在两根光缆上。

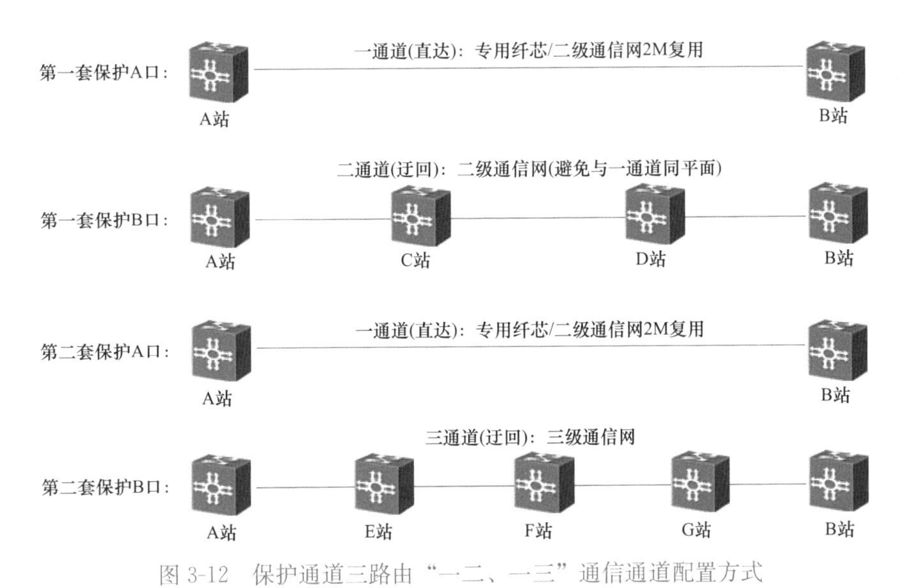

图 3-12　保护通道三路由“一二、一三”通信通道配置方式

500kV 继保业务方式安排，双光缆条件下，部分原有继电保护第三路由保持短路径方式，对第二通道进行长路径迂回，但建议新投线路保护第三通道仍尽量使用长路径迂回的方式进行安排。

三、实践成效

采用“三路由”的 500kV 及以上继电保护业务通道具备“$N-2$”抗风险能力，在故障情况下避免了同一条线路多条保护同时失去的情况，提高了重要调度生产业务抗风险能力，为电力通信网的稳定运行提供可靠支撑手段。既能够实现光通信网简单、可靠、故障率低的优点，又可以发挥通信网络业务调度灵活方便的优势。

为提高继电保护可靠性，国网浙江电力配合开展“三路由”改造工作，目前浙江境内共计 18 条 500kV 线路保护通道已经具备“三路由”。此外，按照华东针对 500kV 保护“三路由”改造的统一安排，国网浙江电力完成共计 20 条线路的 22 套保护通道路由摸排，重点摸排省公司第二迂回路由，以及光纤专用芯可用情况，其中共计 5 条线路具备保护“三路由”改造条件。

保护系统作为保障大电网安全的第一道防线，是保障电力设备安全，防止大面积停电的最基本、最重要、最有效的手段，与电网安全息息相关。500kV 及以上继电保护业务“三路由”提升工作，充分利用现有或新建可靠的 OPGW 光缆，优化调整了重要的调度生产类业务的通道组织方式，大大提升了继电保护通道的可靠性，确保通信网络安全稳定运行。

案例四　网管系统集中管理

一、背景

光传送网网管系统是光传输系统重要组成部分，是传输资源调配和网络监控运行的主要手段，也是保证通信网络高效、可靠、经济和安全运行的重要基础。

浙江全省OTN传输系统品牌为中兴、华为，SDH主流传输品牌分别为烽火、阿尔卡特、中兴和华为，除此之外，还包含，依赛、爱立信、NEC、大唐、泰勒、北电、键桥、络明等小众品牌。随着公司通信骨干网全面开展网络优化改造，设备品牌归一化趋势明显，逐步向华为、中兴、烽火、上海贝尔4个国内主流品牌设备集中。在新的发展形势下，原有网管存在服务器性能较差、网管通道可靠性低、未按等保要求配置安全策略等问题，亟须调整原有的网管管控模式，实现网管系统集约化，以提高网络管理能力、规范管理流程、节约工程投入。

为此，国网浙江电力组织开展三四级骨干传输网管集中建设工作，通过对主流的4个重要通信传输品牌设备进行梳理，提出了网管服务器的统筹配置方案，明确了统一地址规划，以及现有运行传输设备与新建设备接入与割接方案。

二、主要做法

基于电力通信传输品牌繁多、网管监控管理分散的实际情况，通过路由器组网的网管系统集中管理系统，实现主流品牌的通信传输网管在全省范围内省、地、县三个层级统一集中管理。

网管系统集中管理系统（简称网管网）是实现通信专业管理的综合平台。在日常管理过程中，网管网对通信资源进行管理主要包括动态资源管理和静态资源管理。网络架构按照核心层、骨干层、接入层进行设计，统筹服务器部署、各厂家设备特点、网关网元规划等各类因素，构建网管网系统，实现网元全覆盖和系统容灾。在核心层各厂家网管系统主备服务器分别与核心层两个节点相连，各节点采用双上联方式进行连接，网络整体具备抵抗 $N-1$ 失效的能力。

网管网数据骨干层核心为“口”字型结构，选取国网浙江电力本部、备调及常驻办公大楼作为核心节点。骨干边缘节点为地市公司本部及地市公司备调，分别上联至核心节点和备调核心节点，地市本部与地市备调路由器之间通过A平面通信传输网互联。骨干层采用路由器组网。在各个地市公司本部和地市公司备调各配置1台汇聚路由器。地市公司本部骨干边缘路由通过B平面通信传输网接入平面一，地市公司备调汇聚路由器通过省思科基础网RPR环接入平面二。

国网浙江电力本部、省备调和常驻办公大楼核心节点之间通过A平面和B平面光传输通道互联，通道采用分离路由，在一条光缆出现故障时，保证另一条路由上通道不受影响。

网管网内部路由器间通过边界网关协议（border gateway protocol，BGP）建立邻居关系，核心节点间的口字型结构帮助在网络某条通道故障时，路由向另一方向传输，消除单点隐患。网管网拓扑示意图如图 3-13 所示。

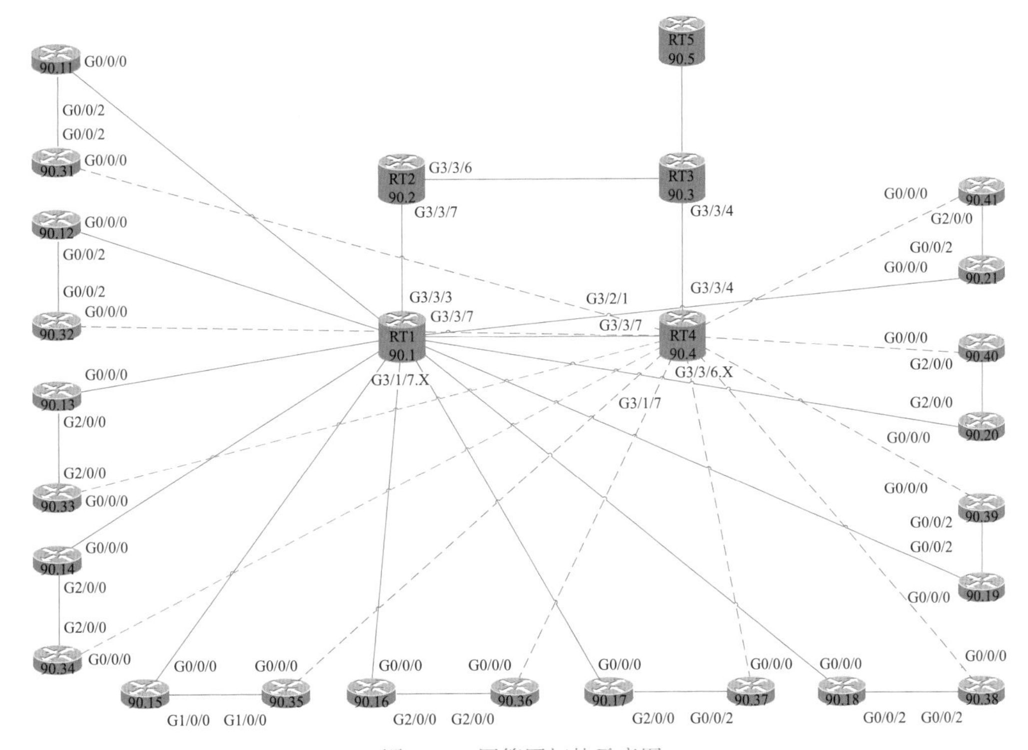

图 3-13　网管网拓扑示意图

网管网采用分层网络结构，具体分为核心层、汇聚层两级网，其双核心、双链路结构的拓扑示意图如图 3-14 所示。考虑到整个骨干网结构及路由精简，骨干层内部网关协议（interior gateway protocol，IGP）协议使用开放式最短路径优先（open shortest path first，OSPF）协议，骨干核心和边缘节点均划分到 Area 0 区域。骨干层网络使用 BGP/多协议标签交换虚拟专网技术（multi-protocol label switching-virtual private network，MPLS-VPN）技术制式，骨干层技术制式外部网关协议（exterior gateway protocol，EGP）使用多协议内部边界网关协议（multi-protocol internal border gateway protocol，MP-IBGP），通过设备品牌、类型进行 VPN 划分，各 VPN 之间不导通，以提高网管数据网的安全性能，实现不同设备网管信息的有效隔离。

三、实践成效

以不影响现有传输系统稳定运行为前提，以实现网管系统高度集约化、高度安全性、高性能、高可靠性为根本目标，集中建设骨干光传送网网管系统，对具有较长生命

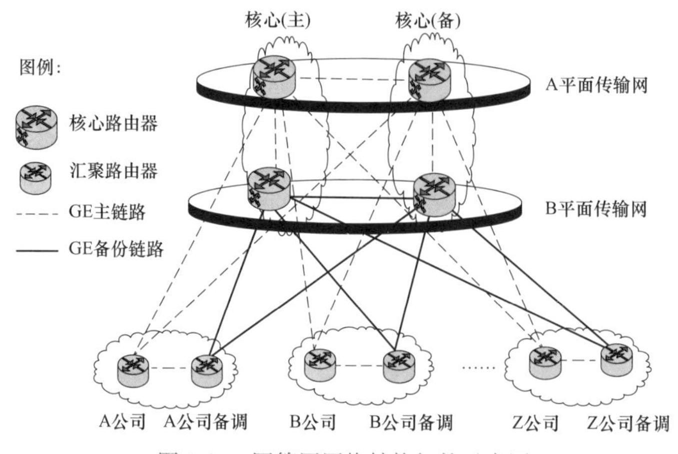

图 3-14 网管网网络结构拓扑示意图

周期的传输系统进行统一管控，并为未来发展预留充分余量。省级网管集中工作建设成果如下。

（1）实现了网管系统的异地灾备。骨干光传送网网管系统集中后，网内任意客户端可通过不同权限账号访问网管系统，充分考虑了传输链路中断、设备故障、电源失电和重大自然灾害等极端情况下网管系统的生存能力和可靠性，满足了网管系统的异地监控功能。

（2）提升了经济效益。传统的传输网络在各个网络层级均部署服务器，网络结构臃肿，造成了较大的资源浪费。骨干光传送网网管集中系统网架内只需各品牌网管系统各部署主、备两台服务器均可，网络结构分层清晰简洁，综合提升了经济效益。

（3）具有良好的可扩展性。骨干光传送网网管系统集中建设在满足现有及规划设备管理需求外，可不影响现在组网结构的前提下，在后续运行过程中新增子网、网元和客户端，具有良好的可扩展性。

省级网管集中建设实现了骨干光传送网网管服务器统一部署和配套网管网集中，保障了骨干光传送网安全、可靠、经济、可扩展的优良性能。

案例五 高清视频会议接入需传输通道扩容故障

一、背景

2021 年 4 月 20 日，为满足高清视频会议接入需求，某公司将高清会议主用通道割接至中兴 OTN 传送网，备用通道割接至阿尔卡特 SDH 光传送网，视频会议设备连接如图 3-15 所示。高清会议通道割接前，主备用传输通分别承载在思科 SDH 传输网和阿尔卡特 SDH 传输网，两端均为阿尔卡特 1660 设备，带宽为 1×VC3 或 2×VC3。割接后，主用通道带宽 1000M 承载在 OTN 传送网，备用通道带宽 2×VC4 承载在阿尔卡特 SDH 传输网，对备用通道拉接会议进行测试时，发现会议终端存在丢包情况，会议画面出现马赛克现象，传输侧发现物理口输入存在丢包现象。

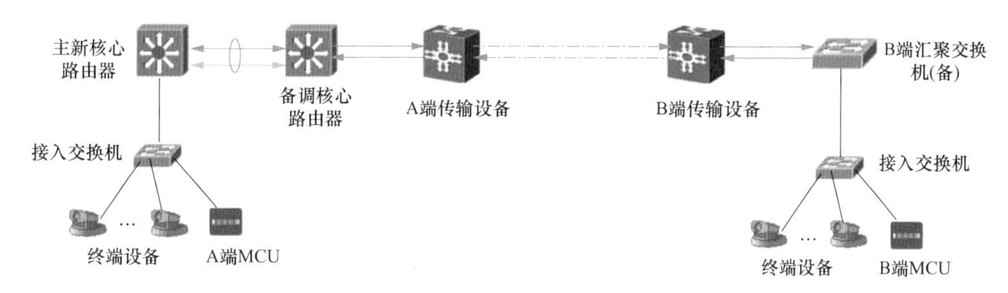

图 3-15 视频会议设备连接示意图

二、主要做法

为排查该故障，分别做了以下测试。

（一）测试 1

A 端阿尔卡特 1660 设备/S19P1 至 B 端阿尔卡特 1660 设备/S18P3，以太网透传模式（ethernet transport service，ETS）传输以太网 GE 业务，带宽 2×VC4，传输最大传输单元（maximum transmission unit，MTU）为 9600，某省汇聚路由器 MTU＝1500，某地区汇聚交换机 MTU＝1500，传输端口模式为强制千兆全双工，对接路由器/交换机端口模式为强制千兆全双工。

测试目的：测试两侧均为 1660SM 设备时，通道接入多少个终端会议会出现马赛克现象。

测试结果：接入会议终端 38 个点均无丢包情况。测试结果显示 1660～1660SM 传输通道，带宽为 2×VC4 可满足高清会议接入需求。

（二）测试 2

传输通道：A 端阿尔卡特 1678 设备至 B 端阿尔卡特 1678 设备，ETS 以太网 GE 业务，传输端口模式为自协商，对接路由器/交换机端口模式为自协商。

测试目的：测试丢包现象是否与会议路由器的 MTU 值有关。

测试结果：省局视频会议多点控制单元（multi control unit，MCU）拉接 4M 高清会议测试配置数据及测试情况见表 3-2，A 端传输/S12P2 端口数据包检测结果如图 3-16 所示。

表 3-2 测试 2 配置数据及测试情况

A 端			B 端			传输速率	拉会终端数（每个终端 4M）	会议终端丢包情况
传输端口	MTU 值	路由器 MTU 值	传输端口	MTU 值	交换机 MTU 值			
A 端/12P2	9796	1500	B 端/S14P1	9796	1500	2×VC4	10 个	无丢包
							15 个	极少量丢包
A 端/12P2	9796	9600	B 端/S14P1	9796	1500	2×VC4	15 个	严重丢包

测试结果显示，无论会议路由器的 MTU 值如何，A 侧均会发生传输侧丢包情况，

	TTO in	TTF in	TDF in	TRCO in	TRCF in	TTO out	TTF out	TDF out	TRCO out	TRCF out
04/23/21 07:14:36	32875745	32621	90	32881505	32711	29024761	30164	0	29024761	29075
04/23/21 07:14:41	31143759	30895	51	31147023	30946	27577092	28657	0	27577092	27577
04/23/21 07:14:46	29442860	29066	4	29443116	29070	25462933	26273	0	25462933	25505
04/23/21 07:14:51	34248216	33891	0	34248216	33891	29304363	30031	0	29304363	29457
04/23/21 07:15:05	86908580	85835	8	86909092	85843	74976233	77589	0	74976233	75055

图 3-16　A 端传输/S12P2 端口数据包检测图

B 站数据包情况正常无丢包。

（三）测试 3

传输通道：A 端阿尔卡特 1678 设备至 B 端阿尔卡特 1678 设备 ETS 以太网 GE 业务，传输端口模式为自协商，对接路由器/交换机端口模式为自协商。

测试目的：传输通道不变，由 A 端为会议主会场，变为 B 端为会议主会场，测试 A 端成为分会场时是否会出现丢包。

测试结果：B 端 MCU 拉接 4M 高清会议测试配置数据及测试情况见表 3-3。

表 3-3　　测试 3 配置数据及测试情况

A 端			B 端			传输速率	拉会终端数	会议终端丢包情况
传输端口	传输 MTU 值	路由器 MTU 值	传输端口	传输 MTU 值	交换机 MTU 值			
A 端/12P2	9796	1500	B 端/S14P1	9796	1500	2×VC4	10 个	少量丢包
							15 个	严重丢包

测试期间，传输侧检测到丢包情况均发生在 B 侧，A 侧传输数据包情况正常无丢包。结合测试 2 和测试 3，可以得出拉接会议时，哪侧使用 MCU 拉接会议，传输丢包情况就会出现在哪侧。

（四）测试 4

传输通道：A 端阿尔卡特 1678 设备至 B 端阿尔卡特 1678 设备，ETS 以太网 GE 业务，传输端口模式为自协商，对接路由器/交换机端口模式为自协商，核心路由器配置平滑限流 100M。

测试目的：路由器设置为平滑限流 100M，是否仍会出现丢包情况。

测试结果：某省局 MCU 拉接 4M 高清会议测试配置数据及测试情况见表 3-4。

表 3-4　　测试 4 配置数据及测试情况

A 端			B 端			传输速率	拉会终端数	会议终端丢包情况
传输端口	传输 MTU 值	路由器 MTU 值	传输端口	传输 MTU 值	交换机 MTU 值			
A 端/12P2	9796	1500	B 端/S14P1	9796	1500	1×VC4	10 个	少量丢包
							15 个	严重丢包

路由器设置为平滑限流 100M，并不能改善丢包情况。

从以上测试可以得到如下结果，1660SM 传输以较低的带宽满足业务承载需求，1678MCC 传输以较高的带宽满足业务承载需求，在 1678MCC 传输承载的情况下，出现业务劣化的时候最先伴随着 1678 对接 MCU 所在的接口出现报文丢弃现象。

通过分析 1678MCC 传输对接 MCU（A 端）侧的流量情况，将会得出如下结论：MCU 所在接口侧的路由器发向 1678MCC 传输侧的流量突发严重，超出了传输设计总带宽（2×VC4），在线流量如图 3-17 所示。

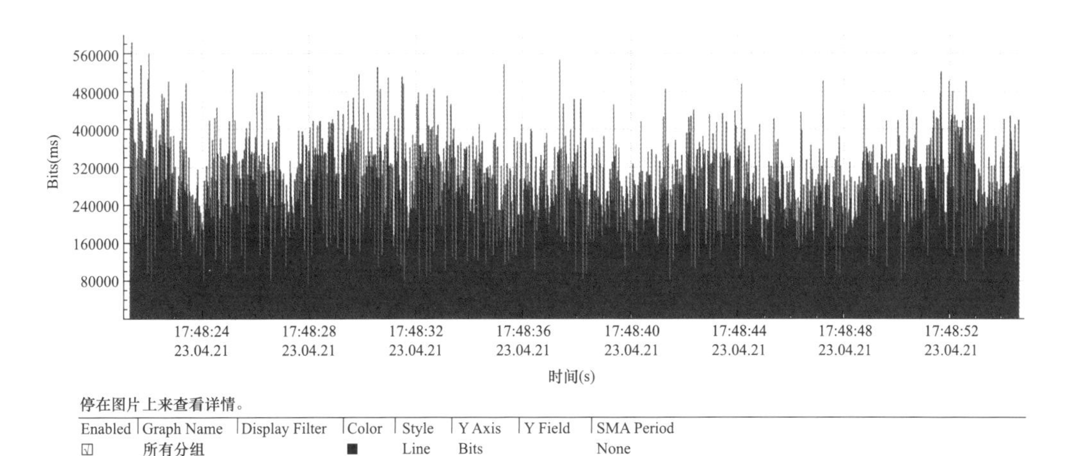

图 3-17　路由器发向传输侧流量监测图

经过单位换算，在 300～560M 之间有相当的突发流量，这部分时段的部分报文将被 1678MCC 传输丢弃，可以预计，如果在带宽之内，1678MCC 传输将不会出现丢包现象，图 3-18 就是同时段 A 端 MCU 所在接口侧的路由器接收 A 端 1678MCC 传输侧发来的流量。

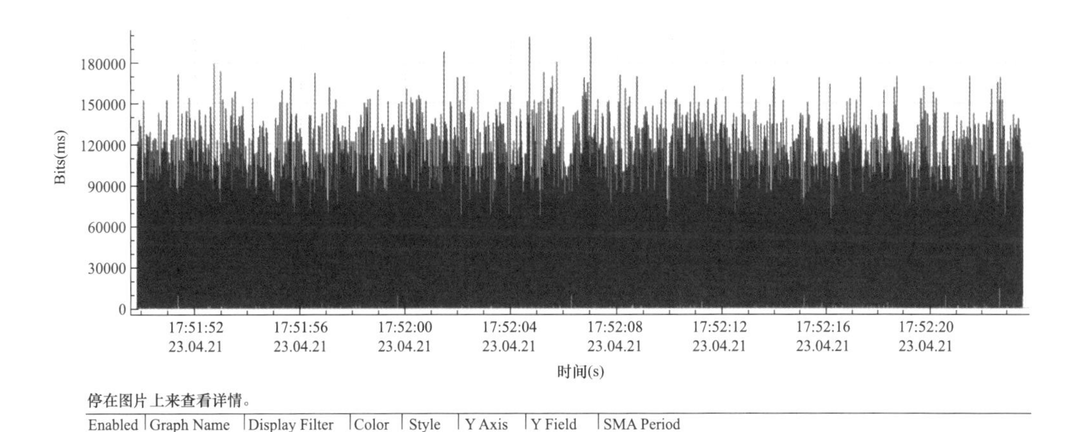

图 3-18　路由器接收传输侧流量监测图

从图 3-18 中看出，所有流量都集中在 180M 以内，因此带宽 2×VC4 的 1678MCC

传输在这个方向上没有出现丢包的情况。

三、实践成效

在两端均为1678设备时，通道带宽由原来的2×VC4增加至5×VC4后，两侧拉接会议均未出现丢包情况。针对高清会议业务，了解其特点，它是利用UDP协议来传递的报文，会带来网络较大的突发和抖动。在后续进行业务割接之前应先了解业务的特点及业务实际流量带宽大小后，根据实际带宽情况申请传输通道；针对实时性业务，若是带宽满足要求，但仍然存在丢包现象，则还可通过选取具有更好平滑能力的设备来消除这个问题。

案例六　华为OSN3500传输主控、交叉板补全升级导致ECC链路风暴

一、背景

某地区10G的站点（目标A站点，故障B站点）均为单主控，单交叉配置，现网运行的主控板（GSCC）和交叉板（SXCSA）经厂家查询为同批次硬件版本，且软件版本相同（5.21.20.55）。为配合某市局对10G骨干环单主控、单交叉站点进行核心板卡补全工作。某市局发来的交叉板和主控板与现网运行的板卡软硬件版本不匹配，用于这两个站点补全的板卡硬件版本较新，软件版本低于现网运行版本。由于华为官方建议要求核心板卡主控软硬件版本强匹配，为保证设备稳定运行，对目标A站点主控交叉板全部升级，完成后将目标A站点替换下来的板卡安插在故障站点B站点上，达到板卡补全目的。

基于现状，核心板卡补全升级实施方案分以下两步。

（1）拟对目标A站点插入主控、交叉备板，对备板进行主控，交叉配套升级至主用板相同软件版本，并对主控，交叉倒换，使其插入备板作为主用板，原主用板作为备板，确认业务正常后将其拔出，再插入另外主控，交叉的备板，再次对现插入备板升级至同一版本，升级完成再一次主控，交叉倒换，同时确认业务，至此目标A站点双主控，双交叉，软硬件版本均一致。

（2）拟在故障B站点插入目标A站点替换下来的备板，并进行主控倒换测试（无须升级，该两个站点软硬件版本原来就一致）。

对故障B站点插入目标A站点替换下来的板卡，并对设备倒换测试后，某地区传输网元大面积反复脱管中断，某地区市局反馈有20余个网元脱管。

二、主要做法

故障B站点补全的主控板和交叉板使用目标A站点更换下来的板卡，未进行拨码清库（拨码清库是指通过对板卡上的拨码开关进行重置，达到板卡上数据库重置清除，恢复出厂配置），备板加载同步成功后即进行主备倒换，导致故障B站点的设备存在部

分目标 A 站点 ECC 链路信息，并于全网开始同步，其 MAC 连接和路由则通过 HWECC 协议重新建立，又由于部分骨干边缘站点未关闭数据通信通道（data communication channel，DCC），导致 DCC 监控域过大，因 DCC 是 OAM 的物理层通路，而 ECC 是建立在 DCC 基础上的逻辑层通路，最终引发并扩散 ECC 链路风暴，如图 3-19 所示。

网元ECC链路管理表

目标网元	转发网元	距离	级别	模式	单板
		0	4	自动	6-N4SLQ16
		0	4	自动	11-N4SL64
		0	4	自动	6-N4SLQ16
		0	4	自动	8-N4SL64
		0	4	自动	6-N4SLQ16
		0	4	自动	12-N1SLQ4
		0	4	自动	7-N4SLQ16
8	8	0	4	自动	7-N4SLQ16
4	4	0	4	自动	7-N4SLQ16
		1	4	自动	8-N4SL64
		1	4	自动	6-N4SLQ16
		1	4	自动	6-N4SLQ16
		1	4	自动	6-N4SLQ16
		1	4	自动	6-N4SLQ16
		1	4	自动	6-N4SLQ16
		1	4	自动	6-N4SLQ16
		2	4	自动	6-N4SLQ16
		2	4	自动	6-N4SLQ16
		3	4	自动	6-N4SLQ16
		4	4	自动	6-N4SLQ16
		5	4	自动	6-N4SLQ16
		6	4	自动	6-N4SLQ16
		7	4	自动	6-N4SLQ16
		8	4	自动	6-N4SLQ16

图 3-19 网元 ECC 链路管理表

分析原因有两个方面。

（1）在网管侧关闭边缘骨干网元（目标 A 站点）部分去往某地区相关线路板的 DCC 通道，把××地区和××地区的设备从现有 ECC 网络中隔离出来，减少 ECC 链路振荡。并等待 15～20min 后逐渐放开（指对在涉及多个子网里面，减少 ECC 链路传递和扩散，降低对骨干节点的压力，当故障站点的 ECC 链路与全网链路同步稳定后再恢复）。

（2）使用 naviugator 工具（华为传送网专用工具，使用该工具效率高，延时小，直接再涉及网元进行操作执行，减少 ECC 链路的跳数目的与第一点相呼应），将转发 ECC 链路条目较大的网元设置最大转发条数长度为 15 跳。待 ECC 链路稳定后，将 ECC 最大距离恢复至默认值（64 跳）。

三、实践成效

为了降低 ECC 风暴的发生概率，提高 ECC 风暴处理效率，可以采取以下预防措施。

（1）合理划分子网，控制 ECC 网络规模。建议每个子网包含的网元不超过 64 个。

（2）不使用自动扩展 ECC。当一个站点连接三个或三个以上网元时，不使用自动 ECC 扩展。如果设备只通过网线连接，建议手动扩展 ECC。这是因为自动扩展的 ECC

形成了一个非常复杂的环网。

（3）合理安排网关位置。当发生 ECC 风暴时，只有网关可以登录。因此，网关在网络中的位置对于故障预防和恢复非常重要。当发生 ECC 风暴时，可以在网关上设置 DCC 或最大路由距离来切断环路。这样，误码导致的无序路由就不会在环路上振荡。因此，在环网中，请确保每个环都有网关、网元。

案例七　骨干通信网 SDH 设备软件版本归集

一、背景

为提升各级通信网络运行维护管理能力，强化通信资源互济共享、备品备件统筹协调，夯实通信网对电网的基础支撑作用，组织开展华为、烽火、阿尔卡特、中兴等四个主流厂家 SDH 设备板卡版本归集工作，建立版本管理机制和标准，逐步实现全网 SDH 设备版本的统一、规范、科学管理。

浙江全省受设备投产时间、备件替换、不定期升级等多重因素影响，各类板卡软件版本繁多、管理混乱，导致发生故障后无法准确匹配备件版本，需要现场进行版本升降级操作，极端情况下需要反复调拨备件，严重影响应急处置效率；同时也造成无法从全网层面统筹备品备件储备的情况，各级备品备件资源统筹协调和互济难以实现。

为实现全网范围内华为、烽火、阿尔卡特、中兴等四个主流厂家 SDH 设备板卡版本统一、稳定，解决老旧版本设备运行安全隐患问题，提升设备故障处置效率，降低设备集中管理难度，保证备品配件全网资源互济得以实现，国网浙江电力开展全省骨干通信网 SDH 设备软件版本归集。

二、主要做法

SDH 设备板卡归集工作主要聚焦各级骨干通信网华为、烽火、阿尔卡特、中兴等四个品牌在服在售的主流设备型号，针对已停止销售、服务的设备型号维持现有版本，原则上通过网络优化和设备替换逐步实现型号和版本的统一。主流型号设备版本归集以软件版本统一为主，原则上不更换硬件，实现全网运维成本下降和运行可靠性提升。归集版本采用安全、稳定的主流运行版本，充分评估升级影响，尽可能减少对业务通道运行的影响。

（一）华为 SDH 设备软件升级

华为 SDH 传输设备根据设备主机版本进行所有板卡的升级工作。板卡类型包括主控板、交叉板、光板、光放板、以太网板、2M 板、辅助接口板等。归集时针对不同主机版本的设备，综合考虑软件版本稳定性、板卡功能完善性、设备硬件配置及网管软件的兼容性等因素，最终统一到三个稳定版本。华为各类设备目标版本见表 3-5。

表 3-5　　　　华为各类设备目标版本表

设备类型	原版本	目标版本	版本说明
OptiX OSN1500、OptiX OSN2500、OptiX OSN3500、OptiX OSN7500	V1R8C02SPC200、V1R9C00SPC700 等	V100R010C03	1. 解决单块交叉单板芯片失效未触发故障隔离，导致分组业务受损问题 2. 解决分组单板故障导致其他分组单板业务中断问题
	V2R11C03SPC200、V2R12C00SPC102 等	V200R015C30SPC300	支持 ASON 功能
OSN1800	V1R9C00SPC300 等	V100R009C00SPC700	解决自动创建 Trunk link 时，端到端下发业务失效问题等

华为 SDH 设备软件版本升级前，需利用华为 DC 升级工具进行扩展检查，同时利用数据库检查工具进行数据库检查，提前消除隐患。

由于华为 SDH 设备软件版本升级需升级设备所有板卡，虽然升级后的软复位的过程中不影响监控和业务，但是在升级业务板和交叉板过程中会影响业务，且若单板涉及逻辑版本升级（升级跨度较大），则需进行硬复位，硬复位单板在没有配置板级保护的情况下，会导致不超过 10min 的业务中断，若单板配置保护则有小于 50ms 瞬断，所以在华为 SDH 设备软件版本工作时均应按照业务会中断处理。

（二）阿尔卡特 SDH 设备软件升级

电力通信网阿尔卡特设备型号主要包括 1660SM、1662SMC、1678MCC、1850TSS-320H 等，本次涉及升级的设备型号主要为 1660SM 和 1662SMC。对于这两种型号设备，只有主控板的 flash 卡中存有设备的主机版本信息；配置的以太网板在网管系统中作为独立的网元管理，存在单独的软件版本，软件包信息存于以太网板的 flash 卡中，所以针对这几类设备除了要考虑升级控制板，还要考虑升级相应的以太网板卡；其业务板卡（包括以太网板、2M 板、高阶/低阶交叉板、光板等）无软件版本信息，无需升级。根据国网版本归集原则，同时结合现网的网管软件版本兼容性要求，针对不同类型设备及以太网板确定目标软件版本。1660SM/1662SMC 设备版本现状及迭代情况和 1660SM/1662SMC 设备以太网版本现状及迭代情况详见表 3-6、表 3-7。

表 3-6　　　　1660SM/1662SMC 设备版本现状及迭代情况表

设备类型	软件版本	推荐目标版本	功能迭代
1660SM（R4，设备最大支持速率 2.5G）	R4. 3	R4. 4B	支持 DCC 通道数量增加，支持 ES1B、ES4B、ES16B 等增强型以太网板，支持 STM-1/4 可插拔模块和模拟量管理
	R4. 4		
	R4. 4B		
	R4. 6	R4. 7	支持 ES1B、ES4B、ES16B 等增强型以太网板，支持 P16S1-4D（16 口 155/622 光板）
	R4. 7		
1660SM（R5，设备最大支持速率 10G）	R5. 2	R5. 55. 89 及以上	支持 P16S1-4D（16 口 155/622 光板）和 2M 光接口板
	R5. 2B		
	R5. 4		
	R5. 5		

续表

设备类型	软件版本	推荐目标版本	功能迭代
1662SMC	R2.0	R2.4B	以太网二层交换功能增强
	R2.4B		
	R2.7	R2.7B	支持 ES1B、ES4B、ES16B 等增强型以太网板，支持 STM-1/4 可插拔模块和模拟量管理
	R2.7B		

表 3-7　　1660SM/1662SMC 设备以太网版本现状及迭代情况

以太网板类型	软件版本	推荐目标版本	功能迭代
ES1-8FE	R1.2	R1.5	以太网二层交换功能增强
	R1.5		
ES1-8FEB	R1.2	R1.5	以太网二层交换功能增强，支持以太网环网保护
	R1.3		
	R1.5		
ES4-8FE	R1.2	R1.5	以太网二层交换功能增强
	R1.5		
ES4-8FEB	R1.2	R1.5	以太网二层交换功能增强，支持以太网环网保护
	R1.5		
ES16	R2.1	R2.4	以太网二层交换功能增强
	R2.4		
ES16B	R2.4	R2.4	R4.0 为厂家过渡版本，不推荐使用，建议归并至 R2.4
	R4.0		

阿尔卡特设备主控板升级过程中，由于主、备主控板自动同步升级，主控板自动重启（20～25min），设备短时脱管，业务不受影响。以太网板版本升级与设备主机版本无强关联，是通过升级以太网板的 flash 卡软件版本完成，升级期间需对以太网板重启以便重新加载配置信息（3～5min），以太网业务短时中断。

（三）烽火 SDH 设备软件升级

烽火 SDH 传输设备以修复板卡运行 bug、提升板卡功能为目的，进行版本迭代更新。各板卡间版本无强相关性，无整套设备软件版本包，需逐个板卡进行升级。升级过程中，待升级包升级完成后，时钟板不会自动复位重启，需在网管侧手动复位板卡。待升级包升级完成后，单板会自动复位重启，重启时间约 10min，其间，单板功能无法正常工作，在没有配置板级保护的情况下业务中断，若单板配置保护则有小于 50ms 瞬断。

（四）中兴 SDH 设备软件升级

中兴 SDH 设备中针对不同设备型号对应不同的目标版本文件，该文件中包含各种型号板卡对应的目标版本，见表 3-8。目标版本中，软件程序为管理单板的程序运行平台，负责管理功能软件；FPGA 程序是功能软件，负责单板的应用功能，升级时需同时考虑软件程序和 FPGA 程序升级。升级时依次进行主控板、交叉板、其他类板卡（无先后）的顺序升级。

表 3-8　　中兴各类板卡目标版本表

板卡名称	软件版本	FPGA 版本	目标软件版本	目标 FPGA 版本
主控板	ENCP V2. 50 R3P15	ENCP V2. 40 R2P02	ENCP-ZXMPS385-PRG-V2. 50R3P18. BIN	ENCP-ZXMPS385-FPGA-V2. 40R2P02. RBF
空分交叉板	CSAZ V2. 40 R2P02	CSAZ V2. 10 R1P04	CSAZ-ZXMPS385-PRG-V3. 20R1P04. BIN	CSAZ-ZXMPS385-FPGA-V2. 10R1P04. FPZ
时分交叉板	TCS128P V3. 00 R1P01	TCS128P V2. 10 R1P01	TCS256P-ZXMPS385-PRG-V3. 20R1P01. BIN	TCS256P-ZXMPS385-FPGA-V2. 10R1P01. FPZ
时钟板	SC(SCIB)V2. 40 R2P02	SC(SCIB)V2. 10 R1P04	SC(SCIB)-ZXMPS385-PRG-V3. 20R1P04. BIN	SC(SCIB)-ZXMPS385-GA-V2. 10R1P04. Z
光放板	OA V2. 10 R1P01	OA 20030716	OA-ZXMPS385-PRG-V2. 40R2P03. BIN	OA-ZXMPS385-FPGA-V2. 40R2P01. FPZ
以太网板	SEE V2. 40R2P09	SEE V2. 10R2P05	SEE-ZXMP-S385-PRG-V3. 20R1P03. BIN	SEE-ZXMPS385-FPGA-V2. 50R2P01. FPZ
2M 板	EPE1C V1. 00 R1P03	EPE1C V1. 00 R1P02	EPE1C--PRG-V1. 00R1P12. BIN	EPE1C--FPGA-V1. 00R1P04. FPZ
公务板	OW V2. 00 R1P04	OW V1. 10 R1P06	OW-ZXMPS385-PRG-V2. 20R1P02. BIN	OW-ZXMP-S385-FPGA-V2. 10-R1P01. MCS
光板	OL16FC V2. 16 R4P01	OL16FC V2. 16 R4P01	OL16FC-ZXMPS385-PRG-V2. 40R3P4. BIN	OL16FC-ZXMPS385-FPGA-V2. 40R3P02. FPZ

升级为目标版本后，优化数据算法，提升单板处理数据能力，数据处理流程稳定，降低网络运行风险。同时，目标版本增加新功能，以 S385 设备为例，目标版本增加 2M 光板接入功能，可满足新业务接入需求。

三、实践成效

按照整体归集原则，省内共升级华为 735 台套、烽火 102 台套、阿尔卡特 56 台套，共升级华为备件 379 块、烽火 6 块。

骨干通信网 SDH 设备版本归集强化了入网设备版本管控，针对在运设备，通过版本归集实现存量设备统一；同时，以目标版本为标准，实现对新入网设备版本的准入管理，确保能与在运系统保持一致。建立了常态化设备版本管理制度和机制，持续跟进厂家新版本迭代，统筹考虑升级更新必要性和可行性，组织全网定期开展版本统一升级工作。针对停产设备的运维保障，统筹建立设备全生命周期管理机制，推动网络优化和设备替换，消除老旧设备运行隐患，逐步实现全网设备型号和版本的归一。

案例八　中兴 ZXONE 8700 设备放大板发光突降故障

一、背景

2022 年 4 月 18 日，某地区通信调度网管监控发现，中兴光传输 OTN 网络 A 站主子架 0-1-6-EONA2520 放大板 IN 口上报输入光功率越限（预警低门限）告警，检查 A 站 EONA2520 放大板 IN 口历史性能输入光功率发生多次无收光。检查 A-B 光路对端 B 站 0-2-28-SEOBA2220 OUT 口历史性能输出光功率发生多次无发光，每次发生无发光持续 3～4s 后发光恢复。

二、主要做法

A、B 站点连接如图 3-20 所示，告警在 A 站点上报，A 站点输入无光后上报告警，A 站 EONA2520 放大板 IN 口输入光经过的光路为 B 站 SEOBA2220 OUT 口—B 站 ODF 架—AB 之间光缆—A 站 ODF 架—A 站 0-1-6-EONA2520 放大板 IN 口。

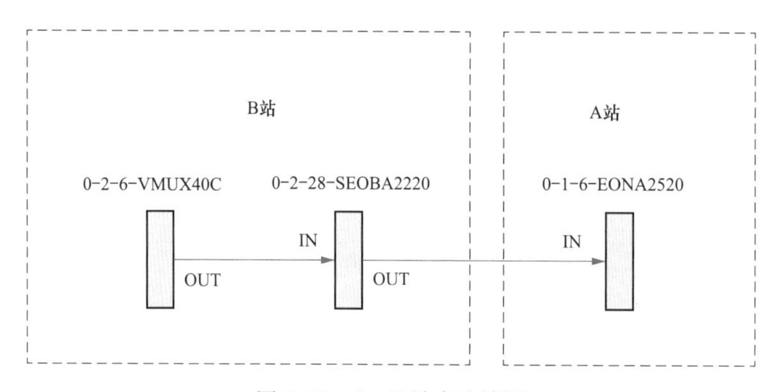

图 3-20　A、B 站点连接图

检查 B 站 SEOBA2220 OUT 口历史性能发现，B 站 SEOBA2220 OUT 口有发光突降/无发光情况，每次持续 3～4s 后恢复，且时间和 A 站告警上报时间一致，如图 3-21 所示。

历史告警)-EONAS2520(0-1-6)/

行号	确认状态	告警级别	网元内定位	告警码	越限类型	发生时间	告警恢复时间
1	未确认	主要	EONAS2520(0-1-6)/-输入端口OTS宿:1(IN)	输入光功率(dBm)越限（预警低门限）(4242)	--	2022-04-18 04:12:34	2022-04-18 04:12:37
2	未确认	主要	EONAS2520(0-1-6)/-输入端口OTS宿:1(IN)	输入光功率(dBm)越限（预警低门限）(4242)	--	2022-04-18 02:06:54	2022-04-18 02:06:59
3	未确认	主要	EONAS2520(0-1-6)/-输入端口OTS宿:1(IN)	输入光功率(dBm)越限（预警低门限）(4242)	--	2022-04-18 00:28:23	2022-04-18 00:28:27
4	未确认	主要	EONAS2520(0-1-6)/-输入端口OTS宿:1(IN)	输入光功率(dBm)越限（预警低门限）(4242)	--	2022-04-17 20:14:04	2022-04-17 20:14:09
5	未确认	主要	EONAS2520(0-1-6)/-输入端口OTS宿:1(IN)	输入光功率(dBm)越限（预警低门限）(4242)	--	2022-04-17 16:58:58	2022-04-17 16:59:03
6	未确认	主要	EONAS2520(0-1-6)/-输入端口OTS宿:1(IN)	输入光功率(dBm)越限（预警低门限）(4242)	--	2022-04-17 14:50:56	2022-04-17 14:50:59
7	未确认	主要	EONAS2520(0-1-6)/-输入端口OTS宿:1(IN)	输入光功率(dBm)越限（预警低门限）(4242)	--	2022-04-17 07:37:29	2022-04-17 07:37:34
8	未确认	主要	EONAS2520(0-1-6)/-输入端口OTS宿:1(IN)	输入光功率(dBm)越限（预警低门限）(4242)	--	2022-04-17 04:05:20	2022-04-17 04:05:23
9	未确认	主要	EONAS2520(0-1-6)/-输入端口OTS宿:1(IN)	输入光功率(dBm)越限（预警低门限）(4242)	--	2022-04-17 03:13:28	2022-04-17 03:13:32
10	未确认	主要	EONAS2520(0-1-6)/-输入端口OTS宿:1(IN)	输入光功率(dBm)越限（预警低门限）(4242)	--	2022-04-16 21:00:17	2022-04-16 21:00:20
11	未确认	主要	EONAS2520(0-1-6)/-输入端口OTS宿:1(IN)	输入光功率(dBm)越限（预警低门限）(4242)	--	2022-04-16 20:10:53	2022-04-16 20:10:58

图 3-21　A 站历史告警图

B 站 0-2-28-SEOBA2220 OUT 口输出光是从 B 站 0-2-28-SEOBA2220 IN 口经过该单板放大后传递的，B 站 0-2-28-SEOBA2220 IN 口是从 B 站 0-2-6-VMUX40C OUT 口发送，B 站 0-2-28-SEOBA2220 IN 口和 B 站 0-2-6-VMUX40C OUT 口历史性能都无异常，判断 B 站 0-2-28-SEOBA2220 OUT 口发光异常是由 B 站 0-2-28-SEOBA2220 单板开始，与 B 站 0-2-6-VMUX40C OUT 口至 B 站 0-2-28-SEOBA2220 IN 口尾纤和两侧端

口无关，A 站告警分析如图 3-22 所示。

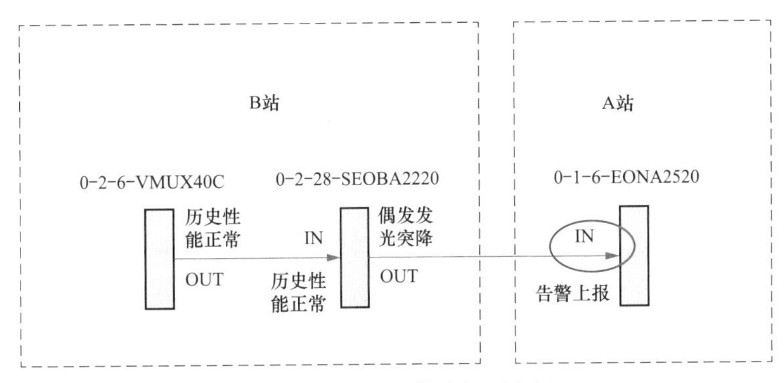

图 3-22　A 站告警分析示意图

查询 B 站 0-2-28-SEOBA2220 单板性能，发现激光器偏置电流（驱动电源中放大器的输入电路的静态电流）一般为 200～400mA，而 B 站 0-2-28-SEOBA2220 放大板激光器偏置电流为 698.24mA 远高于正常值。U31 网管对该性能的门限为 15～1000mA，当 B 站 0-2-28-SEOBA2220 放大板激光器偏置电流小于 690.91mA 时，未发生发光突降情况，当激光器偏置电流达到 695.80mA 时，激光器偏置电流有明显突降现象，对应为 B 站 0-2-28-SEOBA2220 放大板 OUT 口发光突降，A 站 0-1-6-EONA2520 放大板 IN 口收光突降。当激光器偏置电流达到 698.24mA 时，激光器偏置电流有低于检测范围现象（即单板放大模块发生自动复位，放大功能失效），对应为 B 站 0-2-28-SEOBA2220 放大板 OUT 口无发光，A 站 0-1-6-EONA2520 放大板 IN 口无收光。

2022 年 4 月 24 日 10 时 44 分，经调度电话许可后，现场使用终端网管登录进行 B 设备数据安全备份，使用终端网管进行登录检测该单板告警、业务、配置、性能等数据信息，判断 0-2-28-SEOBA2220 放大板有故障。

分析总结：放大板偏置电流阈值在 U31 网管范围内 15～1000mA，但当偏置电流超过某个阈值（690.91～695.80mA）触发发光突降，即放大板放大功能受影响产生波动，当激光器偏置电流达到 698.24mA 时单板放大模块发生自动复位，放大功能失效，单板未复位。U31 网管和单板软件对偏置电流的阈值不一致，导致网管根据采集性能上报状态，单板根据自身阈值执行运行状态，当超出单板软件阈值范围则单板下发单板内部各模块状态变更命令，当超出 U31 网管阈值范围时上报告警。

三、实践成效

更换 B 站 0-2-28-SEOBA2220 放大板后，放大板 OUT 口发光恢复正常，A 站 0-1-6-EONA2520 放大板 IN 口收光恢复正常，A 站 0-1-6-EONA2520 放大板 IN 口告警输入光功率越限（预警低门限）告警消除。网管监测 60min 检测确认设备所有板卡工作正常，所有业务工作正常后向调度申请结束本次工作。

放大板经 EDFA 放大后，输出光功率＝单波入纤功率＋10lg$n$（n＝波道数量），

B站 0-2-28-SEOBA2220 放大板 OUT 口发光功率为+17dB，强度较高，单板内部泵浦运行情况对放大板功能影响较大。随着时间推移，单板内部元器件会有性能允许范围内的磨损和老化，B站 0-2-28-SEOBA2220 放大板激光器偏置电流在网管的门限范围内，但已超过单板内的软件版本许可的范围（约 500mA），所以触发放大功能软件失效。

对 0-2-28-SEOBA2220 放大板进行版本升级检测，核验后如能通过特定版本升级解决软件失效问题，进行 0-2-28-SEOBA2220 放大板和主控板版本、U31 网管版本兼容性分析和验证，兼容性验证通过后，可通过远程版本升级解决软件失效故障，当偏置电流再次提升到超过 U31 网管阈值 1000mA 时需现场进行单板替换。

日常运维加入每日对 0-2-28-SEOBA2220 单板激光器偏流性能的检测，对高于 500mA 的单板重点关注激光器偏流性能变化趋势，如发现较短的时间内激光器偏流有明显提升，可提前准备人员和备件进行处理。

案例九　光路子系统 FEC 板卡故障导致光路持续出现误码

一、背景

2020 年 7 月 22 日 8 时 40 分，通信调度网管巡视发现 A 站至 B 站某设备 10G 备用光路持续出现误码。通过网管侧打软环和现场打硬环，确定故障点为 A 站 FEC 板卡。后续对 FEC 板卡更换后，站点 A 至站点 B 的 10G 备用光路恢复正常。

站点 A 至站点 B 的直达光缆长度为 216km，无中间跳接站点，光路配置有光路子系统。光路子系统配置有 FEC 板卡、EDFA-BA 板卡、EDFA-PA 板卡，以及色散补偿板卡。板卡间信号流图及光功率值如图 3-23 所示。

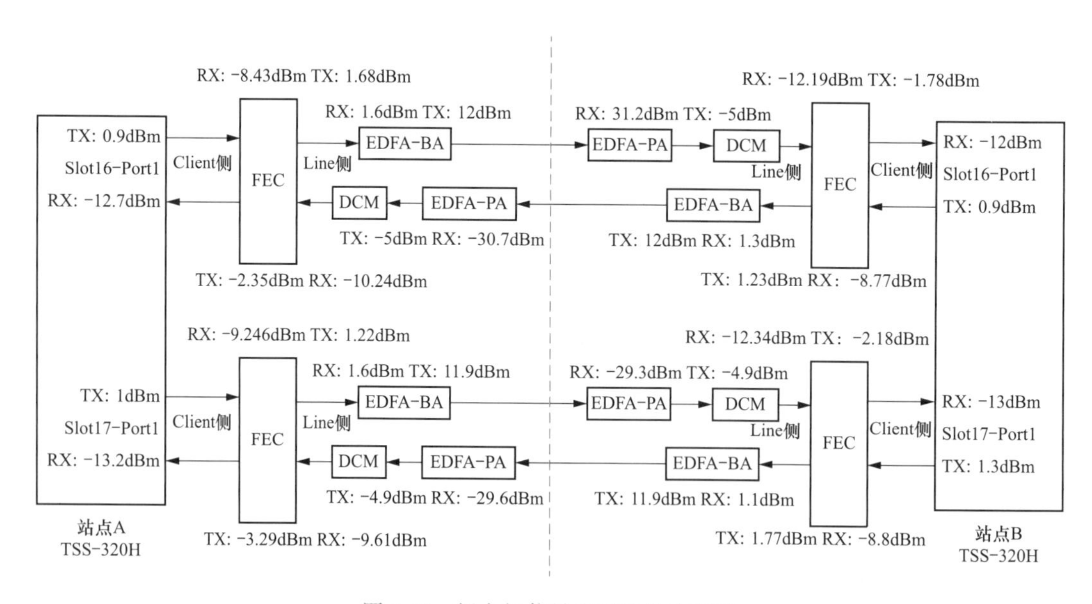

图 3-23　板卡间信号流图及光功率值

二、主要做法

8 时 50 分，根据告警信息检查 A 站至 B 站备用光路性能指标发现：①A 站侧复用段 MS 近端持续出现误码，无严重误码秒或不可用秒；②B 站侧复用段 MS 远端持续出现误码，无严重误码秒或不可用秒，复用段 MS 近端无误码。初步判断 B 站发信端至 A 站收信端存在故障点。

9 时 10 分，运维人员通过光传送网管及某光路子系统网管，查询备用光路相关 10G 光卡、FEC 板卡、EDFA-BA 板卡和 EDFA-PA 板卡的收、发光功率值，并与历史数据及主用光路数据进行比较分析，数据之间差别不大，于是排除因线路损耗增大产生误码的可能。

9 时 30 分，运维人员排查是否为 B 站侧 EDFA-BA 的发光功率较高引起非线性效应产生误码，通过光路子系统网管将 B 站侧 EDFA-BA 的发光功率从 12dBm 调整至 11dBm。观察约 15min，光路仍持续出现误码情况。于是排除光路因 EDFA-BA 的发光功率较高引起非线性效应而产生误码，随即将站点 B 侧 EDFA-BA 的发光功率恢复至 12dBm。

10 时，运维人员通过网管对 FEC 板卡设置软件环回，帮助故障定位。利用 FEC 板卡的软件环回功能，开展逐段环回测试，具体操作如下。

（1）对站点 B 侧 FEC 板卡设置为“客户侧外环回”，环回如图 3-24 所示。

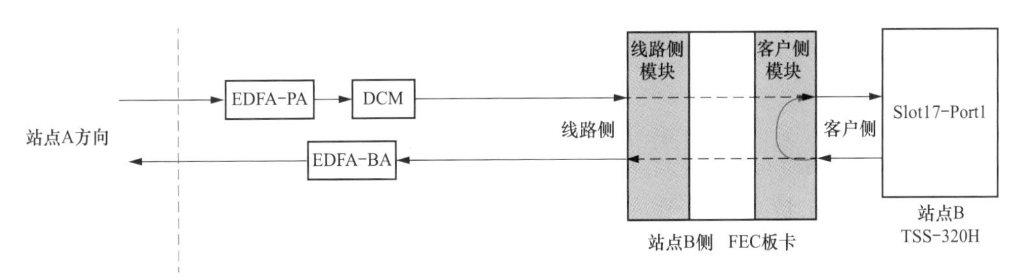

图 3-24 客户侧外环回测试图

站点 B 的传输设备 17 槽 1 口的 15min 性能监测结果正常，无误码，说明站点 B 侧 FEC 板卡至站点 B 侧传输设备无问题。

（2）对站点 A 侧 FEC 板卡设置为“线路侧外环回”，环回如图 3-25 所示。

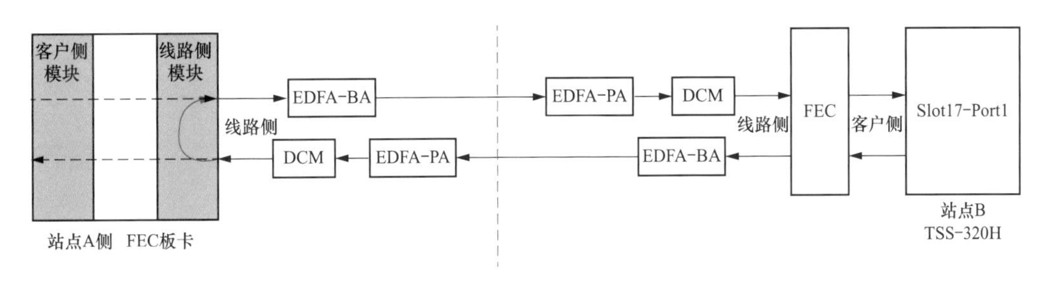

图 3-25 线路侧外环回测试图

站点 B 的传输设备 17 槽 1 口的 15min 性能监测结果正常，无误码，说明站点 A 侧 FEC 板卡至站点 B 侧传输设备无问题。

（3）对站点 A 侧 FEC 板卡设置为“客户侧内环回”，环回如图 3-26 所示。

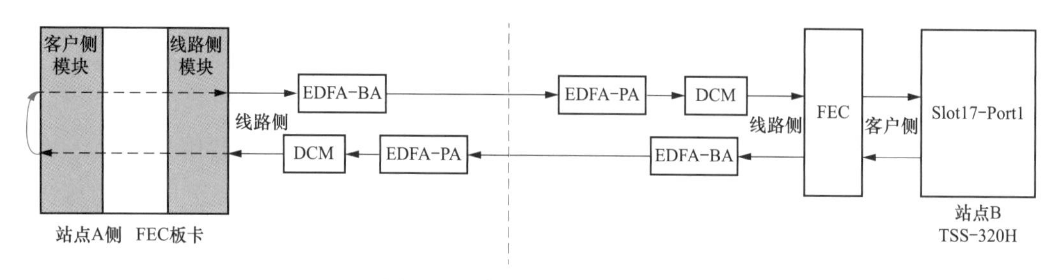

图 3-26 客户侧内环回测试图

站点 B 的传输设备 17 槽 1 口的 15min 性能监测结果正常，无误码，说明站点 A 侧客户侧板模块至站点 B 侧传输设备无问题。

（4）对站点 A 侧 FEC 板卡设置为“客户侧外环回”，环回如图 3-27 所示。

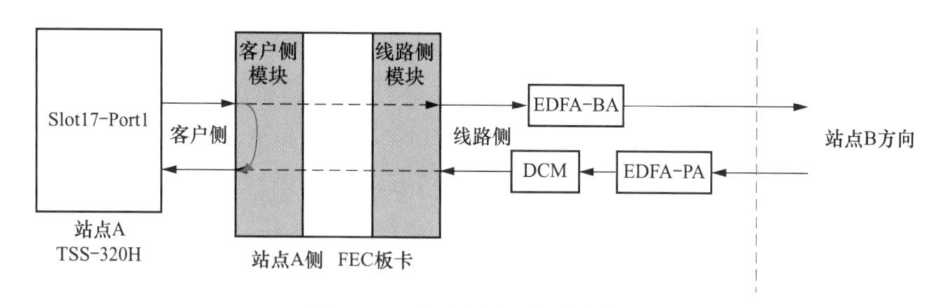

图 3-27 客户侧内环回测试图

站点 A 的传输设备 17 槽 1 口的 15min 性能监测持续有误码，以此判断故障点位于站点 A 的传输设备 17 槽 1 口至站点 A 的 FEC 板卡客户侧模块之间。

12 时，通信调度员根据软件环回测试结果通知属地通信运维人员赶往站点 A 进行排查。

12 时 20 分，通信运维人员抵达站点 A。通信调度要求运维人员加 10dB 光衰对站点 A 的 H 型传输设备 17 槽 1 口进行硬件环回。环回如图 3-28 所示。

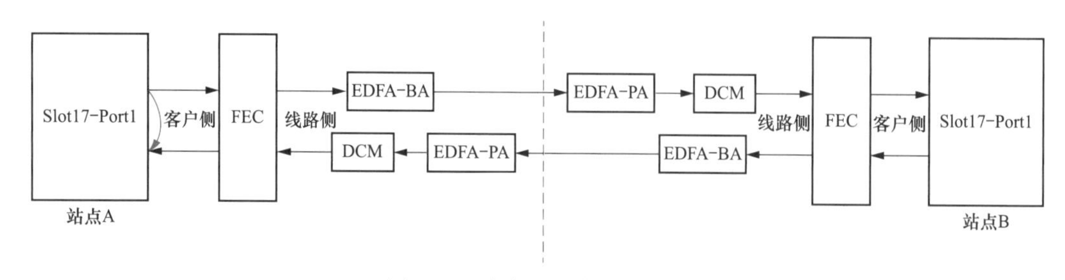

图 3-28 站点 A 设备硬件环回

站点 A 的传输设备 17 槽 1 口的 15min 性能监测结果正常，无误码，由此判断站点

A 的该传输设备 17 槽 1 口无异常。

14 时 45 分，通信调度要求运维人员加 5dB 光衰对站点 A 的 FEC 板卡客户侧光模块进行硬件环回。15min 性能监测持续有误码，判断故障点为站点 A 的 FEC 板卡客户侧光模块故障。

三、实践成效

经属地通信运维人员更换 FEC 板卡后，站点 A 至站点 B 的 10G 备用光路恢复正常。通信网管确认光路正常，并进行了 30min 的性能监测。15 时 30 分，结束此次消缺工作。

本次故障消缺处理过程，充分体现了在处置包含光路子系统的光路误码故障过程中，快速准确定位故障点的重要性。针对含有 FEC 模块的光路，通信调度可使用网管的软件环回功能，并结合 SDH 光传输设备网管性能监测功能，在属地运维人员还未上站时就可开展故障点排查工作。通过逐段软件环回，缩小故障定位范围，从而提高故障处置效率，缩短故障处置时间。

此外，通信调度需加强对光传输设备网管光路子系统网管的巡视力度，定期检查光路性能指标，及时发现并消除光路误码等潜在安全隐患。

案例十　华为 SDH2.5G 环网光路存在鸳鸯纤导致业务中断

一、背景

某地市一个华为 SDH 传输网简化为由 A、B、C、D 四个站点组成，如图 3-29 所示。其中 B 站点到 A 站点的 2M 业务和以太网业务，业务配置 SNCP 保护，假定工作通道为 A-B，保护通道为 A-D-C-B，采用一致路由模式。

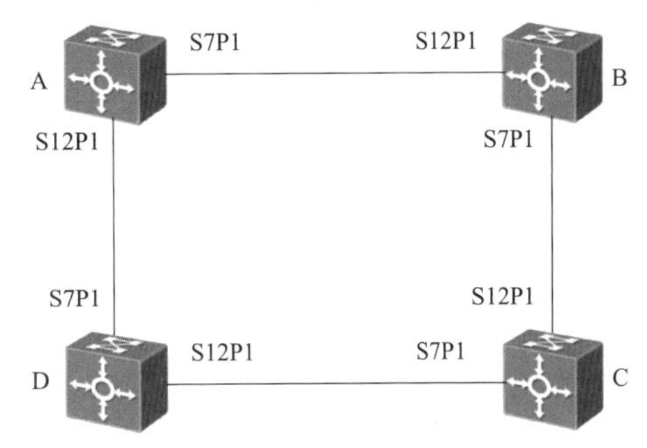

图 3-29　华为 SDH 光传送网

通信调度网管监控发现 A 站点至 B 站点之间光路中断，网管上除了由 A、B 互联光口的 R_LOS 告警，A、B 站点的业务板上还上报了大量的 TU_AIS 和 VCAT_SQM 告警，该告警的产生表明受影响的业务已经发生中断，通信调度人员一方面立马派遣光缆运维人员对中断光路经行紧急修复；另一方面组织人员对产生大量的 TU_AIS 和 VCAT_SQM 告警的原因进行分析，需要在确定故障原因后，派遣运维人员对故障进行处理，恢复业务通道的正常运行。

二、主要做法

当 A-B 站点之间光路发生中断，导致 A-B 的业务工作通道中断时，由于业务配有

SNCP 保护，在保护通道正常的情况下，A、B 站点会选收 A-D-C-B 保护通道发来的业务数据，业务板不会产生 TU_AIS 和 VCAT_SQM 告警。但是，若 A、B 站点保护通道最初就无法收到对方的业务数据，当主用通道中断时，虽然会触发 SNCP 保护，但是业务也无法从工作通道倒换到保护通道，此时 A、B 站点的业务板始终无法读取到对端站点发来的业务数据，从而导致 TU_AIS 和 VCAT_SQM 告警的产生。当大量业务上报此类告警时，主要考虑由光路故障引起，如光路中断、光路性能劣化、光路鸳鸯线等现象。

通信调度网管监控发现 A 站点至 B 站点之间光路中断，设备上报大量的 TU_AIS 和 VCAT_SQM 告警，业务发生中断。通信调度人员在结合近期光缆维护记录后发现，B-C 站点之间光缆之前在夜间发生过中断，虽已修复，但怀疑光缆接续时芯纤熔接时发生了错芯，导致 B、C 站点和其他某个站点之间互联光路发生错乱，设备实际互联端口与网管上的配置不一致，存在鸳鸯纤现象，如图 3-30、图 3-31 所示。

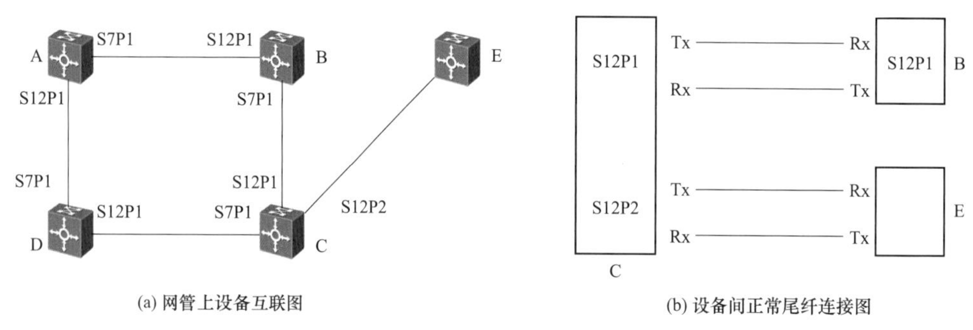

(a) 网管上设备互联图　　(b) 设备间正常尾纤连接图

图 3-30　网管上设备互联图和设备间正常尾纤连接图

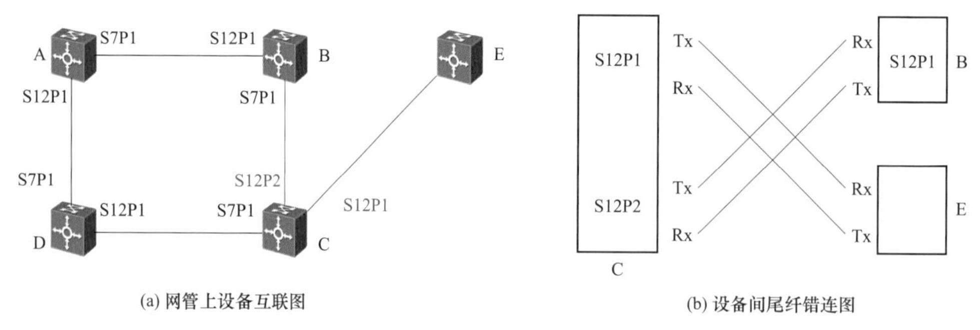

(a) 网管上设备互联图　　(b) 设备间尾纤错连图

图 3-31　网管上设备互联图和设备间尾纤错连图

通过调整设备互联光口 J0 字节的应发、应收选项，发现 C 站点 S12P2 光口与 B 站点 S7P1 光口相互收到了对方发送的 J0 字节，在 C 站点 S12P1 光口与另一个环网的某站点相互收到了对方发送的 J0 字节。调度人员由此确定告警产生的原因是 B-C 站点间光缆重新熔接后，C 站点 S12P1 与 S12P2 光口发生错连，导致业务保护通道无法正常工作。

三、实践成效

通信调度派遣光缆运维人员对中断光缆进行修复，派遣设备运维人员前往C站点，对站点间的互联光路进行调整。设备运维人员前往C站点现场后，在怕光配架侧更换了C站点S12P1和S12P2的光纤跳纤后，网管上TU_AIS、VCAT_SQM告警消除。光缆运维人员前往光缆中断位置后，对光缆进行重新熔接，网管R_LOS告警消除。通信网管确认传输告警已经消除后，对修复后的光路进行性能检测，待性能监测结果一切正常后，将业务由保护通道切换至工作通道，经过一段时间观察，业务仍运行正常，至此故障消缺结束。

当光缆发生中断需重新熔接时，在熔接过程中会受作业环境条件差、作业人员的精神状态不佳等不利因素影响而发生错纤现象。但传输设备光口只需收光功率正常，不管是否存在连纤错误，网管侧端口状态就显示正常，且业务通道由于有主、备通道的存在，会切换至正常的通道运行，网管侧也不会上报业务告警。

熔接后的错纤问题为日后业务的运行埋下了极大的安全隐患，当另一条业务通道发生中断时，会导致业务无通信通道可用、业务中断。在光缆重新熔接后，最好利用现有网管的管理功能，例如开启J0字节跟踪、光纤链路搜索等，对站点间的光口互联情况进行确认，确保光路互联的正确性或选择部分业务路径切回至原工作路径，确保光缆重新熔接后，可以正常承载业务。

案例十一　诺基亚TSS-320H设备控制矩阵卡异常重启故障

一、背景

2021年10月8日10时30分，500kV站点A的诺基亚TSS-320H型光传输设备第5槽位插入10G光卡（1P10GSOE）后，第10、11槽位控制矩阵卡（MXEC320H）同时出现重启现象，设备承载的业务通道出现中断告警。10时40分，第10、11槽位控制矩阵卡恢复正常，设备承载的业务通道告警消除，第5槽10G光卡状态指示灯为红色异常。10时45分，诺基亚工程师对第5槽位10G光卡进行拔插操作，第10、11槽位控制矩阵卡再次出现同时重启现象。10时55分，第10、11槽位控制矩阵卡恢复正常，设备承载的业务通道及第5槽位10G光卡均恢复正常。

某分部系统保护通信网始建于2018年，采用诺基亚TSS-320H型和1662SMC型光传输设备组网。500kV站点A的诺基亚TSS-320H设备光路连接情况如图3-32所示。

站点之间光路承载在TSS-320H设备上，按10G（1+1）方式配置；1662SMC设备主要用于接入2M级别业务通道。

站点A的诺基亚TSS-320H设备面板、照片如图3-33、图3-34所示，第10、11槽位板卡为控制矩阵卡（MXEC320H），该板卡由控制单元（ECPSU）和矩阵单元（MXPSU）组成。控制单元主要负责数据库管理、软件下载管理、与网管系统和本地终端通信等功能。矩阵单元主要负责高阶交叉连接、板卡配置、告警和性能监控、时钟同步等功能。

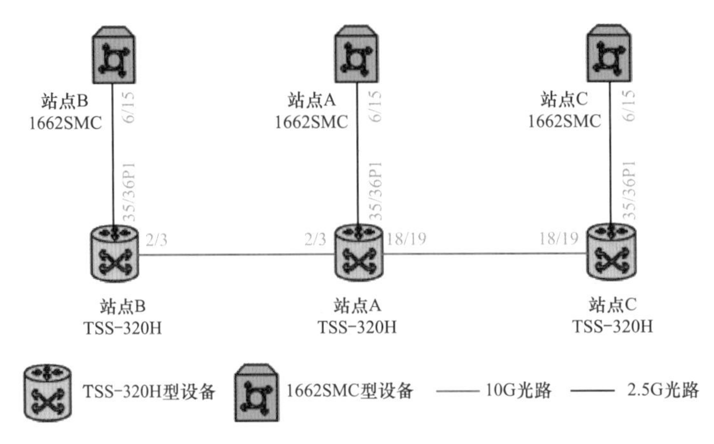

图 3-32 A 站点诺基亚 TSS-320H 设备连接图

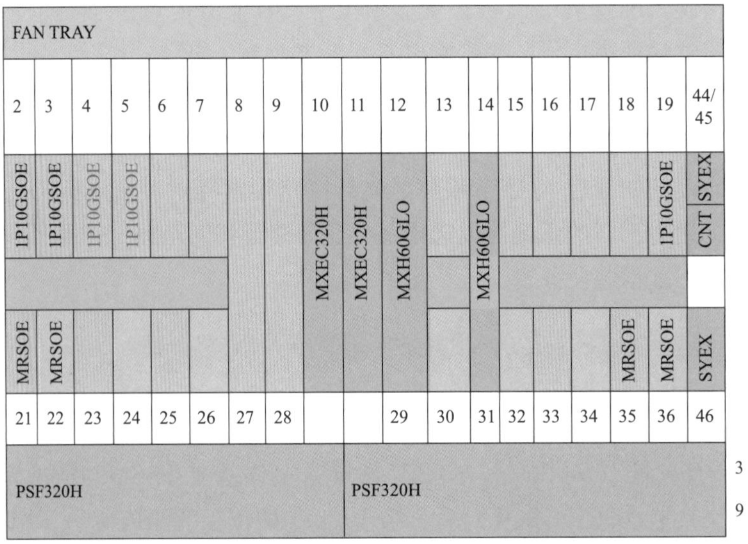

FAN TRAY																		
2	3	4	5	6	7	8	9	10	11	12	13	14	15	16	17	18	19	44/45
IP10GSOE	IP10GSOE	IP10GSOE	IP10GSOE					MXEC320H	MXEC320H	MXH60GLO		MXH60GLO					IP10GSOE	SYEX CNT
MRSOE	MRSOE															MRSOE	MRSOE	SYEX
21	22	23	24	25	26	27	28			29	30	31	32	33	34	35	36	46
PSF320H									PSF320H									3 9

图 3-33 诺基亚 TSS-320H 设备面板图

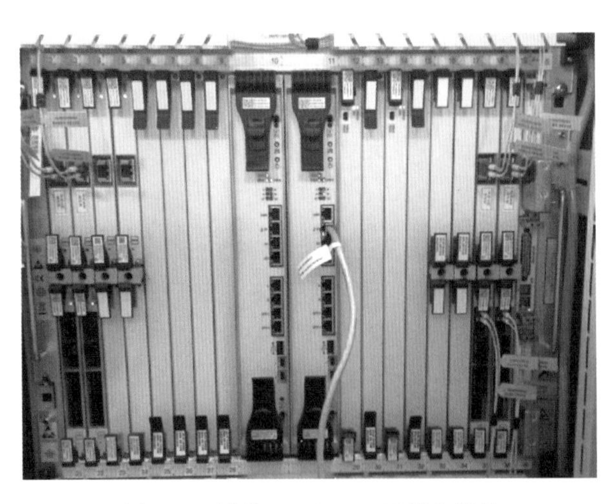

图 3-34 诺基亚 TSS-320H 设备照片

第 12、14 槽位板卡为低阶交叉矩阵卡（MXH60GLO）；第 2、3、4、5、18、19 槽位为单端口 10G 光卡（1P10GSOE）；第 21、22、35、36 槽位为 8 端口多速率光卡（MRSOE）。

二、主要做法

分析站点 A 的 TSS-320H 设备故障现象，以及设备相关日志、机房环境和电源配置等信息后，初步判断为插入板卡时引起电流冲击导致两块控制矩阵卡重启。

为进一步查明原因，在实验室搭建与站点 A 相同的硬件环境后，开展整机测试。在整机测试过程中，尝试了多种方式的业务板卡（10G 光卡、多速率光卡、以太网卡）拔插，包括但不限于物理拔插、软件冷重启、软件热重启，以及同时插入多个槽位数据板等。通过各种组合的测试发现，仅有以物理方式插入 10G 光卡时，会有极低的概率触发控制矩阵卡重启。

随后，通过三个示波器探头，连接到三个监测点：红色波形为控制矩阵卡的输入电流，绿色波形为设备电源模块的输入电流，蓝色波形为 10G 光卡的输入电压。当插入 10G 光卡时，控制矩阵卡的输入电流有极低概率会出现一个 40μs 的电流脉冲（如图 3-35 中曲线 2 波形峰值位置），对控制矩阵卡的电源模块造成冲击，并触发电源模块的保护机制，导致控制矩阵卡重启。

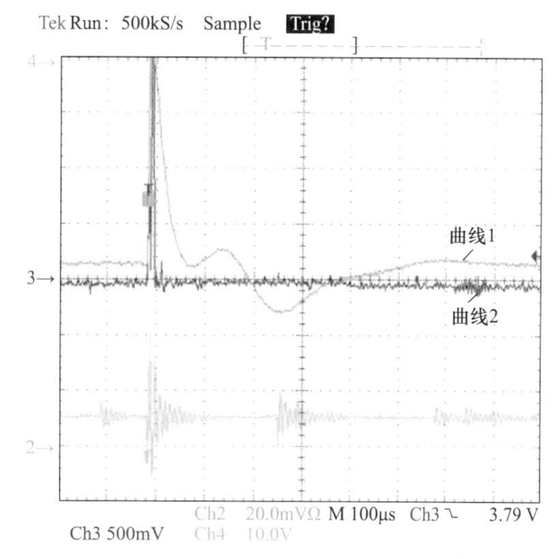

图 3-35 三个监测点波形图

三、实践成效

诺基亚 TSS-320H 设备在插入 10G 光卡时，有极低概率产生一个接近阈值的冲击电流，触发控制矩阵卡的电源模块保护机制而重启，从而造成设备承载的业务通道中断和网管脱管。

优化 TSS-320H 设备软件版本，开发并发布软件版本为 R7.40.50，优化控制矩阵卡的电源模块对插入板卡时突发浪涌电流的应对机制，确保控制矩阵卡在与 10G 光卡配合使用时，不再出现因电流冲击而重启故障。自 2022 年 5 月应用该版本软件以来，诺基亚 TSS-320H 设备未再出现因电流冲击而重启。

案例十二　阿尔卡特 1678MCC 设备高阶矩阵板故障导致网元脱管

一、背景

2022 年 2 月 22 日 19 时 31 分，某省阿尔卡特 SDH 光通信网 A 站通信机房阿尔卡特 1678MCC 设备第 10、11 槽位 MX320 主、备用高阶矩阵板故障，引起 34 套线路保护装置和1套安控装置的其中一个通道中断，因线路保护装置和安控装置均为双通道，另一通道正常，业务未受影响。阿尔卡特工程师进入A站对设备第11槽位备用矩阵进行冷重启，并导出板卡内部相关告警，发现重启后设备仍然不能恢复，便先更换第10槽位主用矩阵，设备恢复，但第11槽位的备用矩阵仍有告警。而后对第11槽位备用矩阵进行更换，设备告警消失。设备主、备用倒换测试后正常，设备未产生新告警。

某省阿尔卡特SDH光通信网A站1678MCC设备投运于2016年，设备面板图及照片如图3-36、图3-37所示。

1678MCC

电源分配单元 (NGTRU STEPUP*2，BYPASS*2)

风扇

	2	3	4	5	6	7	8	9	10	11	12	13	14	15	16	17	18	19	
24 电源板A 1 控制板(主)	2xS TM64 XFP 板	2xS TM64 XFP 板	2xS TM64 XFP 板	2xS TM64 XFP 板					MX320GB 高阶矩阵板(主)	MX320GB 高阶矩阵板(备)	P16GE	P16GE					40G 低阶矩阵板(主)	40G 低阶矩阵板(备)	25 电源板B 20 控制板(备)

走线档

风扇

图3-36 阿尔卡特1678MCC设备面板图

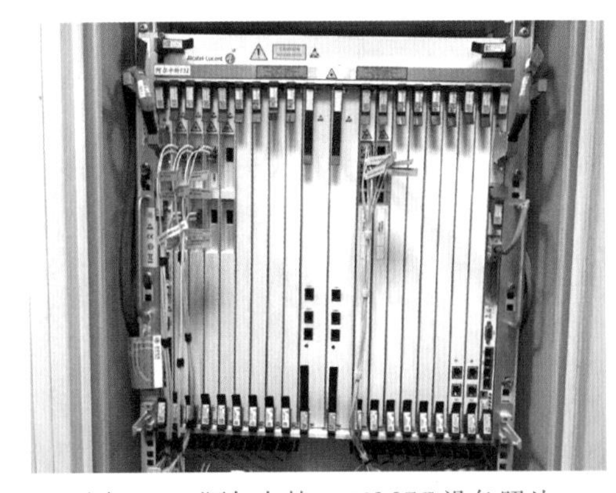

图3-37 阿尔卡特1678MCC设备照片

现场检查发现：主、备用矩阵皆出现故障，备用矩阵出现故障时间未知且未将告警上传服务器。

二、主要做法

故障前该1678MCC设备11槽位矩阵为主用状态、10槽位矩阵为备用状态。19时31分，第11槽位主用矩阵故障，1678MCC自动进行矩阵倒换，即10槽位矩阵自动切换为主用，11槽位矩阵自动切换为备用。切换后发现10槽位矩阵实际上也已故障，造成整个1678MCC脱管并设备失效。

（一）主、备矩阵均故障是造成设备故障的直接原因

如图 3-38 所示，A 站 1678MCC 设备第 10、11 槽位为高阶矩阵，其在设备系统中属于二级控制器，负责交叉连接、性能数据、告警等信息的收集和处理。现场设备高阶矩阵采用冗余配置，单块矩阵故障是不会引起整个设备故障的。两块矩阵均故障时，会导致设备失效。

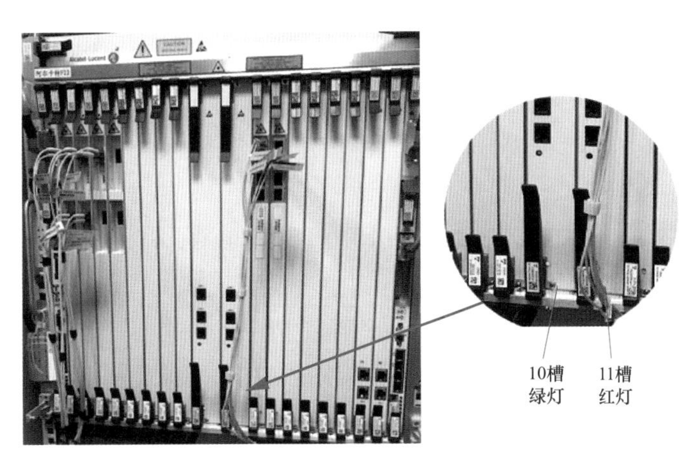

图 3-38　A 站设备面板图

现场通过对设备日志的检查（日志时间为 UTC 时间，转换为北京时间需+8h，下同），确认 1 月 16 日前 A 站 1678MCC 设备无控制卡、矩阵卡相关的告警；19 时 31 分第 11 槽位矩阵故障（如图 3-38 所示，11 槽位显示红灯），设备自动进行矩阵倒换：将 10 槽位矩阵切换为主用、11 槽位矩阵切换为备用。切换后设备检测发现 10 槽位矩阵也存在故障（查看现场日志发现 10 槽位矩阵存在 Link Failure 的故障，同时报 11 槽位硬件故障“ASIC FAIL”）。

10 槽位查看日志：22. 02. 2022 11:42:27:HoMx(1,3,10,0,0):′matrix failure(link failure)(ScuAlarm)′，查看发现 10 槽位矩阵存在 Link Failure 的故障，网管侧 10 槽位“EQUIPMENT”告警，如图 3-39 所示。

Event Date and	Alarm Type	Friendly Name	Probable Cause (name)	CAL Recording
2022/2/22 21:18	EQUIPMENT	ShaoXingHuan_F22/r01sr3/board#10	Redundant Matrix A Failure	2022/2/22 23:56

图 3-39　网管侧 10 槽位告警信息图

11 槽位查看日志：22. 02. 2022 11:36:57:HoMx(1,3,11,0,0):ACTIVE:ASIC_FAIL(YP1523086CB)，显示 11 槽位硬件出现故障“ASIC FAIL”，如图 3-40 所示。

Event Date and	Alarm Type	Friendly Name	Probable Cause (name)	CAL Recording
2022/2/22 21:52	EQUIPMENT	ShaoXingHuan_F22/r01sr3/board#11	Replaceable Unit Problem	2022/2/22 23:56

图 3-40　网管侧 11 槽位告警信息图

1 月 16 日 CSF 告警前，10、11 槽位板卡日志：

15.01.2022 07:41:11:HoMx(1,3,11,0,0):set OpState:e_EquState_Active=>e_EquState_Active，表示此时设备 11 槽位矩阵为主用状态。

15.01.2022 07:41:20:HoMx(1,3,10,0,0):set OpState:e_EquState_Passive=>e_EquState_Passive，表示此时设备 10 槽位矩阵为主用状态。

高阶矩阵保护倒换日志：

22.02.2022 11:34:12:HoMx(1,3,10,0,0):set OpState:e_EquState_Passive=>e_EquState_Active

22.02.2022 11:34:12:HoMx(1,3,11,0,0):set OpState:e_EquState_Active=>e_EquState_Passive

22.02.2022 11:42:27:HoMx(1,3,10,0,0):is reported as active(ScuRole)

10、11 槽位矩阵板卡均发生故障，导致整个设备工作失效，进而致使其承载的 34 套线路保护装置和 1 套安控装置的其中一个通道中断。

（二）告警信息未及时上报网管是导致本次故障的根本原因

进一步检查发现，1 月 16 日 11 槽位主用矩阵与一级控制器（FLC）之间出现通信子系统失效（communications subsystem failure，CFS）未及时上报，网管在 2 月 22 日 19 时 32 分（10、11 槽位矩阵切换后）才收到 11 槽位主用矩阵的 CSF 告警，以及 10 槽位矩阵的 CSF 告警。由于 10 槽位备用矩阵也需要通过主用矩阵 PQ2/SCM 模块与 FLC 通信，所以 10 槽位备用矩阵同时上报伴随 CSF 告警，如图 3-41 所示。

Event Date and Tim	Alarm Type	Friendly Name	Probable Cause (name)	CAL Recording Time
2022/2/22 19:35	EQUIPMENT	ShaoXingHuan_F22	Node Isolation	2022/2/22 19:35
2022/2/22 19:31	COMMUNICATIONS	ShaoXingHuan_F22	Communications Subsystem Failure	2022/2/22 19:31
2022/2/22 19:31	COMMUNICATIONS	ShaoXingHuan_F22/r01sr3/board#18	Communications Subsystem Failure	2022/2/22 19:31
2022/2/22 19:31	COMMUNICATIONS	ShaoXingHuan_F22/r01sr3/board#19	Communications Subsystem Failure	2022/2/22 19:31
2022/2/22 19:31	EQUIPMENT	ShaoXingHuan_F22/r01sr3/board#19	Internal Communication Problem	2022/2/22 19:31
2022/2/22 19:31	EQUIPMENT	ShaoXingHuan_F22/r01sr3/board#18	Internal Communication Problem	2022/2/22 19:31
2022/1/16 19:01	COMMUNICATIONS	ShaoXingHuan_F22/r01sr3/board#11	Communications Subsystem Failure	2022/2/22 19:32
2022/1/16 19:01	COMMUNICATIONS	ShaoXingHuan_F22/r01sr3/board#10	Communications Subsystem Failure	2022/2/22 19:32

图 3-41　网管记录 CSF 告警信息

CSF 告警意味着 1678MCC 设备一级控制器（FLC）与二级控制器（SLC 或矩阵）之间出现了通信故障。一级控制器 FLC 位于设备的第 1 槽位和 20 槽位，冗余配置，两者一个为主用（Active），另一个为备用（Passive）；因其上附属的接口有所差异，因此分别叫作 FLCSERV（第一槽位）和 FLCCONG（第 20 槽位），两块板卡盘不能互换，但相互备份，主用的 FLC 负责系统的管理。当主用矩阵发现自己无法和一级控制器通信时，其会触发 CSF 告警，但由于主用高阶矩阵与 FLC 的通信故障，此告警无法及时送达 FLC，导致告警无法在故障发生时第一时间（1 月 16 日）上送网管。此时，备用矩阵也无法将自己的信息通过主用矩阵更新到 FLC，因此它也会同时伴随着 CSF 告警。同时，由于 FLC 能 ping 通主用高阶矩阵的内部 IP 地址，所以 FLC 并没有产生这一告警并上报到网管；直到 2 月 22 日矩阵发生倒换，部分功能恢复，该告警才被 FLC 重新收集并上报到网管。正常情况下，当遇见这个告警时，需要去现场排查，来判定真正的故障点，但由于该告警未上送网管，通信监控人员无法得知现场设备已经发生故障。最终，使2月22日11槽位矩阵故障时，主、备矩阵双故障，引发整个设备失效。

因此，当高阶矩阵盘和FLC出现通信故障（CSF告警）时，1678MCC设备异常告警未及时上报网管的问题，是引起后续设备异常不能及时上报，并导致本次事件发生的根本原因。

三、实践成效

2022年2月25日将板卡寄往某省二线支持中心实验室，2月26—27日在实验室完成了故障重现，2月28日发往S市维修中心，维修中心针对问题板卡在测试平台上进行专门的单板测试、系统测试、温控测试、业务测试、器件检测等，以确定具体的故障元器件。

本次故障暴露出1678MCC设备在通信故障的情况下告警未及时上报网管的问题，上海诺基亚贝尔已通过开发并发布新版智能运维工具予以针对性解决，运维工具中针对该隐患会进行检测并预警，还能在定时设置与结果输出的基础上支持手动刷新，且对异常情况直接以不同颜色在主界面直观呈现，或者弹窗等多维提示，使日常运行维护更加友好、便捷及可操作性更强。自2022年5月应用该软件以来，阿尔卡特1678MCC设备未再出现在通信故障的情况下告警未及时上报网管导致通信通道中断的事件。

第四章　语 音 交 换 网

语音交换网是企业安全生产、绿色办公的重要平台，为企业内部通信和生产管理提供 24h 不间断的服务。本章梳理了交换技术的发展概况，在此基础上介绍了调度交换系统和 IP 多媒体子系统（IP multimedia subsystem，IMS）行政交换系统的技术体制、系统组成和建设运维要点。为了提升运维人员定位、处置故障的能力，本章整理了 11 个疑难、典型案例，涵盖了硬件设备、软件配置、底层承载、系统兼容等方面故障的分析与处理，分享了国网浙江电力优化企业通讯录架构、搭建码号资源管理系统和 IMS 行政交换综合网管的经验。

第一节　语音交换网基本概念与建设运维要点

语音交换网包括电话交换网，以及由其发展而来的融合语音、视频、数据为一体的下一代网络（next generation network，NGN）。电话交换网以电路交换技术为基础，以程控交换为核心；NGN 网络以分组交换技术为基础，以软交换和 IMS 为核心。

一、基本概念

（一）主要类型

电力语音交换网分为调度交换网和行政交换网。

调度交换网主要承载了国家电网公司各级调度节点的调度生产电话业务，网络覆盖面广、容量小，技术体制以电路交换为主，各级交换设备之间采用 2M 中继互联，信令以 PRI 和 NO.7 为主，全网统一编号。

行政交换网为行政办公提供语音服务，早在 2014 年国家电网公司就将 IMS 技术确定为行政交换网的演进方向。IMS 是提升网络多媒体业务能力的重要手段，除了可以降低普通业务的成本，IMS 还具备开发全新业务的能力，可以通过融合不同的媒体（语音、文本、图片、音频、视频等）和不同的方案（分组管理、状态呈现等）提供实时多媒体业务。

（二）技术性能

电路交换是通信网中最早出现的交换方式，主要经历了人工电话交换、步进制电话交换、纵横制电话交换和数字程控交换四个阶段。

随着 IP 网络技术的发展，IP 化打破了网络边界。在固网领域，大量的互联网业务提供商，能够提供廉价的提供语音、即时消息、视频电话、文件传输等业务。在移动领域，如WiFi、全球微波接入互操作性（world interoperability for microwave access，WiMax）等新的互联网接入点不受传统运营商的限制，这些接入点可以直接接入城市的免费宽带网络，使用一些免费互联网业务应用。来自互联网越来越大的压力迫使运营商需要简洁、快速、低成本地推出创新业务架构，因此凭借其提供的业务和互联网的业务具有类似界面，以及在功能上具有继承、整合固网和移动业务的优势，IMS架构体系在移动领域中诞生。

IMS是一种基于会话初始协议（session initiation protocol，SIP）的开放业务体系架构，是核心网向统一融合网络演变的关键技术。

语音编码技术与视频编码技术是IMS关键技术。语音压缩是IP电话节约成本的关键，通常可以使用G.723和G.729。两种编码方法能在很小带宽的情况下（G.723需要5.3、6.3kbit/s，G.729需要8kbit/s）保证传统长途电话的音质。

（三）系统组成

1. 调度交换系统组成

调度交换系统一般由终端、程控交换机、传输网络、网管系统、附属设备等组成，如图4-1所示。

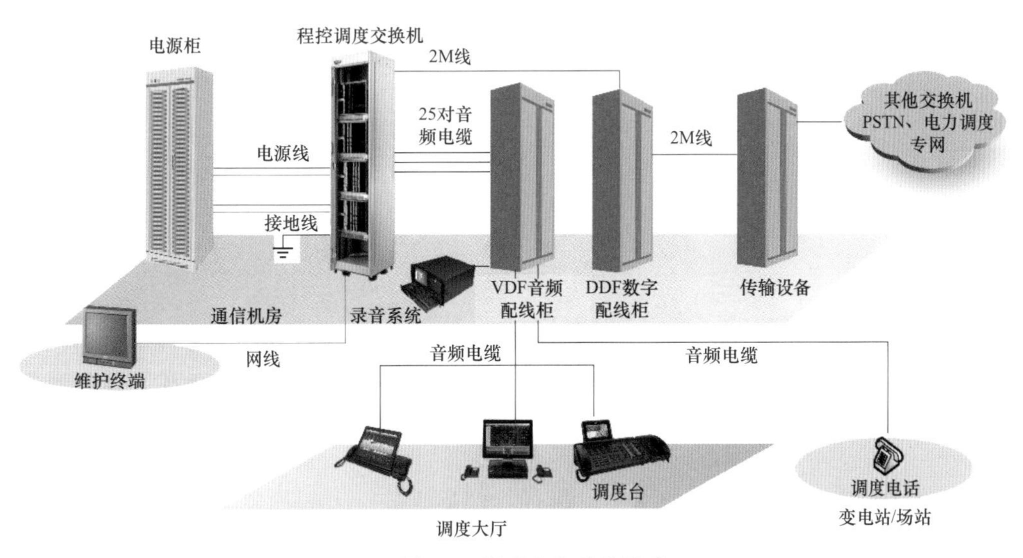

图4-1 调度交换系统组成

程控交换机是调度交换系统的核心交换设备，程控交换系统由硬件和软件两部分组成。程控交换机的硬件可以分为两个系统：话路系统和中央控制系统，整个控制系统的软件都存放在控制系统的存储器中。话路系统由交换网络和外围电路组成，交换网络为音频信号或语音信号的脉冲编码调制（pulse code modulation，PCM）数字信号提供继续电路。中央控制系统的功能主要包括处理呼叫，以及管理、检测和维护整个交换系统的运行。

传输网络就是利用已有的通信网络实现不同厂站、调度交换节点语音信号的传送，电路交换承载于数字数据网（digital data network，DDN）、公共交换电话网络（public switched telephone network，PSTN）、SDH 等。

网管系统用于调度交换系统的控制与管理，可以实现路由的新建、调整和删除，终端管理，传输网络质量查看，本端和远端程控交换机告警查看等操作。

附属设备一般包括可视化调度台、调度台主机、调度电话、录音设备，支持语音呼叫、调度广播、本地录音等功能。

2. 行政交换系统组成

IMS 核心网主要分为业务应用层、控制层、传送层和接入层，如图 4-2 所示。

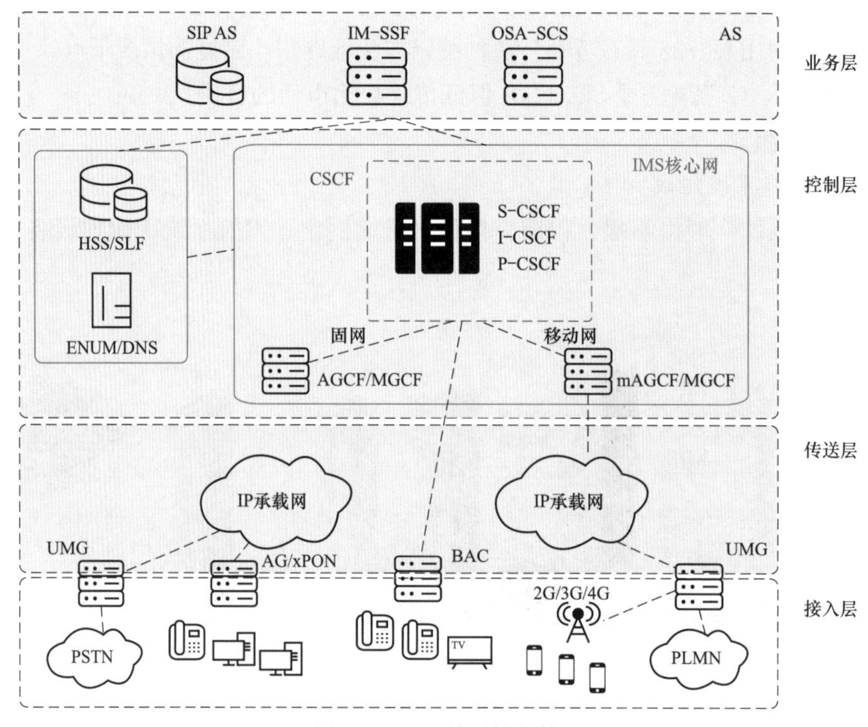

图 4-2　IMS 的系统架构

IMS 业务层实现 IMS 业务的提供、执行，以及业务能力的抽象与开放，支持多种业务提供方式，且各 IMS 业务能力之间可以互相调用。

IMS 控制层主要实现会话控制、协议处理、路由和资源分配、认证、计费、业务触发等功能。控制层是 IMS 的核心，其中网元主要分为以下几类。

（1）呼叫会话控制功能。呼叫会话控制功能（call session control function，CSCF）主要由 3 个功能实体组成，分别是代理呼叫会话控制功能（proxy-call session control funtion，P-CSCF）、问询呼叫会话控制功能（interrogating-call session control funtion，I-CSCF）、服务呼叫会话控制功能（serving-call session control funtion，S-CSCF）。

P-CSCF：用户设备（user equipment，UE）和 IMS 子系统的第一个连接点，主要实现代理服务器的功能，同时也可以实现用户代理（user agent，UA）的功能。P-CSCF 根据主叫/被叫 SIP 统一资源标识符（uniform resource identifier，URI）查询相应的归属域，完成用户的注册和呼叫连接。可以采用多个 P-CSCF 的方式来共同完成负载分担。

I-CSCF：IMS 域的互通关口局，其功能主要有管理 S-CSCF 并可为用户分配相应的 S-CSCF 来处理用户的登记请求，隐藏网络的拓扑、容量、配置，产生相关计费数据。

S-CSCF：具有 SIP 登记员和 SIP 代理服务器的功能，是整个 IMS 系统的控制核心。其主要功能有用户管理、业务交换、业务控制、SIP 消息处理、计费等。

（2）媒体网关控制功能。媒体网关控制功能（media gateway control function，MGCF）控制媒体网关（media gateway，MGW）中媒体通道的建立、释放以及呼叫的状态。它还提供根据被叫号码和来话情况选择 CSCF，并完成到综合业务数字网用户部分的转换。媒体网关将一种网络中的媒体格式转换成另外一种网络的媒体格式，在 MGCF 控制下完成音频流、视频流和数据流以及这些组合流的转换，从而实现不同网络之间的媒体的互通功能。

（3）媒体资源功能。媒体资源功能（media resource function，MRF）分多媒体资源控制器（multimedia resource function controller，MRFC）和多媒体资源处理器（multimedia resource function processor，MRFP）。MRFC 控制 MRFP 中的媒体流资源，转化来源于应用服务器和 S-CSCF 的信令，并根据接收的信令消息控制相应的 MRFP，此外，它还产生计费数据格式。MRFP 可以混合媒体流并提供多媒体放音资源，还可以提供音频代码转换。

（4）归属用户服务器。归属用户服务器（home subscriber server，HSS）是存储用户相关信息的中心数据库，它除了存储用户的签约信息与位置信息，还保存着与用户相关的、用来处理多媒体会话的定制数据，包括本地信息、保密信息（证明与授权信息）、注册信息、业务触发信息、用户个人信息和分配给用户的 S-CSCF 等。

IMS 承载层主要采用 IP 网络进行承载。

IMS 接入层是指除业务层、控制层、承载层以外的接入设备和终端。IMS 的接入设备包含接入网关（access gateway，AG）、综合接入设备（integrated access device，IAD）、IP 专用小交换机（private branch exchange，PBX）等；终端包含 SIP 硬终端和普通老式电话服务（plain old telephone service，POTS）终端，POTS 终端和 PSTN 中的 POTS 终端相同。

二、建设运维要点

1. 调度交换系统建设运维要点

调度交换系统的建设应符合《电力调度交换网组网技术规范》（Q/GDW 754—2012），需要重点关注的部分包括：

（1）调度交换机公共控制板、电源板、调度接口板等重要板卡 1+1 冗余配置。

（2）总部、分部、省公司汇接交换中心及各级下一级汇接交换站调度交换机容量不小于1800端口。地（市）供电公司汇接交换中心及其下一级汇接交换站调度交换机容量不小于800端口。终端交换站调度交换机不小于256端口。

（3）汇接交换中心（站）调度交换机中继路由方向数应不少于200个。

（4）总部、分部、省公司汇接交换中心及各级下一级汇接交换中心（站）调度交换机应配置外时钟接口板。

（5）各级汇接交换中心（站）、终端交换站应配置独立的调度录音系统。

（6）各级汇接交换中心（站）、终端交换站配置的调度台数量应不少于两台。

调度交换系统运维时，需要重点关注的部分包括：

（1）定期开展调度台、录音系统、核心交换机等重要设备的运行状态检查，清洗过滤网、风扇，完善设备和线缆标签。

（2）定期检查重要设备接地情况，电源、电缆连接情况等。

（3）定期检查调度电话话音音质状况，查询录音文件，检查录音文件保存时限是否正常，确认所有录音端口工作正常，监听音质状况，校调调度录音系统时间。

（4）定期检查调度台有无紧急、主要告警，随机进行调度台拨号测试，进行出局、入局呼叫，确认显示信号是否正常。

2. 行政交换系统建设运维要点

IMS行政交换系统的建设应遵循《IMS行政交换网系统规范　第1部分：总体技术要求》（Q/GDW 11395.1—2015），需要重点关注的部分包括以下几个方面：

（1）IMS用户应能与原行政电路交换网和行政软交换网用户进行基本语音/视频通话和补充业务、传真业务、一号通业务、语音会议等业务的互通。

（2）IMS用户应能与公网用户进行基本语音/视频通话和补充业务、传真业务、一号通业务、语音会议等业务的互通。

（3）IMS网络按总部及省（自治区、直辖市）公司为单位建设，每个单位独建设IMS核心网，分部、各级其他供电企业、直属单位等不单独建设IMS核心网。总部IMS网络和各省IMS网络扁平组网，各单位之间的IMS网络通过数据通信网实现互通。

（4）ENUM/DNS采用两级结构组网，全网设置两套一级ENUM/DNS，设置在两个不同行政区域，两套一级ENUM/DNS互为备用方式运行。总部及每个省公司设置二级ENUM/DNS，电话号码到URI映射（e.164 number to uri mapping，ENUM）服务器与域名系统（domain name system，DNS）服务器可台设在同一物理设备中。

（5）提供省内业务的AS在各省分别部署，提供全网业务的AS在总部集中部署。

（6）总部及各省分别部署两套IMS核心网互为备份，建立容灾机制。

（7）IMS核心网应设置P-CSCF、S-CSCF、I-CSCF、中断出口网关控制功能（breakout gateway control function，BGCF）、HSS、ENUM/DNS、接入网关控制功能（access gateway control function，AGCF）、MRFC/MRFP、会话边界控制器（session border controller，SBC）等网元设备。

IMS行政交换系统运维时，需要重点关注的部分包括：

（1）定期检查专网中继及公网中继运行状态、路由设置。

（2）定期进行设备清扫除尘，完善设备和线缆标签。

（3）定期检查设备供电情况。

（4）定期检查设备告警、日志和时钟设置。

（5）定期检查数据备份情况。

（6）定期检查信令和进程的运行状态，以及CPU、内存、存储的使用情况。

（7）重要单板应至少配置一块备板，损坏的备件或更换的部件应及时返修，短缺的应及时购置。

（8）定期开展备品备件的检测工作，确保其性能指标满足运行要求。

第二节　典　型　案　例

案例一　调度软交换系统录音服务器故障缺陷

一、背景

2017年3月19日，某公司某区域部分监控座席间歇性出现调度录音文件生成失败的情况。

2017年3月19日15时37分，某公司监控二席主值录音系统运行正常，而到17时57分，录音系统则只保存了通话录音记录，录音文件无法正常生成，系统界面如图4-3所示。

2017年3月19日17时16分，某公司监控五席主值录音系统运行正常，而到17时59分，录音系统则只保存了通话录音记录，录音文件无法正常生成。其间，其他座席录音系统运行正常。

二、主要做法

在该调度录音系统中，各监控座席的通话录音记录均能正常生成，故能初步排除线路侧问题。此外，仅有部分座席在部分时间点出现了无法正常生成通话录音文件的情况，并非持续性故障，因而可以初步推断故障可能是由调度录音服务器不稳定引起。

经现场排查发现，该调度录音服务器存在以下三个方面的问题：

（1）调度录音服务器型号老旧、硬件老化。该调度录音服务器设备在网运行时间超过6年，设备型号老旧，处理能力低下，无法满足当前增长的业务需求，同时由于存在设备硬件老化的情况，设备运行状态进一步受到影响。

在排查过程中，还发现部分系统服务进程偶发假活现象，此即造成部分服务指令实际发送失败，进而导致电话录音失败。

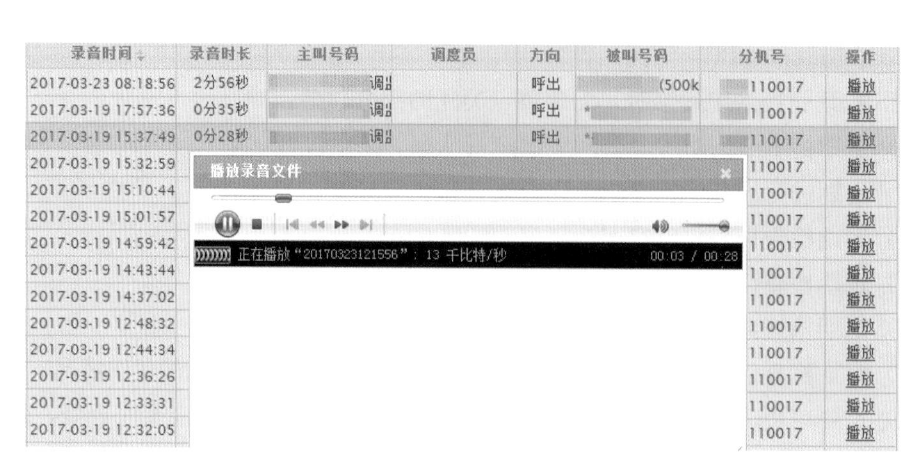

(a) 录音系统正常

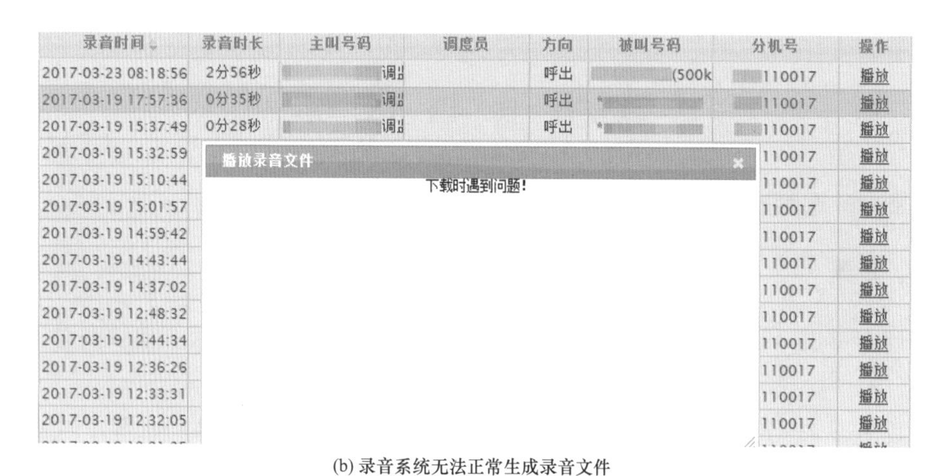

(b) 录音系统无法正常生成录音文件

图 4-3　调度录音系统正常、异常情况下的系统界面

（2）调度录音存储无冗余备份。调度录音服务器为单硬盘设备，硬盘一旦出现故障就很容易造成数据丢失，若出现磁盘坏道也会导致无法正常读写数据。

（3）调度录音服务器单路供电。调度录音服务器仅由单电源供电，供电可靠性低，一旦发生失电会直接导致调度录音服务器下线。

针对上述三个方面的问题，技术人员对应采取了以下三点措施：

（1）调度录音服务器升级。升级替换原调度录音服务器，并增设一台调度录音服务器用于异地备份，防止服务器单点故障造成调度电话录音失败。

（2）调度录音存储增加冗余备份。扩充调度录音服务器硬盘数量，并采用独立磁盘冗余阵列（redundant array of independent disks，RAID）技术中的 RAID 5。RAID 5 可以理解为是 RAID 0 和 RAID 1 的折中方案，其采用的是分布式奇偶校验的独立磁盘结构，同时兼顾了存储性能、数据安全和存储成本。RAID 5 具有和 RAID 0 相近似的数据读取速度，只是多了一个奇偶校验信息，写入数据的速度比对单个磁盘进行写入操作稍慢。同时，由于多个数据对应一个奇偶校验信息，RAID 5 的磁盘空间利用率要比 RAID 1 高，存储成本相对较低，是目前运用较多的一种解决方案。

（3）调度录音服务器双路供电。考虑到机房采用双段供电设计，升级后的调度录音服务器由双路电源供电，其中一路接入Ⅰ段电源分配单元（power distribution unit，PDU）供电，另外一路接入Ⅱ段 PDU 供电，从而保证服务器在运行中不会出现掉电情况。

为保障某省调度电话录音系统的稳定、可靠运行，在处理完本次故障后，后续在该省范围内开展了可靠性排查，以便及时消除类似隐患。

三、实践成效

2017 年 3 月 21 日 18 时 5 分，某公司调度各监控席位的录音功能均恢复正常。

2017 年 3 月 21 日 18 时 30 分，结束此次消缺工作。

升级调度录音服务器解决了硬件老化问题，有效提升了调度录音服务系统运行的稳定性，采取双设备双线录音、增加调度录音存储冗余备份、配置双路供电使得服务器、硬盘、电源均满足“1＋1”冗余配置原则，大大提高了调度录音系统的可靠性。

在后续开展的该省调度电话录音系统可靠性排查工作中，及时消除同类隐患，在全省范围内有效降低了调度录音系统发生的故障可能性。

案例二　AG 接入设备 iANB1205F 故障缺陷

一、背景

2020 年，某公司大楼模拟话机由原程控交换网割接至 IMS 核心交换网，4 月 21、23 日，先后将×××-38××/39××号段共计 200 线模拟话机在正式割接前割接至震有 AG 设备（设备型号 iANB1205F），试通过该设备注册至 IMS 核心网，经过 10 天的试运行未发现明显异常。

根据某公司针对大楼用户于“五一”节期间集中割接的工作安排，正式割接工作于 5 月 1 日开始，至 5 月 4 日晚完成剩余共计 1400 线模拟话机的割接。

割接工作结束后的第一个工作日收到少量话机故障工单，之后的一段时间内，话机故障工单日益增多，用户反馈的故障主要有以下 5 类。

1. 呼叫串号

用户在未满足被叫方设置的呼叫转移条件时拨打电话，网络给接的号码与拨出的号码不一致。例如，用户 A 拨打电话呼叫用户 B，用户 B 未设置呼叫转移，但实际接通的为用户 C。

2. 来电显示异常

用户电话在收到振铃信号之后，话机解码来电信息异常，无法正常在屏幕显示来电号码。例如，用户 A 拨打电话呼叫用户 B，用户 B 的话机收到振铃信号后显示“---E---”。

3. 通话突然中断

电话在呼叫建立后通话一段时间突然中断。

4. 拨打电话语音提示该用户未注册

用户拨出号码后，服务器无法搜寻到被叫号码，即会向主叫反馈用户未注册。例如，用户 A 拨打电话呼叫用户 B，用户 A 听到“您拨打的用户未注册”提示音，IMS 核心网 SBC 网管中显示 B 用户未注册，AG 设备端却为注册状态。

5. 电话无法拨通

用户拨出号码后，被叫话机无法保持正常振铃，双方无法正常接通电话。例如，用户 A 拨打电话呼叫用户 B，用户 B 的话机仅振铃一声，随后在用户 B 未摘机接听电话的情况下，用户 A 听到的回铃音转而变为明显的噪声，或是用户 A 的电话直接被挂断。

二、主要做法

针对某公司大楼模拟话机割接至震有 AG 设备后出现的故障，技术人员经过设备侧和线路侧的现场排查，初步确定了各种故障对应的原因。

1. 呼叫串号

考虑到发生呼叫串号时，用户可以拨通电话，只是网络给接的号码与拨出的号码不一致，因而可以初步排除线路侧问题，将故障范围缩小至设备侧。

经技术人员现场排查发现被叫用户座机被设置了呼叫转移，在取消设置后用户电话拨出号码即与网络给接号码一致。该现象实质上并非呼叫串号故障引起，而是正常的呼叫转移功能。

2. 来电显示异常

考虑到来电显示异常并非个别话机上出现的现象，可初步将故障范围缩小至设备侧，并可推断大概率是设备配置问题。

检查 AG 设备的配置发现，设备默认配置的调制解调方式与原西门子程控交换机不一致，西门子程控交换机的调制解调方式为双音多频（dual tone multi frequency，DT-MF），而震有 AG 设备采用的是频移键控（frequency-shift keying，FSK）方式。

在将震有 AG 设备的调制解调方式调整为 DTMF 之后，来电显示异常的问题得以解决，且在后续的使用过程中未再出现。

3. 通话突然中断、拨打电话语音提示该用户未注册

考虑到用户可以拨出电话，可以初步排除线路侧问题，将故障范围缩小至设备侧。

经技术人员现场排查发现，大楼中使用的 IP 话机和 AG 设备间存在争抢注册 IP 地址的情况，导致用户通话中断或是拨打电话语音提示该用户未注册。

在修改话机所用的 IP 地址后，用户通话突然中断、拨打电话语音提示该用户未注册的问题得以解决，且在后续的使用过程中未再出现。

4. 电话无法拨通

考虑到电话无法拨通的情况仅出现在个别话机上，可初步将故障范围缩小至线路侧（线路至话机）。

2021 年 6 月 25 日，技术人员反复对电话线路多种状态下的电流、电压等情况进行

测量后，最终将故障范围缩小至办公桌电话线卡座和卡板连接处。拆除板卡后进一步排查发现 RJ45 接口模块存在老化现象，如图 4-4 所示。

图 4-4　老化的 RJ45 接口模块

在更换 RJ45 接口后，用户话机即恢复正常。至今，按此方式处置同类故障共计 4 次，在更换 RJ45 接口后，用户均可正常拨通电话，且同一用户的话机未再复现同类问题。

此次故障消缺过程，暴露出以下三个方面的问题：

（1）由于震有的 AG 设备为首次使用，运维人员对新设备和老系统的兼容性评估与实际情况有所偏差，影响终端用户的正常使用。

（2）由于测试条件受限，在割接前无法开展充分的测试工作，导致个别问题未能及时发现。

（3）新设备割接工作未要求原厂人员参与，无现场技术支持，导致设备参数存在漏配和错配。

三、实践成效

2021 年 6 月 25 日 13 时，用户来电显示异常问题解决。

2021 年 6 月 26 日 10 时，用户呼叫串号问题解决。

2021 年 6 月 26 日 16 时，用户通话突然中断、拨打电话语音提示该用户未注册的问题解决。

2021 年 6 月 27 日 18 时，用户电话拨不通问题解决。

2021 年 6 月 27 日 18 时，结束此次消缺工作。

为确保后续同类设备的上线运行规范有序，不再出现类似问题，后续已从以下三个方面进行改进。

（1）从严测试待入网设备的兼容性，踏实做好设备功能检测、验证等工作。在开展此类新型设备割接及正式入网工作前，提前要求厂家配合做好相应的兼容性测试验证工作，并在正式割接前提供设备测试验证报告。

（2）新型设备割接安排原厂技术支撑。在新型设备割接工作实施过程中，安排原厂技术团队支撑，并提供同类设备运维指导操作手册。

（3）提升新型设备运维能力。对于新型设备的技术培训工作，系统负责人安排运维人员深入学习，同时规范维护人员的操作流程，为后续同类设备的运维提供人员和知识技能的储备。

案例三　阿尔卡特传输通道升级导致 IMS 业务中断故障

一、背景

2021 年 9 月 6、10 日，某省信息通信调度监控中心依次组织开展某省公司和某公司两台阿尔卡特光传输设备的以太网板卡软件版本升级检修工作。

9 月 6 日检修期间，由某省公司大楼阿尔卡特光传输设备承载的连接 IMS 主备核心站点的其中一条数据网通道在以太网板卡软件版本升级过程中持续中断。其间，部分地区用户反馈电话无法拨打，另一部分地区用户反馈不能拨打外地区电话。

二、主要做法

由于用户反馈电话无法正常拨打均在该检修工作期间，首先考虑阿尔卡特光传输设备板卡升级期间，其承载的一条数据网通道中断是引发 IMS 业务中断的原因。

某省公司 IMS 核心网的主备节点各由两台华为 S7706 交换机作为 IMS 用户边缘（customer edge，CE）设备，通过虚拟路由冗余协议（virtual router redundancy protocol，VRRP）组网后各自口字型上联至某省公司数据网两台供应商边缘（provider edge，PE）设备。

在 IMS CE 上执行 tracert 路由追踪指令后发现，承载 IMS 主备核心网互联的主用通道在传输以太网单板升级期间发生中断，在此期间 IMS 业务流量并未改走备用通道。某省 IMS 主备核心承载网拓扑示意图如图 4-5 所示。

在逐段排查过程中，分别确认了 IMS CE 与数据网 PE 间的互联通道，以及承载 IMS 主备核心网互联的备用通道正常，随即开始排查通过 VRRP 组网的两台 CE 设备。

由于 VRRP 无法感知非备份组内的接口状态变化，当 VRRP 备份组上行链路出现故障时，流量仍然照常转发，这就导致在承载 IMS 主、备核心网互联的数据网主用通道中断期间，IMS 业务流量并未切换到备用通道，故而主、备站点注册用户间无法通信，话机注册和呼叫处理不由同一个站点实现的用户通信业务也出现了中断。

通过配置 VRRP 与网络质量分析（network quality analysis，NQA）联动可以对响应时间、网络抖动、丢包率等网络信息进行统计，以实现对主设备上行链路连通状态的监测。当主设备的上行链路发生故障时，NQA 可以快速检测到故障并通知主设备调整

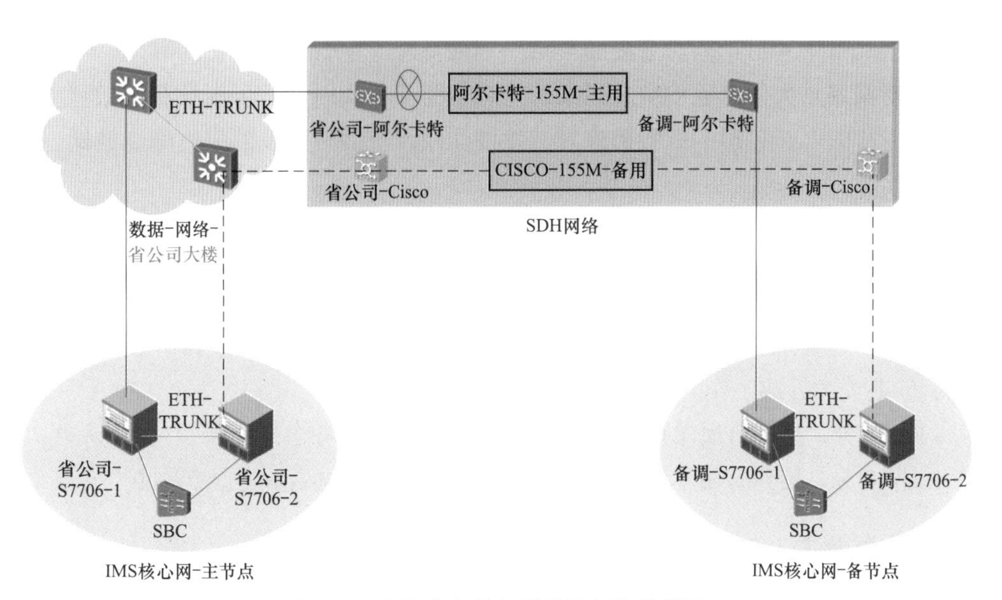

图 4-5 IMS 主备核心承载网拓扑示意图

自身优先级，触发主备切换，从而确保流量正常转发。此外，通过配置 NQA 测试失败百分比，还可根据 NQA 所统计的网络信息实现在上行链路质量较差时触发主、备切换。

在 IMS CE 上配置 VRRP 与 NQA 联动后，IMS 业务流量即可绕开故障通道正常被转发。

为了消除同类配置隐患，在本次消缺工作完成后，针对运维界面内的 IMS CE 和数据网 PE 设备完善了上、下行链路的侦测机制，确保端到端出现任意故障时，业务能顺利切换至备用通道。

三、实践成效

2021 年 9 月 7 日 13 时，主备站点注册用户通信正常。

2021 年 9 月 7 日 18 时 18 分，注册和呼叫处理位于不同站点地用户，重新注册后，业务恢复正常。

2021 年 9 月 7 日 16 时，阿尔卡特软件升级结束后，测试 IMS 各项业务，都正常运行。

2021 年 9 月 7 日 14 时 20 分，结束此次消缺工作。

后续进一步完善了运维界面内 IMS CE 和数据网 PE 设备对上、下行链路的侦测机制，确保业务流量能在链路故障时顺利切换，此时的主、备通道才真正发挥作用，有效提升了 IMS 行政交换网的可靠性与稳定性。

本次消缺工作充分说明，应急方案在故障没有发生的时候，是难以检验其完备性与有效性的。本次工作在 IMS CE 上配置了 NQA 对设备上行链路状态做周期性测试，在发现问题时及时通知 VRRP 触发主、备切换，确保在主用通道出现故障时，业务流量能及时切换到备用通道，把对业务的影响降到最低。

增加对某些重大信息通信应急预案的演练，验证其实时性、可用性和有效性。当真正的故障发生时，让预想的补救措施真正发挥作用，把故障引发的损失降到最低。

案例四 数据通信网路由器端口闪跳导致 IMS 业务中断故障

一、背景

受市政改造施工影响，2021 年 12 月 24 日，某地区信通公司开展了某省公司至某大楼的 96 芯光缆迁改工作。

14 时 23 分，接到直属单位 A 反馈该单位行政电话业务全部中断。

14 时 35 分，接到直属单位 B 某驻点反馈该驻点行政电话业务全部中断。

二、主要做法

通知数据通信网网管核查处置后，网管将直属单位 A 的接入 PE 的路由优先级从某大楼 PE2 调整至某大楼 PE1，业务短暂恢复后便再次中断，但省公司本部 BB01 至直属单位 A 路径可以 ping 通。某省部分直属单位 IMS 业务接入拓扑示意图如图 4-6 所示。

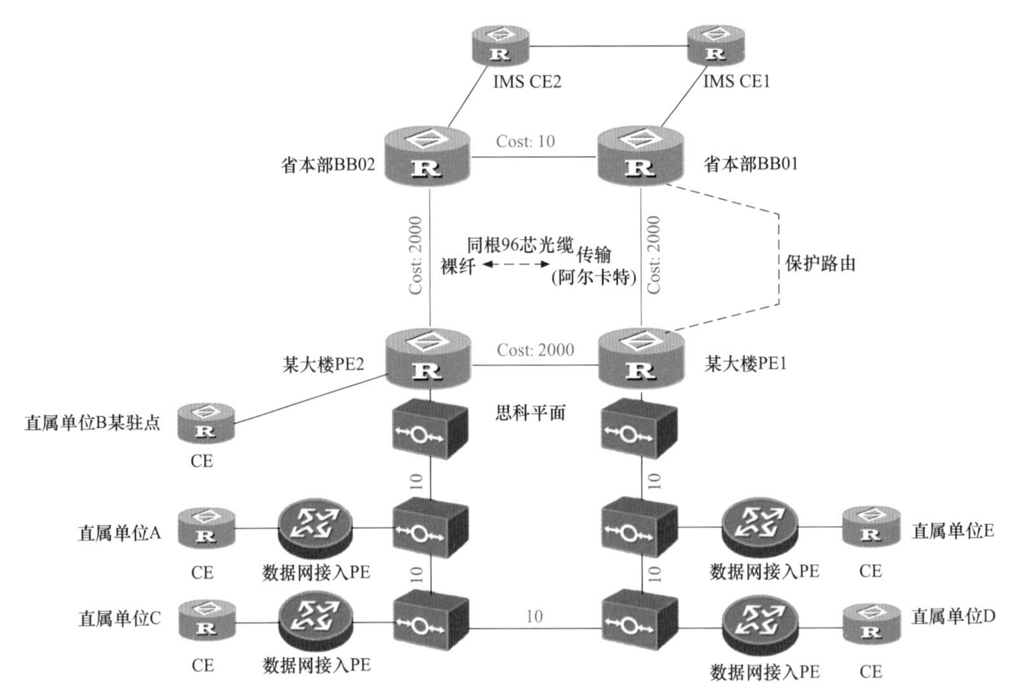

图 4-6 某省部分直属单位 IMS 业务接入拓扑示意图

联系传输网管协助排查发现，某大楼 PE1 至省本部 BB01 路径上阿尔卡特传输存在丢包。经查阅当日检修工作安排发现，两地 IMS 业务中断报告的时间正好处于某省公司至某大楼的 96 芯光缆迁改工作时间内，且承载某大楼 PE1 至省本部 BB01 的阿尔卡特传输光路的纤芯与某大楼 PE2 至省本部 BB02 的直连裸纤均在该光缆中。此次迁改工作造成了裸纤通道、阿尔卡特主用光路同时中断，而阿尔卡特备用通道只有 300M 的传输容量，一旦两条通道上承载的所有业务同时汇入阿尔卡特备用通道，很可能会出现超带宽丢包的情况，从而导致数据丢失甚至业务中断。

约 15 时 30 分，接到直属单位 A 反馈 IMS 行政电话业务恢复正常，约 16 时接到直属单位 B 某驻点反馈 IMS 行政电话业务恢复正常，业务恢复时间与迁改工作的结束时间段基本一致。

在检查故障时段某省省本部 BB02 的日志时发现，10 时 39 分双向转发检测（bidirectional forwarding detection，BFD）会话检测到了链路中断，13 时 7 分端口和链路重新恢复，13 时 10 分至 15 时 54 分标签分发协议（label distribution protocol，LDP）会话约以 1s 为周期不断 up/down 闪跳。故障期间省本部 BB02 的设备日志截图如图 4-7 所示。

图 4-7　故障期间某省省本部 BB02 的设备日志截图

LDP 是多协议标签交换（multi-protocol label switching，MPLS）的一种控制协议，当 LDP 会话状态转为 DOWN 时，通常需要检查接口状态、链路状态，而本次光缆迁改工作恰恰会影响设备的接口状态与链路状态。

经查询设备对应接口的收光功率发现，其值十分接近设备要求的临界值，故可推断，在光缆迁改过程中，光纤的衰耗在一段时间内在某个临界点附近波动，导致接口状态频繁振荡，从而使 LDP 会话连续 up/down 闪跳。

然而，在接口闪跳期间，边界网关协议（border gateway protocol，BGP）未受到影响。查看路由表可以发现直属单位A和直属单位B某驻点的IMS业务数据包仍将沿着某大楼PE2至省本部BB02的路径转发，这就导致了两地的IMS行政交换业务中断。

综合上述分析可以发现，引发本次故障至少有以下三个方面的原因：

（1）承载IMS行政交换业务的裸纤通道、阿尔卡特主用光路同缆。

（2）阿尔卡特备用传输通道容量不足。

（3）工作实施部门未严格履行业务中断通知义务。

针对上述3个方面的问题，技术人员对应采取了以下三个措施：

（1）检查现有资源，规划避免同缆的新方式。

（2）将承载在阿尔卡特传输通道的业务割接到中兴OTN千兆通道。

（3）敦促工作实施部门落实业务中断通知。

此外，在本次故障的排查过程中，还发现部分直属单位数据网接入PE的cost值配置不合理、发包收包路由不一致等问题，虽并非本次故障的诱因，后续也以按照规范对cost值和收发路由进行修改。

三、实践成效

本次由底层光缆迁改引发的故障，涉及多个网络体系层次，协同了不同层次的网管和技术人员共同定位故障。技术人员在排查过程中，对网络结构有了更深层、更系统的了解，对设备特性和参数有了更深的认识。这为今后类似故障的定位思路提供了宝贵经验。

后续处理措施的执行，化被动为主动，增强了网络的可靠性与稳定性，规范了检修工作的程序，有效消除了光缆检修导致业务中断的隐患。

案例五　IMS核心网特定场景下拍叉转移业务失效故障

一、背景

在IMS核心网投入运行初期，在测试三方通话、呼叫保持、呼叫等待、呼叫转移等补充业务时，发现群内呼叫时拍叉转移业务出现忙音现象。

正常情况下，当电话受话时（无论是群内呼叫还是群外呼叫），通过拍叉可以将来话转至群内或群外任一分机上。但在测试群内、群外两种呼叫场景时，却出现了群内呼叫拍叉转移出现忙音，而群外呼叫拍叉转移正常的情况。

1. 群内呼叫时的拍叉转移

IMS用户A用短号呼叫IMS用户B，用户B摘机接听，用户B拍叉保持住用户A，高级电话服务器（advance telephony server，ATS）指示多媒体资源处理器（multimedia resource function processor，MRFP）给用户A送等待音，然后用户B呼叫IMS用户C，用户C的电话随即振铃，用户B挂机后用户A听回铃音，用户C摘机后，用户

A 和用户 C 都听忙音。

2. 群外呼叫时的拍叉转移

手机用户 A 呼叫 IMS 用户 B，用户 B 摘机接听，用户 B 拍叉保持住用户 A，ATS 指示 MRFP 给用户 A 送等待音，然后用户 B 呼叫 IMS 用户 C，用户 C 的电话随即振铃，用户 B 挂机后用户 A 听回铃音，用户 C 摘机后，用户 A 和用户 C 正常通话。

二、主要做法

鉴于在测试补充业务时，仅群内呼叫时的拍叉转移功能出现了问题，可以初步排除硬件与线路故障，将故障原因锁定在配置问题上。

正常的群内呼叫拍叉转移业务的实现步骤示意图如图 4-8 所示。沿着实现步骤逐步跟踪信令，首先怀疑用户数据中未配置相应的业务权限，但检查用户 B 的话机在 ATS 中的呼叫转移权限发现入群呼叫转移、群内呼叫转移权限都已开通。

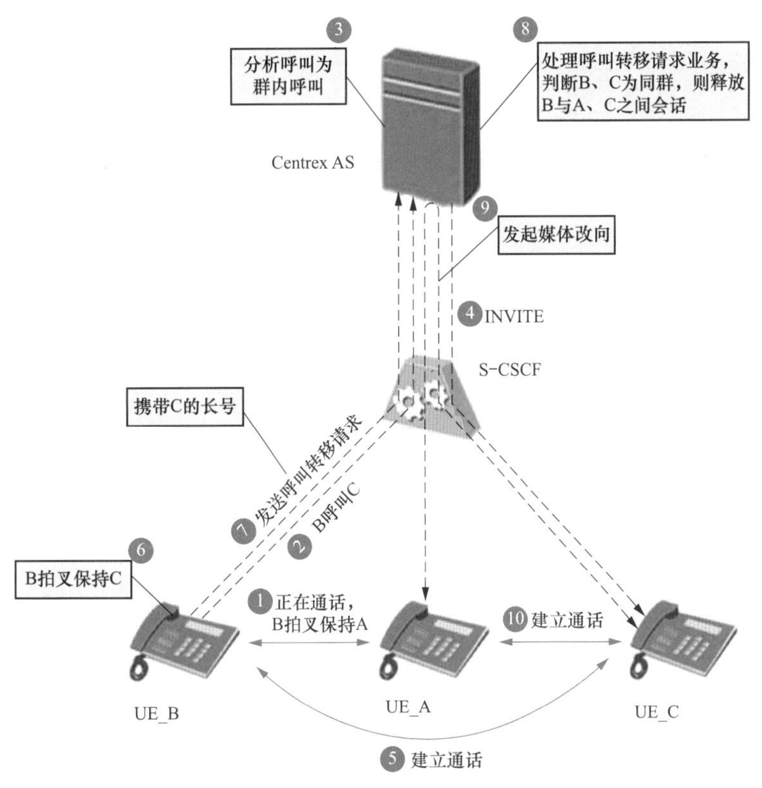

图 4-8 群内呼叫拍叉转移业务的实现步骤示意图

在确认转移权限开通后，重点从群内、群外两种场景开始出现流程分歧的部分开始排查。用户 B 拍叉保持住用户 A 后，用户 B 挂机，对此过程的信令进行跟踪可以发现如下两种场景。

1. 群外呼叫场景

ATS 收到用户 B 座机发来的“REFER”消息，在用户 B 座机发送的“202 AC-

CEPTED”和“NOTIFY”消息得到相应回复后即开始走号码转移流程。

2. 群内呼叫场景

ATS在收到用户B座机发来的“REFER”消息后直接回“403 FORBIDDEN”消息，如图4-9所示。

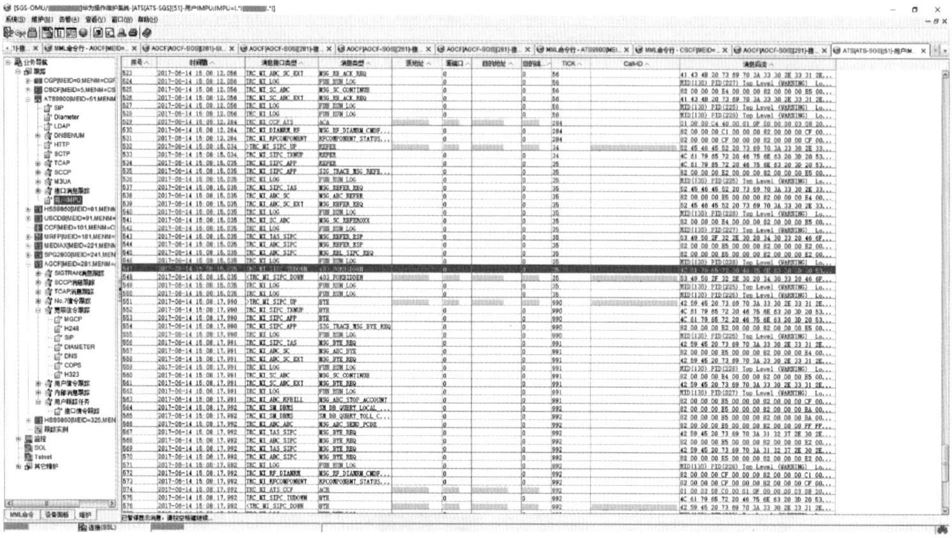

图4-9　群内呼叫场景下使用信令跟踪工具的抓取结果

通过对比法可以发现，群内呼叫场景下“REFER”消息少了“TRC＝ffffffff-829”与“Dpt＝eaea-200”两个字段。

此外，根据显式呼叫转移（explicit call transfer，ECT）业务的要求，“REFER”消息的“Call-Id”应与第一路呼叫（用户A与用户B的呼叫）的“Call-Id”一致，而“Refer-To”头域中的“Call-Id”“from-tag”“to-tag”需与第二路呼叫（用户B与用户C的呼叫）保持一致。经检查，上述字段的值均没有问题。

最后，仔细查看产品文档发现，呼叫转移业务与入群呼叫转移业务、群内呼叫转移业务存在耦合关系，融合集中式用户交换机（CENTRal exchange，CENTREX）几种呼叫转移业务的耦合关系见表4-1。

表4-1　融合CENTREX几种呼叫转移业务的耦合关系

相关特性	耦合关系
呼叫转移业务与群内呼叫转移业务	如果一个用户既有群内呼叫转移业务权限，又有呼叫转移业务权限，那么以呼叫转移业务为准，即呼叫既可以被转移到同群的用户上，也可以转移到群外的一个用户上
入群呼叫转移业务与群内呼叫转移业务	如果一个用户既有入群呼叫转移业务权限，又有群内呼叫转移业务权限，那么只有同时满足两个业务的限制条件，才能将呼叫转移到转移目的方，即只允许将群外来话进行转移，且只能转移到和业务方同群的一个指定号码上
呼叫转移业务与入群呼叫转移业务、群内呼叫转移业务	如果一个用户同时拥有呼叫转移业务、入群呼叫转移业务、群内呼叫转移业务权限，那么他们之间的耦合关系和只有呼叫转移业务权限是相同的

在确认故障原因后通过配置群内呼叫转移业务权限后群内呼叫拍叉转移可以正常通话，故障消除。

三、实践成效

2017 年 8 月 11 日 13 时，用户群内呼叫拍叉转移功能正常。

2017 年 8 月 11 日 14 时 20 分，结束此次消缺工作。

本次故障处理工作完善了补充业务功能，同时，梳理了补充业务的呼叫流程，通过信令分析定位故障，检查用户基础数据配置，为此类配置问题引起的故障提供了解决思路。

案例六　IMS 华为 SBC 网元注册用户 License 过期引发业务中断故障

一、背景

2018 年 1 月 3 日，某公司 IMS 核心网主备节点正式投入运行不久，调度值班人员发现值班台上行政座机限制呼出，无法正常接听和拨打。

二、主要做法

在接到用户反馈电话无法正常接打后，网管人员登录 IMS 网管系统进行排查，发现网管上存在“当前使用资源达到或超过 License 规格”告警，告警反馈的具体信息如图 4-10 所示。

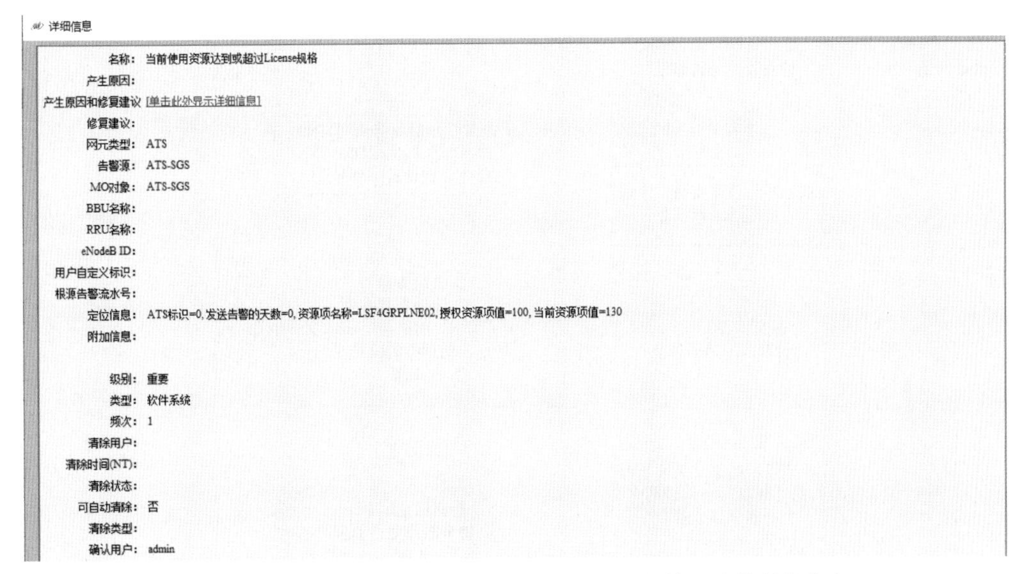

图 4-10　“当前使用资源达到或超过 License 规格”告警具体信息

IMS 核心网功能性 License 过期或失效会导致相应功能无法正常使用，引起 License 失效的原因通常包括：

（1）未采购正式授权 License 且临时 License 过期。

（2）License 未激活。

（3）设备序列号不匹配。

通过告警的定位信息，并结合“DSP LICENSERES”命令查询 License 使用信息可以确定引起某公司行政座机无法正常接听和拨打的原因是 License 失效，通过重新激活或申请 License 文件即可解决故障。

核心层 License 失效的处置流程图如图 4-11 所示。

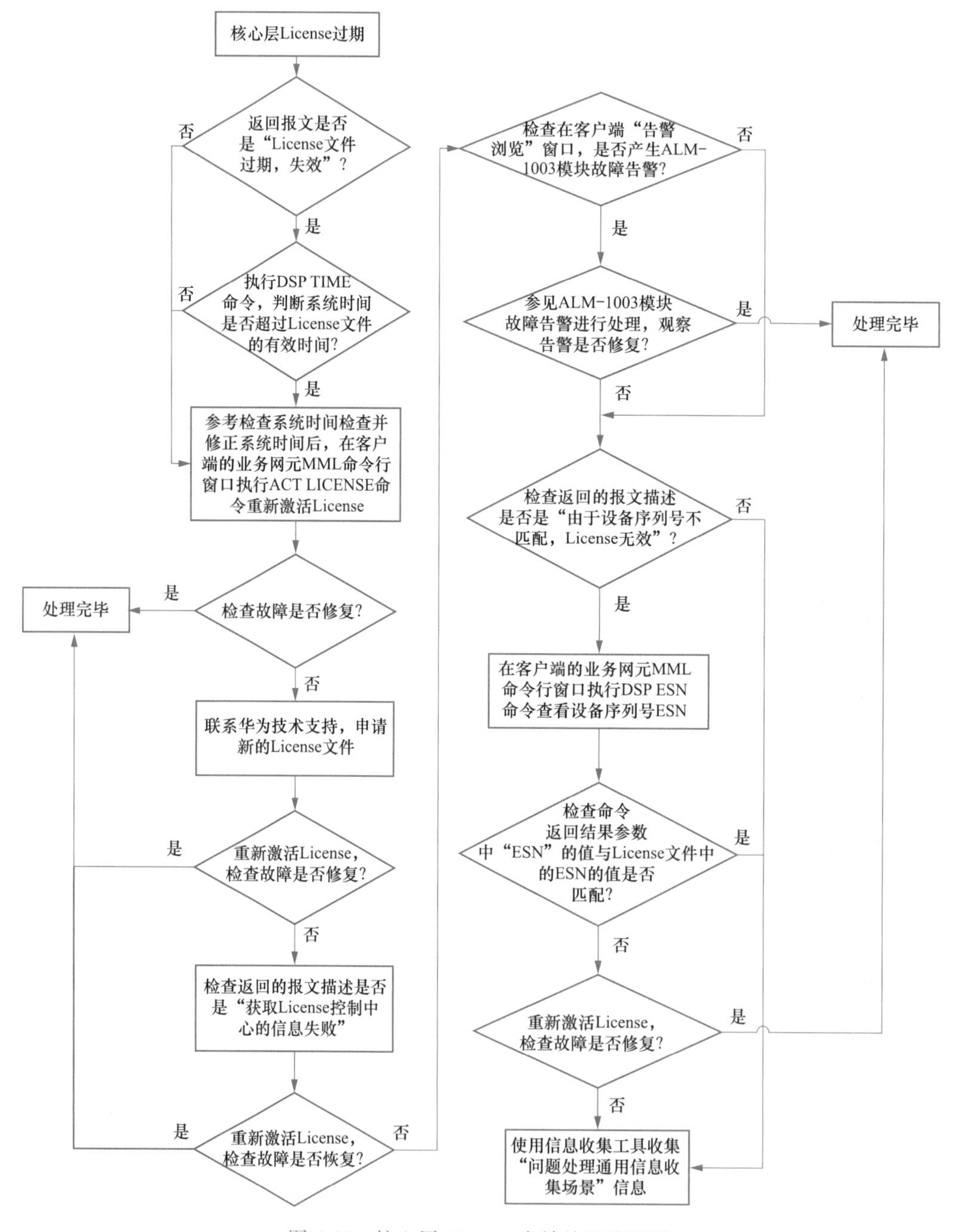

图 4-11　核心层 License 失效处置流程图

三、实践成效

2018年1月4日13时，用户通信功能正常。

2018年1月4日14时20分，结束此次消缺工作。

对于License失效问题，本次故障处理总结了引起故障的多种可能性原因。对于今后故障排除工作具有指导和知识普及的作用，以便提升排查效率。

案例七　行政电话故障缺陷

一、背景

2020年7月30日8时30分，某地区信通调度陆续接到行政电话用户故障报修，用户反映电话在摘机通话过程中出现中断的现象，通话中断现象全部发生在电话被叫情况下，且对方都是移动号码，例如，移动用户A呼叫用户B，呼叫建立后用户B摘机通话过程中出现中断；用户B呼叫移动用户A，呼叫建立后用户A摘机通话正常。

初步判定为设备硬件故障，需前往现场进一步排查确认故障原因。

二、主要做法

由于通话单向不通，设备硬件故障原因可能性较小，大概率是信令问题导致故障。

电子全球数字交换系统（elektronisches waehlsystem，EWSD）交换机为维护者提供了许多功能强大的维护工具，例如，告警面板、用户接续动态跟踪、话单跟踪、七号信令跟踪、话务统计等。随着网络结构越来越复杂，有时会出现由中继电路引起的多种用户故障，利用功能强大的信令跟踪系统，即可完成用户接续动态的跟踪，对整个接续过程详细分析，找出故障点。

NO.7信令消息跟踪最直接和最简单的方法是利用NO.7信令分析仪挂在NO.7信令链路上读取数据进行分析。在没有NO.7信令分析仪的情况下，可以通过人机命令对有关呼叫的信令进行跟踪，以便查找和解决存在的问题。方法如下：

（1）建立信令跟踪的对象。

（2）跟踪对象可以是一个中继群或中继群中的一条中继线或是一个电话号码，也可以直接是一个硬件端口。

（3）激活信令跟踪。

（4）停止信令跟踪，交换机停止对信令的跟踪，可以通过ACT SIGNTRAC再次激活。

（5）显示信令跟踪的结果，找出跟踪结果中呼叫失败的原因类型。

（6）显示已建立的信令跟踪对象。

9时30分，某地区通信调度检修人员赶往现场。

11 时 40 分，经某区域检修人员现场先后更换了用户的话机、用户线、EWSD 的用户端口，故障仍然存在，排除设备硬件故障原因。

13 时，某区域通信调度在 EWSD 上对用户电话的信令进行了跟踪，发现 EWSD 用户主叫侧信令正常，被叫侧在用户摘机后收到移动公司送来的拆线信号导致通话中断。

呼叫建立信令交互图如图 4-12 所示。

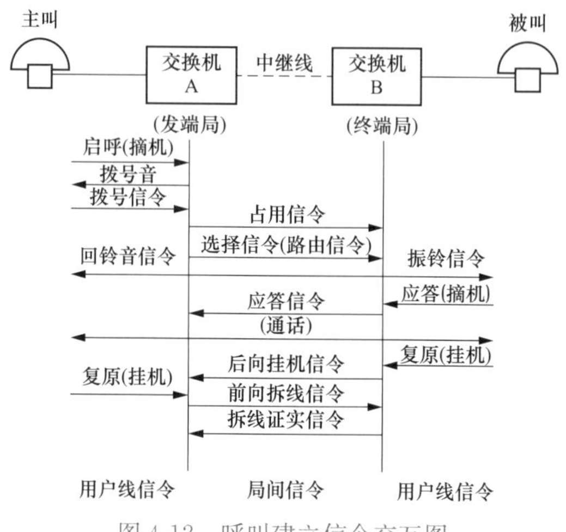

图 4-12　呼叫建立信令交互图

15 时，对移动公司串瓯设备进行中继板固件升级。

三、实践成效

2020 年 7 月 30 日 18 时，移动公司串瓯设备在进行中继板固件升级后，故障消失。

2020 年 7 月 30 日 18 时 20 分，结束此次消缺工作。

本次故障处理利用功能强大的信令跟踪系统，实现了对用户接续动态的跟踪，通过对整个接续过程详细分析，找出了故障点。

建议全面对 EWSD 行政交换机至移动公司中继从行政交换割接至 IMS 后的设备和信令的兼容问题进行清查，杜绝此类问题再发生。

案例八　企业通讯录系统架构的优化

一、背景

国网浙江电力的通讯录资料在后台管理时是一套完整的基础资料，每个条目都有相应的短号资料。由于不同模块下的短号资料存在重复，当用户通过短号拨打电话时，IP 话机在通讯录资料中匹配的条目就会可能出现错误。

为了解决通讯录资料错误映射的问题，可以采用轻型目录访问协议（lightweight

directory access protocol，LDAP）让每一个号码段自动生成一个一级目录，在这个一级目录下，通讯录资料被纳入一套完整的目录结构中，只有同号码段的号码才会归入相同的一级目录，这样就避免了短号匹配错误。

然而，由于数据规模较大，数据变动的基数也较大，当一条数据需要修改时，在LDAP数据库中往往需要修改几十条数据，一旦有大批量的数据需要改动，就需要耗费大量时间更新通讯录的LDAP数据库。数据更新变慢将直接影响IP话机匹配通讯录资料速度。

随着接入的IP话机终端数量增加，对企业通讯录LDAP数据库所在的服务器的网络请求也越来越大，数据量有时超过百兆每秒。若网络数据访问量太大，可能会影响服务器运行的性能，甚至导致服务器系统崩溃。

二、主要做法

国网浙江电力结合全省使用企业通讯录的情况，在不改变系统已具备功能的基础上，评估了系统数据的稳定性和重要性，以及未来系统的终端接入数量，在此基础上优化调整了企业通讯录的系统架构和硬件架构，于2021年实施部署了IMS通讯录管理系统。

方案实施前后网络拓扑对比图如图4-13所示。

为了保证企业通讯录数据的安全性和可靠性，在中心机房A新增了一台服务器，通过双机热备软件将其与现有的服务器配置成主备系统，稳定地提供企业通讯录的数据库服务，以及数据存储、数据备份和Web管理等功能。

为了缓解单台服务器同时接入全省IP话机带来的网络数据压力，同时解决LDAP数据库目录架构复杂所带来的问题，在中心机房B新增了一台高性能服务器，并通过虚拟软件在这台服务器上为每个地市虚拟建立一套操作系统。在每套系统上部署新开发的LDAP中间件控制程序，LDAP中间件控制程序即可通过IMS网络和企业通讯录数据库服务器进行交互。每套虚拟服务器的系统上只形成对应地市的LDAP目录层级。如此，则既避免了通讯录资料错误映射的问题，又提升了通讯录资料匹配速度和服务器运行的性能。

三、实践成效

经测试发现，当一条通讯录资料发生数据修改时，以前需要在LDAP数据库上依次更新13个区域目录层级下对应的资料，耗时长达10～11s，现在通过LDAP中间件控制程序派发更新任务，13个虚拟服务器同时更新数据，耗时仅为1～2s，更新速度得到了极大的提高。

同时，由于接入服务的分布式部署，每套操作系统的网络数据访问量大大降低。

由于优化方案采用了主、备系统设计，拔出企业通讯录主数据库服务器的网线测试时，备用数据库服务器自动接管并承担服务，稳定保障了数据库和企业通讯录后台管理

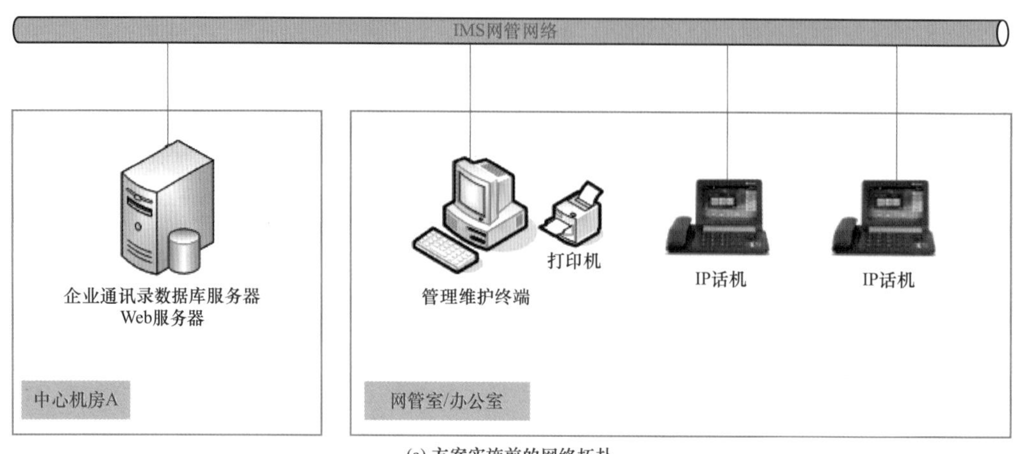

(a) 方案实施前的网络拓扑

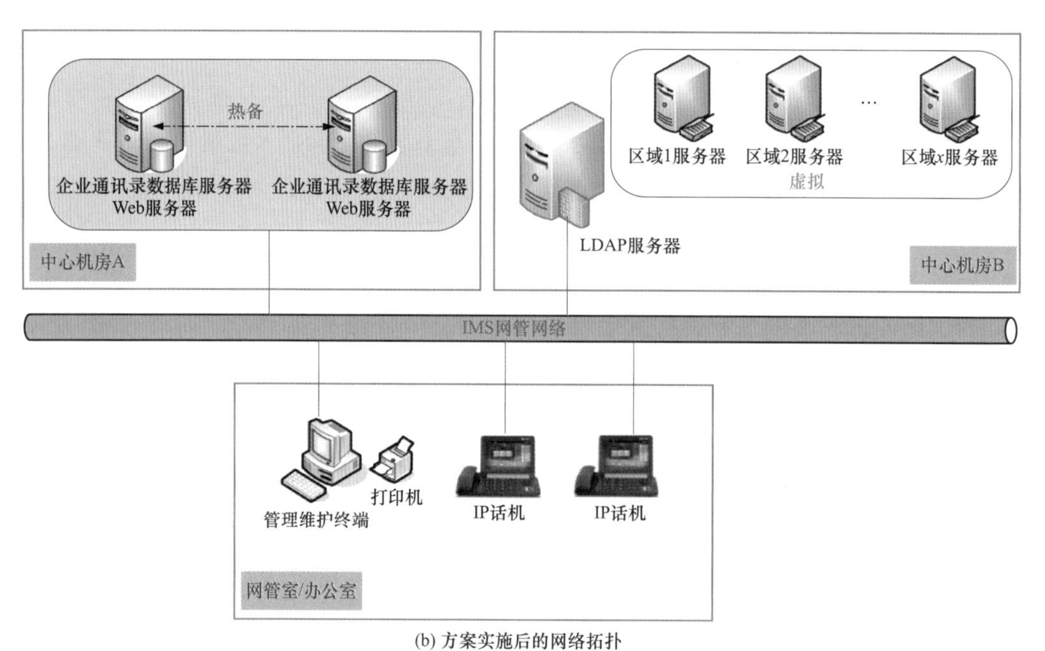

(b) 方案实施后的网络拓扑

图 4-13 方案实施前后网络拓扑对比图

系统的正常运行。

借助 IMS 通讯录管理系统，管理人员能够正常操作系统并修改数据，LDAP 中间件控制程序能够正常获取数据变更任务，并及时更新虚拟服务器上的 LDAP 数据，确保企业通讯录服务的正常运行。

方案实施前后数据访问接口对比图如图 4-14 所示。

IMS 通讯录管理系统方案的实施将企业通讯录服务从集中式改为分布式部署，同时将服务扁平化，各地市接入的 IP 话机分别和对应的服务器进行交互，每个服务器再单独和数据库服务器进行交互，分散了数据库服务器的压力，减少了每套服务器上 LDAP 数据库的目录层级，提升了系统的更新速度、响应速度及稳定性。

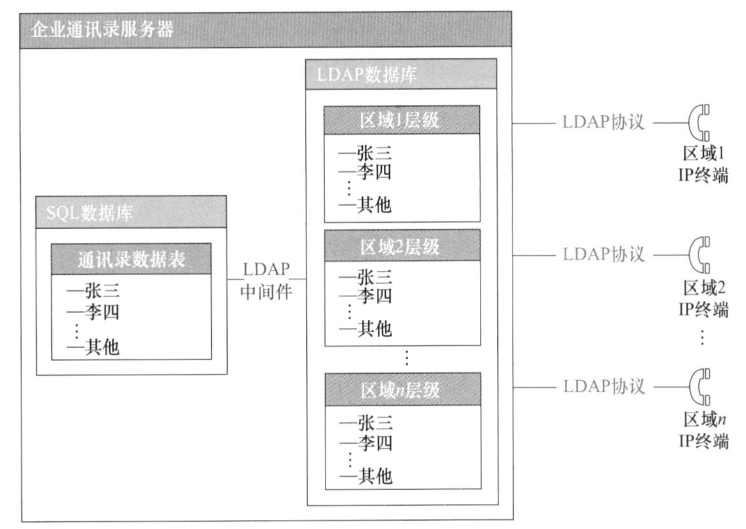

(a) 方案实施前的数据访问接口

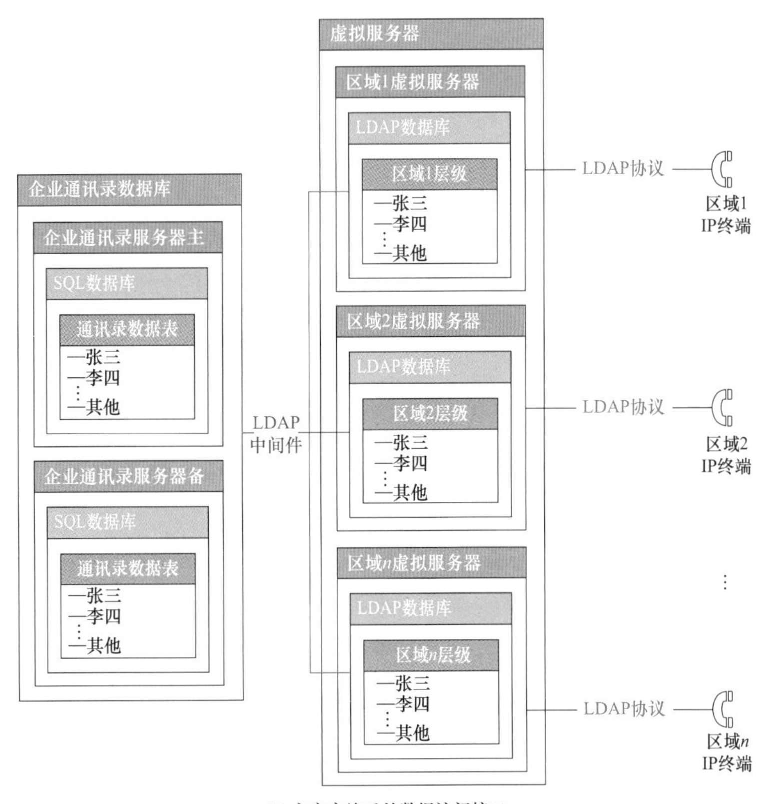

(b) 方案实施后的数据访问接口

图 4-14　方案实施前后数据访问接口对比图

案例九　IMS 行政交换一体化支撑综合网管系统及平台应用

一、背景

近年来，为了适应业务迅速扩展的形势及行业内部通信技术的发展，国网浙江电力投建了华为IMS通信设备，为更便利、更高效地办公创造了条件。

随着接入层改造的推进，省公司和各个地市陆续部署了大量AG、IAD、IP话机等设备。在这种多设备、多系统运行、告警信息多样化的环境下，以下问题给管理人员带来了较大的不便：

（1）品牌型号种类多，每个品牌提供独立的网管系统，有些品牌甚至没有网管系统，导致在设备的查找定位、配置数据、故障处理方面很不方便。

（2）设备数量多，根据号码定位其所在的设备不方便、不准确，统计设备数据很困难。

（3）某些重要设备出现故障后无法预警及时处置。

（4）在新装、删除或者修改号码数据时，需要到不同的设备上执行相应的操作才能完成数据配置，步骤较多，配置不便，缺乏效率。

（5）设备架构层次不清晰，缺乏直观的网络拓扑结构展示设备组网情况。

如何便捷地对终端进行集中管理和维护，实现设备信息管理、数据配置、网络管理、告警管理、故障排查等功能，成为一项非常紧迫的工作。

二、主要做法

为了集合用户档案管理、设备资料管理、设备数据配置、业务自动发放、告警监测管理等功能，国网浙江电力建立了一个以设备为中心，具备数据完整、处理实时、功能灵活完备、数据共享、模块化设计扩展方便等特性的IMS综合网管系统。系统的搭建需实现以下四个步骤。

1. 基础档案的建立

首先，通过外部数据接口和各个地市自行完善的数据，完成用户档案数据的建立，主要用于和设备资料建立关联，便于通过号码、姓名、单位、区域等信息快速查找定位设备。

然后，通过IMS综合网管系统自动探索网络中的接入设备，将未归档设备呈现给对应区域的管理人员进行数据完善，从而实现快速发现设备并完善设备信息。集合各地区管理人员维护的数据，则可对所有设备信息进行全局维护管理。

2. 与IMS核心网对接

综合网管系统主要通过业务发放网关（service provisionning gateway，SPG）和IMS进行数据交互，完成IMS核心侧数据配置。SPG网关接入综合网管示意图如图4-15所示。

SPG作为华为IMS网元的统一业务发放网关，南向适配华为IMS网元的多种协议，北向对外暴露标准SOAP接口。综合网管系统只需对接SOAP接口即可对底层多协议的IMS网元进行发放，所有的命令通过SPG处理，下发到IMS相应的网元。

（1）北向安全控制。SPG结合访问控制列表（sccess control list，ACL）、Username/

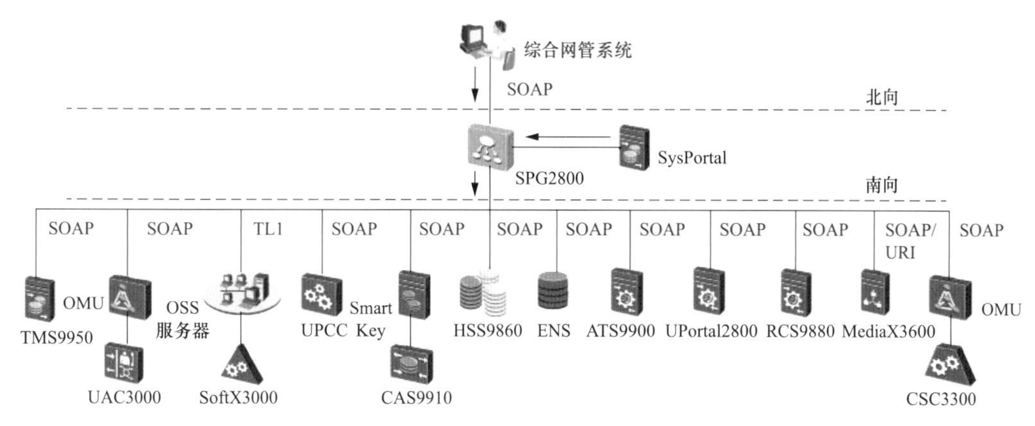

图 4-15　SPG 网关接入综合网管示意图

Password 两种鉴权方式实现北向安全控制。其中，ACL 基于 IP 地址进行综合网管系统的接入控制，防止非法系统的恶意接入；用户名/密码则包含在每个业务请求消息的简单对象访问协议（simple object access protocol，SOAP）消息头中，用户名为明文，密码须基于 AES 或 MD5 算法加密。

（2）协议/通信控制。综合网管系统调用 SPG 提供的接口来完成业务发放的要求。SOAP 消息基于 SOAP 1.1 规范，请求的 URL 格式为 http://[IP]:[Port]/spg，通信端口默认是 8080，其中，IP 地址是 SPG 的北向接口地址。

SPG 的北向支持长连接和短连接，考虑到综合网管系统与 SPG 之间可能有防火墙，存在链路老化的风险，综合网管系统宜采用短连接与 SPG 进行通信，综合网管侧在收到 SPG 的响应消息后主动进行断连。若采用长连接方式，综合网管系统侧则需要主动发起心跳消息进行链路保活，建议心跳发起间隔时间为每 10s 一次，SPG 作为服务端在收到综合网管系统的心跳请求消息后会回复心跳响应消息给综合网管系统。

如果综合网管系统在收到 SPG 响应消息后不主动断开连接，也不发送心跳请求消息给 SPG，则 SPG 会在与综合网管系统的连接产生 30s 空闲后主动断开连接，以防止链路老化。当综合网管系统再次有业务请求消息下发时，则需要在下发消息前建立新的连接进行通信。

（3）消息格式。SOAP 消息使用 document-literal 格式。每一个操作都对应一个请求消息和一个响应消息。每一个 SOAP 请求消息都包括一个消息头，消息头中携带了鉴权信息，包括“Username”“Password”“MessageID”“ResendFlag”。而响应消息则包括所有业务命令的返回码和返回码描述、业务命令响应消息的结果两部分。后者一般出现在查询命令或者特殊的非查询命令中，且只有当返回码为执行成功时，才会出现。

3. 接入设备对接

由于接入设备有多个品牌，每个品牌提供的对接方式不一样，综合网管系统需要支持多种接口方式，以完成接入侧用户号码数据配置和告警获取功能，主要对接方式包括：

（1）华为——采用安全外壳（Secure SHell，SSH）协议或者远程通信（TELecommunications NETwork，TELNET）协议方式进行模拟登录对接。

（2）震有——通过 TCP/IP 的 Socket 协议和 Netman 4000 网管系统进行对接。

（3）中兴——通过 NetNumen U31 统一网管接口对接。

4. 数据处理流程

IMS 综合网管系统通过建立用户档案、设备档案等基础数据，为管理人员提供及时查找定位设备、对设备进行相应的配置的便捷手段，网管系统的总体数据处理流程图如图 4-16 所示。

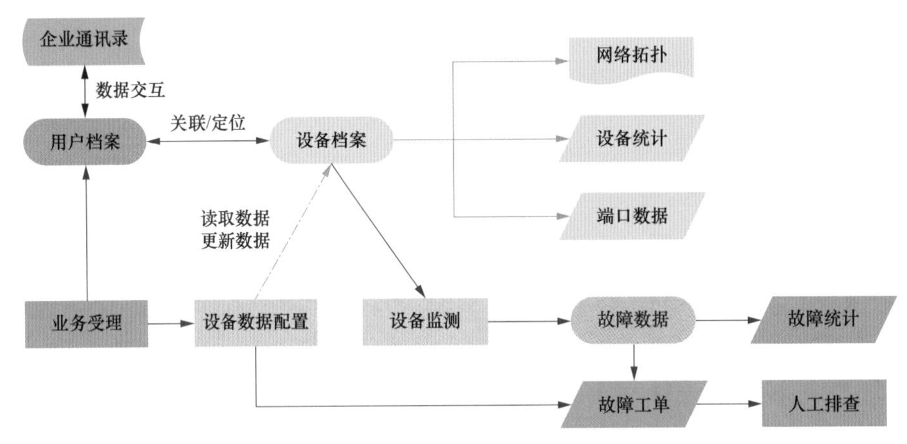

图 4-16　IMS 综合网管系统的总体数据处理流程图

在网管系统的主界面，设备以网络拓扑图展示，设备组成和架构层次让人一目了然。功能界面中，业务发放和业务受理模块联动，当用户办理相关业务或者管理人员一键派发工单后，系统能够自动完成所有相关设备的数据配置，无须人工操作。同时，还能实现重要设备运行状态的 24h 实时监测，一旦接收到设备的告警数据，即自动派发告警工单给相应管理人员，便于故障的及时排查、处理。

三、实践成效

在设备管理方面的实践成效如下。

（1）实现设备信息管理。以网络拓扑图的形式展示设备以及设备的层级关系，并可对设备的基础信息进行管理，包括编号、名称、上级设备、所属区域、所属机房、设备类型、品牌、设备状态、故障类型、安装日期、设备型号、机框、槽数、端口数、行数、列数、起始读数、厂家电话、安装地址、负责人、负责人电话、IP 地址、掩码、网关、DNS、SIP 服务器、管理端口、管理用户名、管理密码、SSH 用户名、SSH 用户密码、协议类型、接口地址、管理地址、备注。

（2）实现设备端口信息管理。可对设备的端口信息进行管理，包括设备端口的状态、电话号码、密码、故障类型、配置日期、备注等信息。

（3）实现接入设备端口在线配置数据。对无直接配置接口的厂家设备采取管理地址一键跳转的方式进行配置。

（4）实现设备端口上、下级配线管理。建立设备之间的上、下级关系。

（5）与企业通讯录系统数据共享。除显示端口号码信息外，还可以显示号码对应使用人员的详细资料。

（6）实现分权、分域管理。支持创建不同权限的管理账号，各系统管理员可在权限范围内按照指定条件对被管理的设备进行筛选、管理。

在业务发放方面的实践成效如下：

（1）实现一键派单功能。管理人员只需要输入电话号码，勾选对应的业务即可一键派发电子工单，由系统全程自动完成 IMS 核心侧、接入设备侧的数据配置。代替传统人工在 IMS、IAD、AG 等设备的网管界面上操作，可以高效地完成用户数据配置，实现智能联动，提高工作效率。

用户可以查询的数据内容包括主叫号码、被叫号码、摘机时间、挂机时间、通话时长、费用、中继号、通话方向、通话类型、备注等。

（2）支持设备执行指令修改和执行指令顺序配置。在后期调整数据需要修改指令和步骤时，无须修改程序，通过界面配置即可实现。

（3）实现设备执行结果回显功能。及时回显设备对指令的执行结果，对执行失败的指令进行告警，以通知管理人员及时处理。

在告警管理方面的实践成效如下：

（1）支持自动派发告警工单。网管系统定时对设备进行网络 ping 测，对开放接口的接入设备，主动登录查询告警信息，并开发了接口支持其他设备的告警上传。一旦检测到告警信息，将及时发送告警工单提醒管理人员。

（2）支持告警数据智能识别并分级功能。网管系统自动将接收到的告警信息分类，并以不同的颜色代表不同重要程度的告警级别。

（3）支持告警工单派发提示。告警工单派发后有页面弹出并伴有声音提示，管理人员可以直接双击告警信息查看告警的详细信息，包括网络拓扑定位、设备信息、故障信息等。

（4）支持告警数据自动消除。当设备故障消失后自动清除告警状态。

（5）提供当前和历史告警详细信息查询。提供相关统计数据给管理人员、用户日常分析协助查找故障易发点和故障设备。

IMS 综合网管系统应用的总体架构如图 4-17 所示。该系统的实施不仅加强了 IMS 与各品牌接入设备的关联性，还打通了数据链路。不仅给设备查找定位、数据统计带来了便利，更将用户数据同线路走向进行关联，在设备的新装、移动、拆除、故障定位方面都带来了极大的便利，有效提高了运维效率、提升了用户体验。

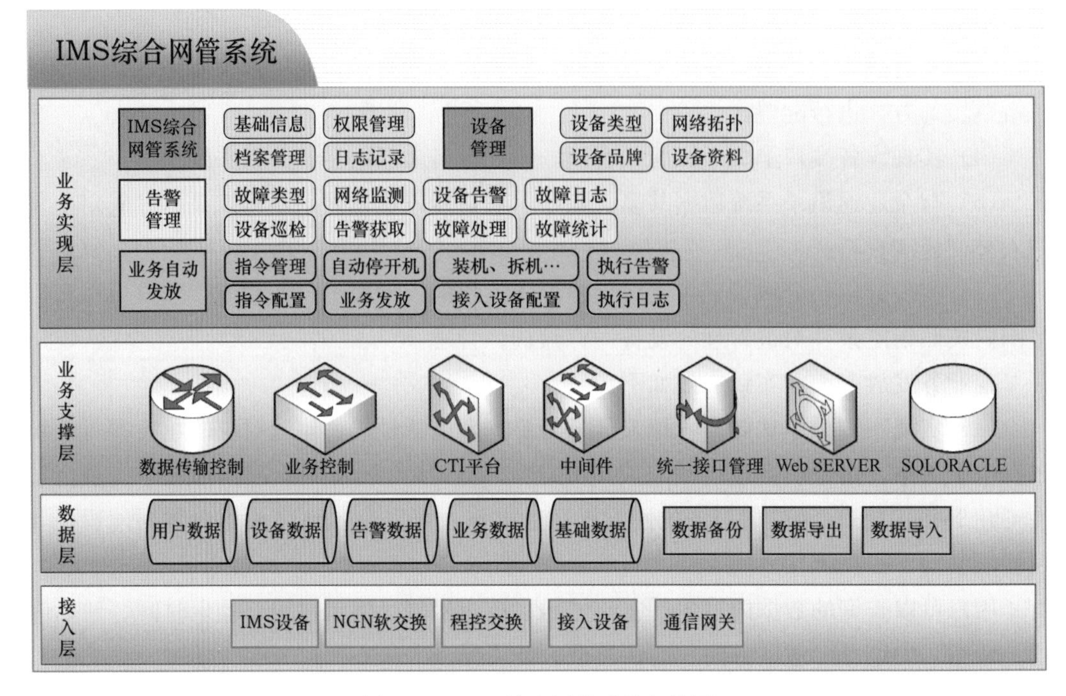

图 4-17　IMS综合网管系统架构图

第五章　会议电视系统

第一节　会议电视系统基本概念与建设运维要点

会议电视系统是信息时代衍生出来的一种虚拟会议，只要有可以实现互联的网络和会议设备，就可以突破地域限制，实现不同区域会场人员的实时交互。当各会场的会议设备加入会议电视系统后，可以传送本端和接收远端的视频图像和音频信号，就像面对面进行信息交流、数据共享、协同办公，能够显著提高工作效率，可以应用于工作会议、教育培训、应急指挥、远程医疗、现场直播等场合。本章主要介绍了省公司现行网络架构、会场标准配置、分级保障、多元融合会议电视系统、智能化平台和新型行李箱式应急系统工作内容，同时也讲述了会场话筒故障、终端音频故障及矩阵故障等故障案例。

一、基本概念

（一）发展历程

随着视频编解码、图像显示、网络传输、音频媒体等技术的发展，会议电视系统先后经历数字时代、标清时代、高清时代，以及视讯时代，系统主要参数指标也在发生变化。

衡量视频信号的主要参数是分辨率和帧率，参数越高效果越好。目前，在用主要为720P/1080P分辨率的高清系统。帧率指称为帧的位图图像连续出现在显示器上的频率，30帧/s达到了图像的基本流畅性，60帧/s达到人眼可分辨率的极限，图像流畅自然。不同视频编码标准对应的上述参数不同，视频编码标准先后经历了H.261、H.263、H.264，其中，H.264利用帧内、帧间预测等技术，使之具有高数据压缩比、高质量图像等优点。

衡量音频信号的主要参数包括声道数、采样频率、频宽等，不同音频标准对应的这些参数不同，按照高保真、低延迟总体目标，会议电视系统先后经历了G.711、G.722、G.728、低延迟音频编码（low delay advanced audio coding，AAC-LD）等音频标准，其中，AAC-LD为支持采样频率最高可达48kHz，提供双声道语音支持，在高清视频通信时具有CD级的音质效果。

会议电视系统网络通信协议由H.320发展到H.323、会话初始协议（session initialization protocol，SIP）。H.320每个终端必须与它对应的多点控制单元（multi control unit，MCU）建立电路连接，以此保证视频会议的质量，但带宽利用率低、开放性差。H. 323 是基于包的多媒体通信，其多媒体应用业务和基础传输网络无关，可以利用 H. 323 将多种应用和业务叠加到视频会议系统中，这一性能使它得到广泛推广。SIP 协议具有简单、开放、灵活，信令易于扩充等特点，要求终端提供数据和呼叫控制信息，对终端的智能化要求更高，将网络设备的复杂性转向边缘化。

（二）系统组成

会议电视系统一般由终端、MCU、传输网络、网管系统、配套设备等组成，如图 5-1 所示。

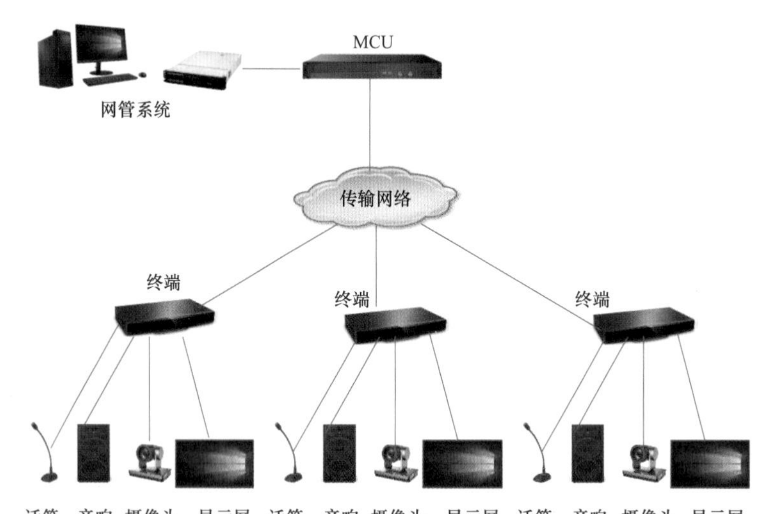

图 5-1　会议电视系统组成

视频终端又称为视频编解码器，将本端会场的音频、视频、用户等数据采集、编码、压缩、打包、封装，通过传输网络送至远端会场，远端会场的终端将传送过来的信号进行解码，并传递至音频、视频播放设备上显现出来。同时，视频终端还承担着会议控制信号的发送和接收，可以向 MCU 发送参加会议、发言申请、发送双流等信号，也可接收执行 MCU 发过来的对本终端的控制信号。

MCU 是会议电视系统的核心调度设备，MCU 不能独立使用，必须配合会议电视终端一起使用。其本质是一台多媒体信息交换机，对图像、语音、数据、通信控制信号、网络接口信号进行处理，完成会场多点对多点的切换、汇接或广播。一般部署在主会场机房，实现将参会终端接入会议系统和会议过程中的音、视频交互，提供语音、视频、数据融合的多媒体通信。

网管系统用于电视会议的控制与管理，可用于电脑登入电视会议系统，进行会议新建和删除、参会终端管理、传输网络质量查看、本端和远端图像查看等操作。本地网管系统通过 MCU 登录可以进行终端管理，网管中心系统可以通过网管登录进行统一资源管理，可对 MCU、SIP、终端、录播等视频设备进行集中管理。

配套设备一般包括摄像机、显示屏、麦克风、音箱，用于完成视频采集、画面显示、音频采集、音频播放等功能，重要会场还包括中控、调音台、矩阵等设备，用于完成信号切换、音量调节、终端控制等操作。

（三）会议模式

点对点会议电视模式是指一个会场对接另一个会场，两台终端通过传输网络连接，通过拨打对方终端设备的 IP 地址，直接进行对话沟通，不需要 MCU 设备组建会议，是最简单的电视会议模式，一对一形式下参会交互性较高。点对点会议电视模式如图 5-2 所示。

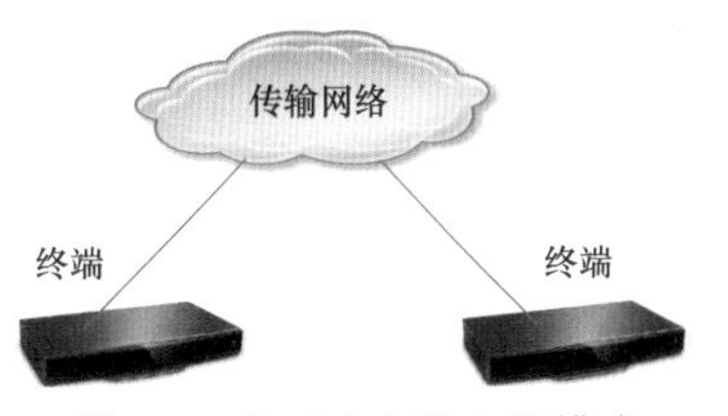

图 5-2 点对点会议电视模式

小容量多点会议电视模式是指三个到数十个会场同时参加会议，通过 MCU 设备组建会议，将所有参会方终端设备的 IP 地址拉入会议系统，会议设备以 MCU 为中心呈星形组网模式，一般小范围内的多方会议采用这种会议模式。小容量多点会议电视模式如图 5-3 所示。

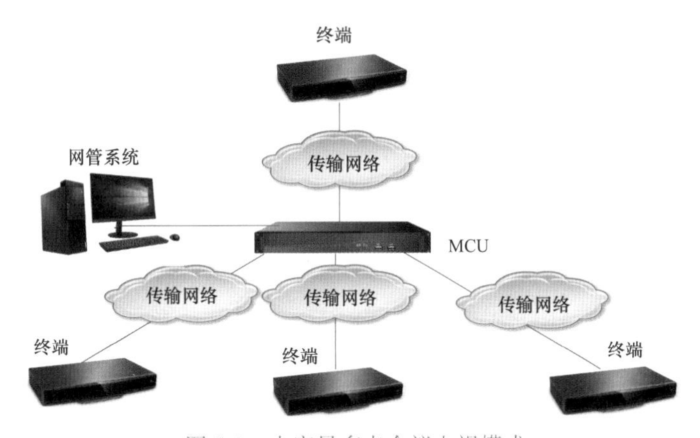

图 5-3 小容量多点会议电视模式

大容量多点会议电视模式是指数十个以上甚至上百、上千的会场同时参加会议，一般用于大型会议场合，涉及地域较多，但需要逐层、逐级同时向下传达会议精神。由于单个 MCU 容量已不足以支撑，需要多个 MCU 级联，实现会议电视系统可靠运行。大容量多点会议电视模式如图 5-4 所示。

二、建设运维要点

（一）建设要点

1. 系统建设要点

系统建设规划时应充分考虑最大参会方数需求，MCU 适当增加冗余配置，以满足日益增长的会议需求。根据单点会议带宽及最大参会方数测算基础通道带宽，最终带宽＝单点会议带宽×最大参会方数×系数，系数通常为 1.5～2。

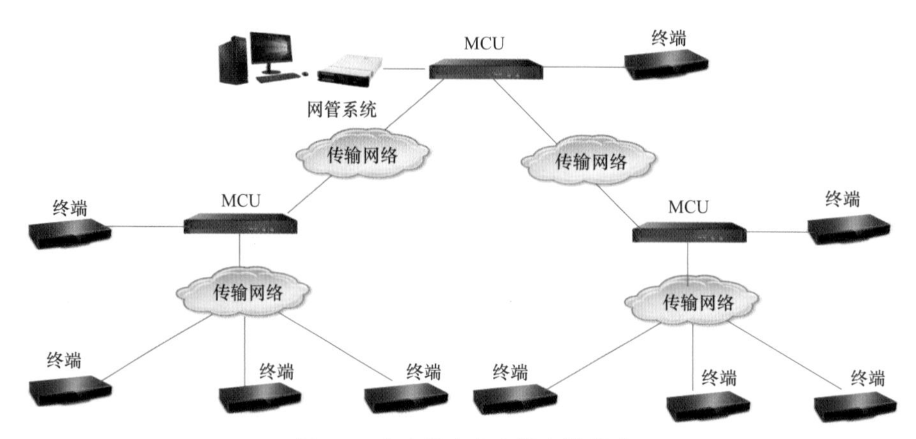

图 5-4 大容量多点会议电视模式

2. 标准会场建设要点

会场建设总体要求应满足“双设备、双路由、双电源”的原则。

(1) 设备。音、视频信号具备“一主两备”三重保障。电视会议专线平台作为主用、数据网平台作为备用，电话会议系统作为应急措施。

(2) 网络。电视会议专线、数据网平台各自独立、互为备用。

(3) 电源。标准会议室具备两路独立的 UPS 作为主备电源，每个机柜、操作台配置两个 PDU 分别由主、备电源供电，视频会议相关设备应采用 UPS 供电，大屏等高功率设备应接入市电。双电源设备同时接主、备电源，单电源设备将主、备设备分别接到主、备电源。

3. 普通会场建设要点

普通会议室音视频信号只需满足专线或数据网平台单路接入，电源只需满足单路供电。

(二) 运维要点

1. 会议期间

召开电视电话会议期间，会场及控制室、信息通信调度、传输机房、交换机房等均应根据会议等级安排领导带班和技术骨干值班，事先做好人员落实、工作交底、联系方式备案等准备工作。提前做好检查、消缺和应急准备。会场值班人员应坚守岗位，密切关注会议进展情况，按导播方案和操作指令进行操作，发现异常按应急预案及时操作处理。

重要会议活动调试和保障期间，电视电话会议下一级分会场操作控制室加入联络指挥系统电话会议，指定专人值守，协调联络当地会场、所属下一级电视电话分会场各岗位。

根据会议类别，实行“封网”措施。国家电网公司一类会议实行全网封网，二、三类会议实行沿线局部封网。封网范围内停止通信施工作业，不做重大操作，不安排计划停运检修。加强通信机房和设备保卫，严禁无关人员进入机房、接近在线运行设备。故障紧急抢修报告本级主管领导及国家电网有限公司信息通信分公司；涉及上级通信电路的，报上级信息通信部门（单位）同意。

2. 日常运维

日常运维内容包括检查核心、外围设备的运行状况，如发生设备告警及故障，立刻启动应急预案；隐患排查及处理；对设备运行中出现的问题或故障进行分析、排查并完成消缺；对设备进行技术评估，提出参数关键性调整、系统组网等优化建议。

第二节 典型案例

案例一 省公司现行网络架构研讨

一、背景

目前，国家电网总部视频会议系统为双网配置，两张网指专线网络、数据网视频虚拟专用网络（virtual private network，VPN）。专线网络是一张基于 SDH 专用于视频会议的专网，网络结构为星型结构，专线网络覆盖到总部-分部、省公司直属单位；数据网视频 VPN 是国家电网综合数据网中专用于视频会议 VPN 部分，网络覆盖总部-分部、省公司直属单位-地市公司-县公司。

省公司核心部分通过两台视频会议客户侧边缘设备（customer edge，CE）与国家电网综合数据网互联，实现与国家电网总部及各省视频会议平台互联；省公司核心区域核心路由器与省公司汇聚及各地市公司汇聚路由器互联，实现省内视频会议数据交互；而省公司接入部分与各大会场的终端设备互联，各地市公司接入部分与各下属地县会场的终端设备互联，实现终端用户视频会议应用。省公司视频会议网络路由交换逻辑架构主要由省公司视频会议核心路由部分、省公司核心路由器与省公司汇聚及各地市汇聚路由部分、省公司接入交换部分及各地市接入交换部分组成。

二、主要做法

（一）省公司至地市、直属公司段网络结构

1. 省公司网络核心及直属单位的汇聚部分

（1）物理架构。省公司核心部分通过两台视频会议 CE 与国网综合数据网互联，实现与国家电网总部及各省视频会议平台互联；省公司核心区域核心路由器与省公司汇聚及各地市汇聚路由器互联，实现省内视频会议数据交互。具体物理分解拓扑如图 5-5 所示。

图中视频会议网络核心上联 CE 呈口字型物理链路，视频会议核心与省公司汇聚和各地市公司汇聚呈口字型物理链路。口字型物理链路可以保证在主设备出现问题时，及时切换到备设备上，保证业务的运行。

（2）逻辑架构。网络路由逻辑部分主要由省公司核心部分和省公司核心与各地市汇

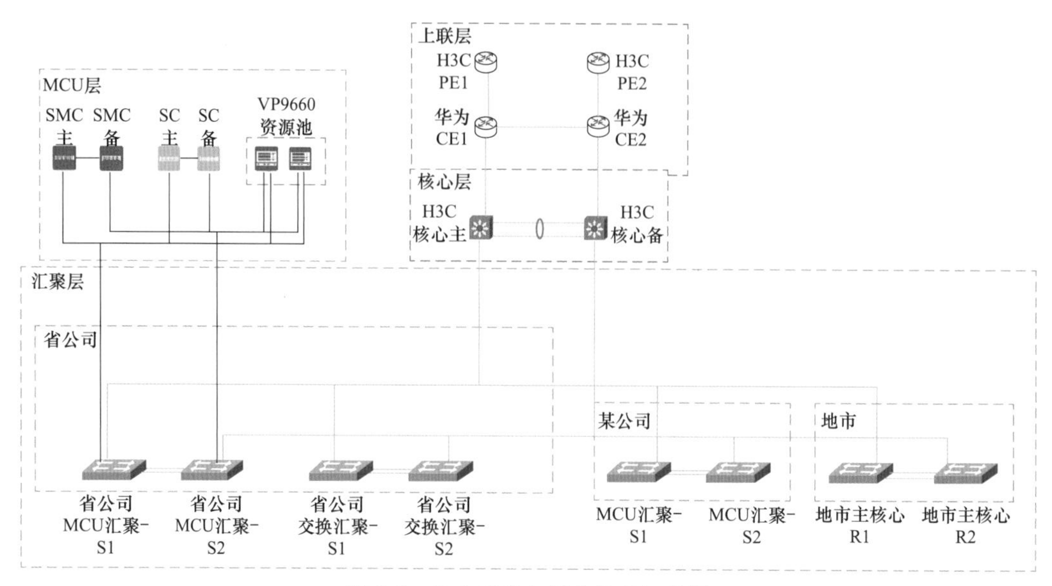

图 5-5　省公司核心部分物理拓扑图

聚部分。

省公司核心部分，由两台 CE 路由器与国网综合数据网两台网络侧边缘设备（provider edg，PE）建立网络外部边界网关协议（external border gateway protocol，EBGP）邻居关系，两台 PE 下发来自国家电网视频会议的路由条目，而两台 CE 向国家电网发布业务地址路由条目；两台 CE 之间建立内部边界网关协议（internal border gateway protocol，IBGP）邻居关系，相互之间交互 BGP 相关路由信息。同时，两台 CE 与视频会议两台核心运行最短路径优先（open shortest path first，OSPF）协议，均在同一骨干区域 AREA 0，两台 CE 路由器下发 OSPF 默认路由，CE1 下发的默认路由作为主路由，CE2 下发的默认路由作为备用路由；视频会议两台核心通过 OSPF 向上发布业务地址路由。具体网络路由逻辑拓扑如图 5-6 所示。

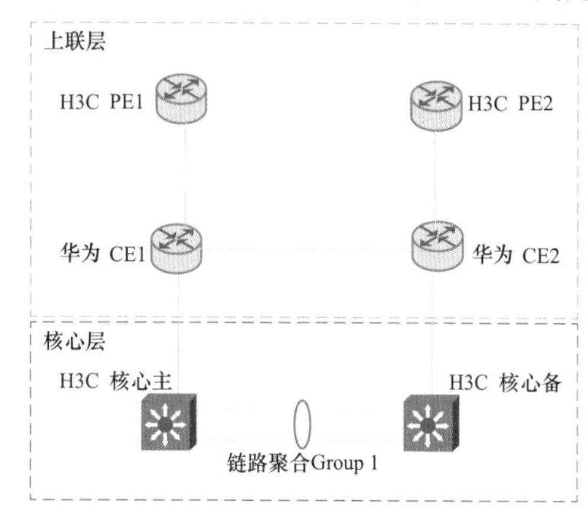

图 5-6　省公司核心网络路由逻辑拓扑图

省公司核心路由器与省公司汇聚及各地市汇聚路由器之间成口字型互联并运行 OSPF 路由协议。核心路由器在原来的基础上，另外运行一个 OSPF 进程与所有汇聚路由器运行在骨干区域 AREA 0 里。具体网络路由逻辑拓扑如图 5-7 所示。

2. 省公司接入部分

（1）物理架构。省公司接入层设备与各大会场的终端设备互联，实现终端用户视频会议应用。如图 5-8 所示，省公司汇聚到省公司接入部分，虽然有个别机房使用了两台

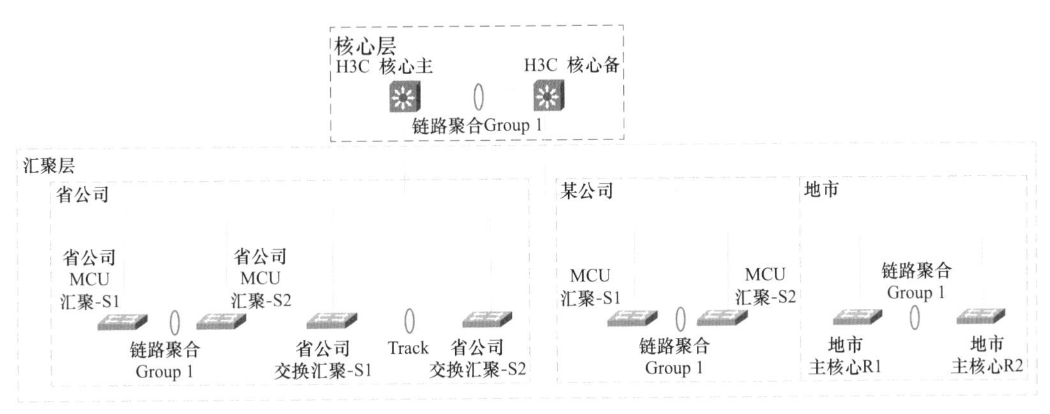

图 5-7　省公司至地市核心网络路由逻辑拓扑图

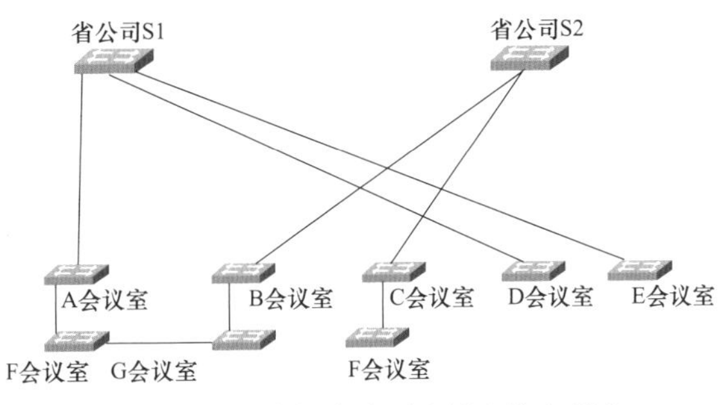

图 5-8　视频会议省公司会议室接入部分

交换机作为主、备交换机，但是主、备之间并没有进行互联，也没有实现单设备双上联，无法实现冗余。所以，要对有主、备交换机进行优化，将主、备交换机互联或双联路上联，使得接入和汇聚呈口字型连接或者三角形连接。个别机房只有一台交换机，因此需要增加一条上联链路实现三角形连接，形成链路冗余。

（2）逻辑架构。两台省汇聚三层交换机运行 VLAN 1、VLAN X、VLAN Y，其中互联光纤作为路由横穿链路并运行 OSPF，而 VLAN 1、VLAN X、VLAN Y 运行虚拟路由冗余协议（virtual router redundancy protocol，VRRP），省汇聚三层交换机 S1 作为主网关，S2 作为备用网关。具体网络交换逻辑拓扑如图 5-9 所示。

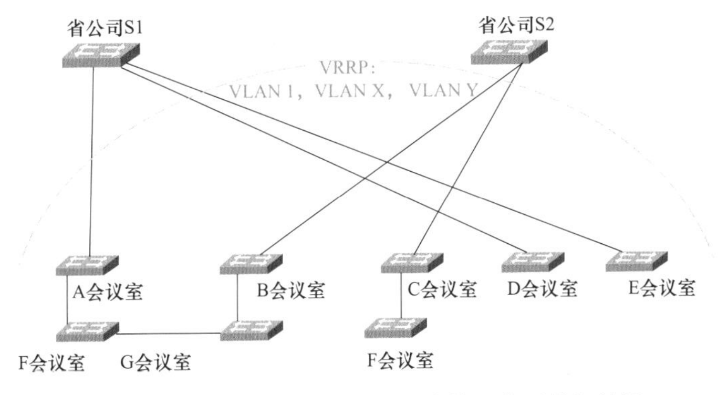

图 5-9　视频会议省公司会议室交换网络逻辑拓扑图

3. 省公司直属单位部分

（1）物理架构。如图 5-10 所示，省公司到直属单位部分，都是单链路连接省公司 S1 设备，没有任何主、备和链路冗余，这导致该链路一旦出现问题就会影响业务，所以需要进行双链路上联的优化。

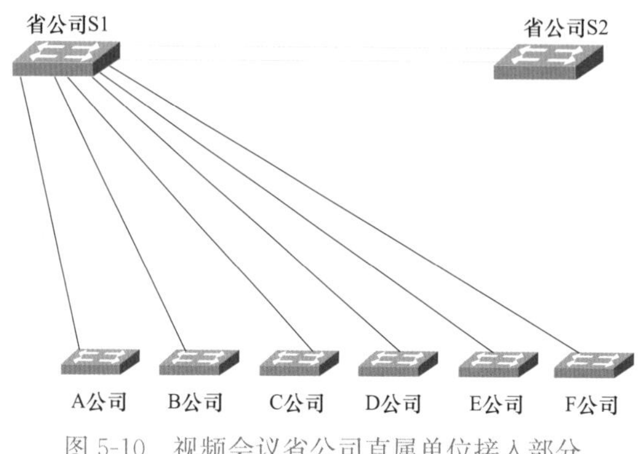

图 5-10 视频会议省公司直属单位接入部分

（2）逻辑架构。两台省汇聚三层交换机运行 VLAN 1、VLAN X、VLAN Y，其中光纤互联作为路由横穿链路并运行 OSPF，而 VLAN 1、VLAN X、VLAN Y 运行 VRRP 协议。如图 5-11 所示。

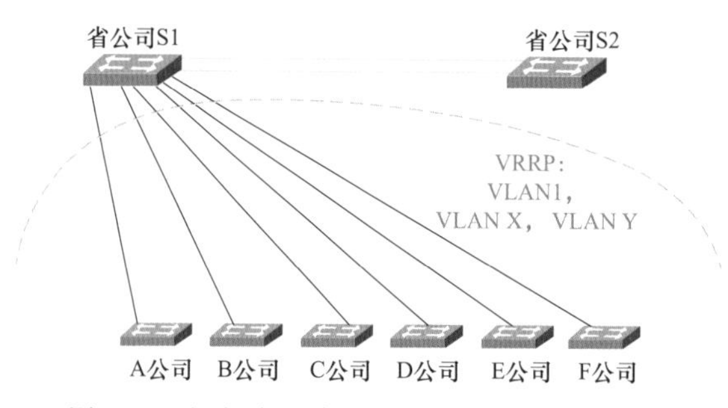

图 5-11 视频会议直属单位交换网络逻辑部分

4. 各地市公司接入部分

（1）物理架构。各地市公司接入部分与各下属地县会场的终端设备互联，实现终端用户视频会议应用。如图 5-12 所示，地市汇聚到地县接入部分，个别地县采用口字型连接，个别地县采用单链路连接，针对单链路连接的地县，需要根据实际情况进行优化，实现口字型连接或双联路上联。

（2）逻辑架构。各地市两台汇聚三层交换机运行 VLAN 1、VLAN X、VLAN Y，其中光纤互联作为路由横穿链路并运行 OSPF，而 VLAN 1、VLAN X、VLAN Y 运行热备份路由器协议（hot standby router protocol，HSRP）协议，各地市汇聚三层交换机 S1 作为主网关，S2 作为备用网关。具体网络交换逻辑拓扑如图 5-13 所示。

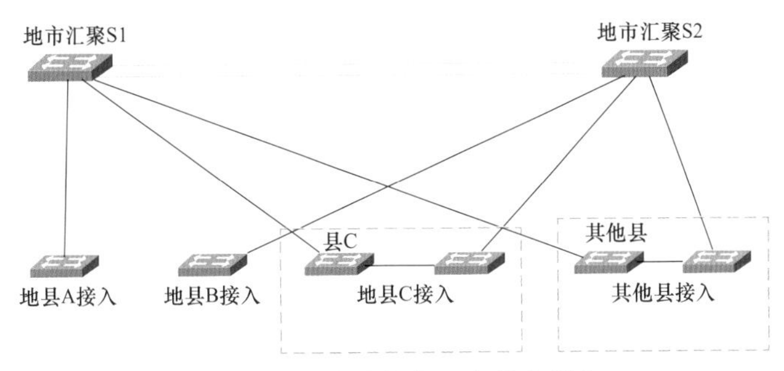

图 5-12 视频会议各地市接入部分

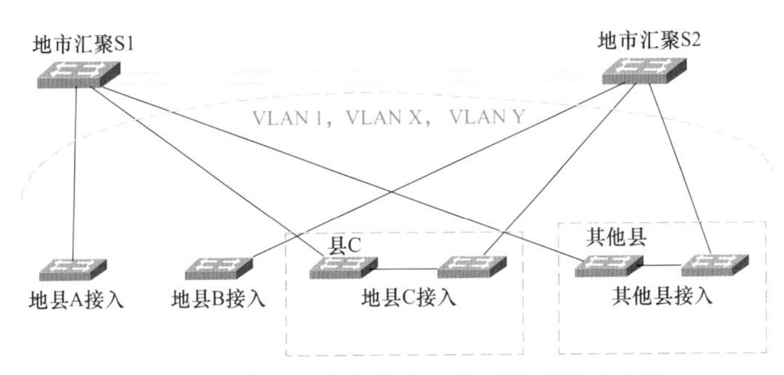

图 5-13 视频会议各地市交换网络逻辑拓扑图

三、实践成效

该网络架构可以充分利用现有网络资源，并在此拓扑基础上可以轻松扩展网络结构，拥有极强的可拓展性。

在可靠性方面，采用网络经典的三层架构。核心区采用双机热主、备的模式。两台路由器异地主、备，两台机器之间采用双聚合链路连接。即使在一条光路故障的情况下也可以保障业务不中断运行。汇聚侧交换机平面分层，分别为 MCU 汇聚和终端汇聚。MCU 汇聚及终端汇聚都是两台双机热备模式。也同样在一台交换机遇故障的情况下仍能保障业务不中断运行。

在安全性方面，划分了不同的 VLAN 区域。可以保障每个区域的独立性，以保障一个区域出现故障时不会影响其他 VLAN 区域。

案例二 电视电话会议会场标准配置

一、背景

国家电网公司为加强会场管理，提升公司系统电视电话会议规范化、标准化、现代化水平，对电视电话会议会场配置制定了一系列标准规范。本案例以省公司会场为例，介绍省公司系统电视电话会议会场的标准配置。

二、主要做法

（一）会场环境布置要求

根据《国家电网公司电视电话会议管理办法》（国家电网企管〔2015〕1246号）要求，省公司系统电视电话会议室有方案1、方案2两种会场布置方案，主要承担一、二类会议的电视电话会议室按方案1布置。

1. 电视电话会议室布置方案1

作为电视电话会议主会场，按图5-14所示布置。

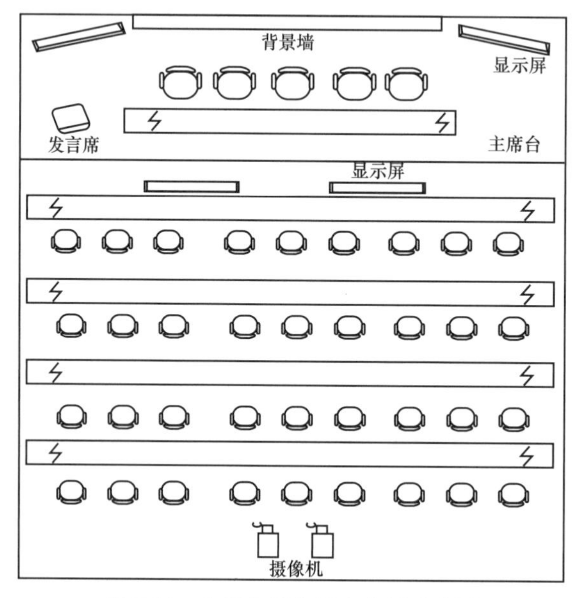

图5-14 电视电话会议主会场示意图

会场设主席台和听众席。根据会议需要，在主席台右侧设站立式发言席。

作为电视电话会议分会场，按图5-15所示布置。

会场为课桌式布置，会场不设主席台，主要领导在听众席第1排就座，安排5位领导进入画面。根据会议需要，在听众席左侧设站立式发言席。

2. 电视电话会议室布置方案2

如图5-16所示，会场为长桌式布置，适用于电视会商会场或电视电话会议分会场。会议桌尺寸和座椅根据实际配置，参会人员坐会议桌一侧，安排第1排5位领导进入画面。根据会议需要，一般在第1排进入画面的最左侧座位设发言席。

3. 会场照明要求

室内照明避免自然光，光源的色温应为3200、4000K或5000K三基色灯，所有光源色温一致。主席区的平均照度不应低于800lx，观众区域的平均照度应为500～750lx。各种照度宜均匀可调，满足会议室各种功能要求。

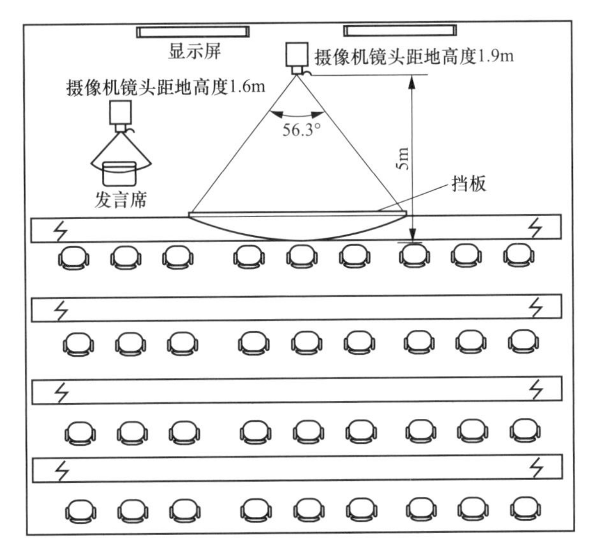

图 5-15　电视会议分会场示意图

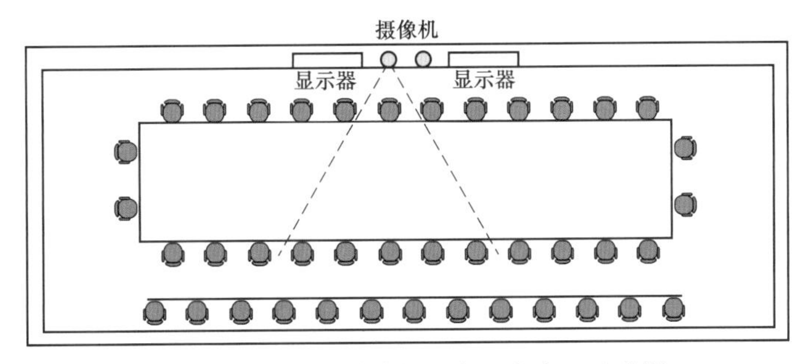

图 5-16　电视电话会议室布置方案 2 示意图

4. 会场声场要求

会场应有适当混响时间，容积小于 200m³，最佳混响时间为 0.3～0.5s；容积 200～500m³ 时，最佳混响时间为 0.5～0.6s；容积大于 500m³ 时，最佳混响时间为 0.6～0.8s。

会议室应采用声学回声抑制措施，保证话筒置于各扬声器的辐射角之外，扬声器布置应使会议室得到均匀声场，且能防止声音回授。

会场应保证均匀合理的声压级，声压级指标一般为 65～70dB；保证声音的清晰度，允许的最大辅音清晰度损失率不超过 15%；保证声像的定位准确性。

5. 会场电源要求

会议室具备两路独立的 UPS 作为主、备电源，每个机柜、操作台配置两个 PDU 分别由主、备电源供电，视频会议相关设备应采用 UPS 电源供电，双电源设备同时接主、备电源，单电源设备将主、备设备分别接到主、备电源。

在控制室、机房应设置主、备两个配电柜，根据设备功率合理配置相应容量的空气开关，每路容量不应小于 16A。在摄像机、监视器、大屏幕、投影机、地插等设施附近，均应设置220V三芯电源插座。

（二）视频会议设备配置要求

所有设备按照主、备方式配备，确保系统无单点，即某一个设备故障不会导致系统不可用。

1. 视频会议终端

终端是用于在网络上远距离传输数据和对音、视频进行编解码的设备。一个标准的行政或应急会场应至少配置三台华为视频会议终端，用于参加国家电网公司会议，分别为国网专线终端、国网数据网终端、轮询返送终端；至少配置两台视频会议终端用于自建会议系统召开会议；配置三台电话会议终端，分别用于视频会议系统的语音备份的发送、接收及后台指挥系统的联络；至少配置两台台式机，并配置视频采集板卡，用于召开外网视频会议；至少配置四台会议控制PC终端（国网主备、省内网主备各一台），两台笔记本电脑终端用于文档演示。

专用视频会议终端设备应支持H.323/SIP协议标准，支持IPv4和IPv6协议栈；视频支持H.264、H.264HP、H.264SVC图像编码协议；支持ITU-T H323、BFCP双流协议，支持双路1080P30Hz、1080P60Hz帧动态双流。

2. 网络通道

（1）行政、应急会议室应具备国网专线网络、国网数据网网络、省内专线网络、省内数据网网络、信息内网网络，以及信息外网网络，以满足各项会议需求。应在控制机房内给各网络通道配置独立的交换机进行组网，以确保各网络相互隔离和传输通道独立。

（2）各网络通道应专网专用，严禁与其他网络系统互连，不得接入与会议系统无关的设备。会议系统的控制网络应独立组网，保证有独立的PC终端能够分别接入各网络通道。

（3）国网行政专线、行政数据网的会议设备IP地址由总部统一规划，其他单位不得擅自修改。省内行政专线、行政数据网设备IP地址由各省公司统一规划。具有相同IP地址的终端不应同时开启，防止IP地址冲突。

（4）交换机、电视会议终端、传输设备之间网络接口的速率及通信方式应保持一致。多个交换机互连应采用光口或电口直连，禁止采用光纤收发器等方式转接。

3. 视频设备

视频系统设备主要包括会场摄像机、视频矩阵、高清视频特效机等。设备输入/输出的接口类型应尽量保持与矩阵接口一致，减少格式转换造成的传输质量劣化，优先选择HDMI和数字分量串行接口（serial digital interface，SDI）的接口，所有视频设备需支持720P50Hz、1080P50Hz、1080P60Hz。

（1）摄像机。固定摄像机主要用于主会场召开会议时使用，会场后方固定安装带云台可远程遥控的摄像机，用于拍摄主席台领导特写镜头及会场全景镜头，主席台两侧固定安装两台球机用于拍摄观众席，在侧墙安装一台球机用于拍摄发言席特写。

会议室需配备至少四台移动摄像机，主要用于分会场参会时使用。建议两台摄录一体机、两台球型摄像机，用于拍摄发言人特写或会场全景。

所有摄像机宜使用手动控制模式，根据会场灯光、环境因素，将摄像机白平衡、光圈、增益等参数调整到最优状态。

（2）视频矩阵。视频矩阵将多路视频信号通过阵列切换方式输出至多路监控、显示等设备上。矩阵采用“一主一备”方式，主用及备用矩阵分别双向连接行政专线终端和行政网络终端设备，以便出现问题时及时切换。

（3）特效机（导播台）。特效机主要用来监视、选择视频信号和提供平滑的视频切换效果。会议一般使用本地特效机和远端特效机两台设备对应不同信号源。本地视频信号源（如摄像机、PC等）经过矩阵接入本地特效机；行政专线和数据网终端的视频信号经过矩阵接入远端特效机。特效机应当可以接入不同格式的视频信号并自动进行转换。

4．音频设备

音频系统由话筒、调音台、音频处理器、扩声设备、中控系统等组成，为会场提供良好的声场环境，保证声音信号能够被清晰地采集、放大及播放。

（1）话筒。行政会议使用的话筒一般包含电容鹅颈有线话筒、手拉手鹅颈有线话筒、无线话筒等。主要领导台前及发言席一般采用两只鹅颈话筒分别作为主、备话筒连接至调音台。手拉手鹅颈话筒适用于具有较多发言人的会议，主要通过控制主机进行备份和控制。无线话筒一般仅做备用话筒使用，当现有设备出现问题时由相关人员递送给发言人使用。

（2）调音台。配置主、备两台调音台，所有音频设备均接入调音台并由保障人员进行集中控制，其路数应当具备一定冗余度。

（3）音频处理器。配置主、备两台音频处理器，具备回声抑制、自动混音等功能，话筒接入调音台前都应当经过音频处理器，话筒在音频处理器输入与输出应为一对一，以便在调音台控制每一支话筒。

（4）扩声设备。扩声设备主要指功放、音箱等设备，会场内的扩声设备布置应当符合相应声学指标，做到场内各位置的人员收听声音清晰自然，尽量缩短混响时间，会场内音箱应尽量采取分区、分组控制。同时，应注意响度控制，确保扩声不被话筒等拾音设备二次拾音。

5．中控系统

为提高会议系统的智能化水平，在会议系统中应部署中控系统，中控系统包括中控主机、触摸屏等设备。中控主机是中控系统的核心设备，所有的控制命令均由中控主机进行采集、分析、处理，触摸屏是用户操作接口设备。

接受中控集中控制的设备主要包括视频矩阵、显示设备、音频处理器、时序电源、机顶盒等。可通过触摸屏对视频矩阵的输入/输出进行控制，对显示设备信号源、显示模式、开关的控制，控制时序电源的开关及电视机顶盒的频道切换等。

三、实践成效

根据国家电网文件要求，省公司建设了两个行政会议室与一个应急会议室，会场情

图 5-17　行政会议室 1

况如下。

（1）图 5-17 为省公司某行政会议室。该会议室为课桌式布置，会场设有主席台，根据会议需要，可在听众席左前方设立站立式发言席。会场配备有四台视频会议终端（包括专线、数据网、省高清主备终端）及两套电视电话会议终端系统。该会场可作为国网电视电话会议分会场及省公司会议主会场使用。

（2）图 5-18 为省公司另一行政会议室。该会议室为课桌式布置，会场设有主席台，根据会议需要，可在听众席左前方设立站立式发言席。会场配备有两台视频会议终端（包括省高清主备终端）及两套电视电话会议终端系统。该会场可作为国网电视电话会议分会场及省公司会议主会场使用。

（3）图 5-19 为省公司应急会议室。该会议室为长桌式布置，会场配备有四台视频会议终端（包括专线、数据网、省高清主备终端）及两套电视电话会议终端。该会场可作为国网电视电话会议分会场及省公司会议主会场使用。

图 5-18　行政会议室 2

图 5-19　应急会议室

根据标准建设会场，有以下两个优点。

（1）统一管理。由于各分部、省、市、县公司会场众多，且会场环境不一，若由各公司自行建设会场，则会出现画面杂乱、音视频效果混乱的现象，制定标准规范有助于统一管理，保证会议视听效果良好。

（2）安全可靠、主备冗余。按照会议系统、音频系统、视频系统一主两备的思路，设备冗余备份配置，确保系统无单点隐患，以确保出现问题时能做到及时联络并快速切换，保证会议效果。

案例三　电视电话会议分级保障

一、背景

为提高国网浙江电力本部各类会议质量，优化运维方式，依据国家电网公司和省公司有关规定，对会议进行分类分级管理，并制定了相关的保障原则与要求，本案例从会议分级标准、会议保障原则、会议分级保障要求和内容等方面，分享了省公司会议分级保障案例。

根据会议内容、参会范围等，将会议分为以下三类。

（1）一类会议是指省公司主要领导召开或参加的综合性会议，包括公司年度、季度、月度工作会议，总经理办公会议，党委中心组学习会议等。

（2）二类会议是指省公司分管领导主持召开或参加的专业性会议，主要研究部署专业重点工作，包括专业工作会、安全生产分析会等。

（3）三类会议是省公司副总师主持召开或由本部专业部门自行组织召开的会议，主要布置专业具体工作。

以上三类会议还可以根据会议组织单位分为国网会议与省公司会议，具体分为国网一、二、三类会议和省公司一、二、三类会议。国网会议即由国家电网公司组织召开，省公司作为分会场参加的会议；省公司会议即由省公司某部门组织召开，地市县公司、省直属单位作为分会场参加的会议。

二、主要做法

受电视电话会议系统限制，不同系统召开的会议需在具备对应条件的会议室参会，具体技术保障原则如下。

（1）国家电网召开的视频专线会议根据会议类别使用对应会场参加。国家电网行政专线会议在行政会议室参加；国家电网应急专线会议在省公司应急会议室参加。

（2）省公司一、二类会议必须在公共视频会议室召开，三类会议优先使用公共视频会议室。

会议分级保障要求如下。

1. 一、二类会议

一、二类重要会议由会议保障人员进行会前调试、会中保障、会后总结工作，按照会议的具体要求，至少提前半天安排调试。根据会议要求配备1～5名专业技术保障人员。《国家电网公司电视电话会议管理办法》（国家电网企管〔2015〕1246号）要求：“省级一类会议采用双平台保障，电视会议专线、数据网平台各自独立、互为备用。”所有设备按照主、备用方式配备，确保系统无单点，即某一个设备故障不会导致系统不可用。

（1）国家电网组织召开的一、二类视频会议，采用专线、数据网双终端入会，同时拨入音频备份（现使用i国网作为第三备份入会）。发言单位应具备两路有线话筒，分别接入专线与数据网，两路话筒互不干扰。分会场音、视频环境要求如下。

如图5-20、图5-21所示，针对有发言及文档演示需求，且需给发言人特写的会议，摄像机1分别拍摄全景和发言人特写画面，保存预置位。主、备终端画面通过矩阵切换到本地显示大屏上。摄像机2拍摄发言人特写画面。摄像机2和备用PC通过线缆直接与备终端相连。

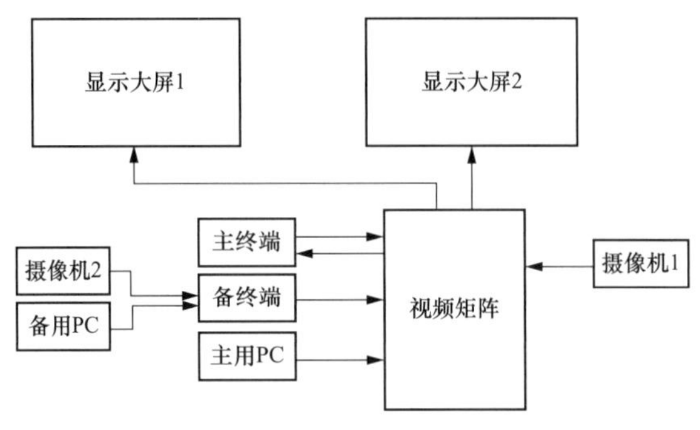

图 5-20　分会场视频设计要求

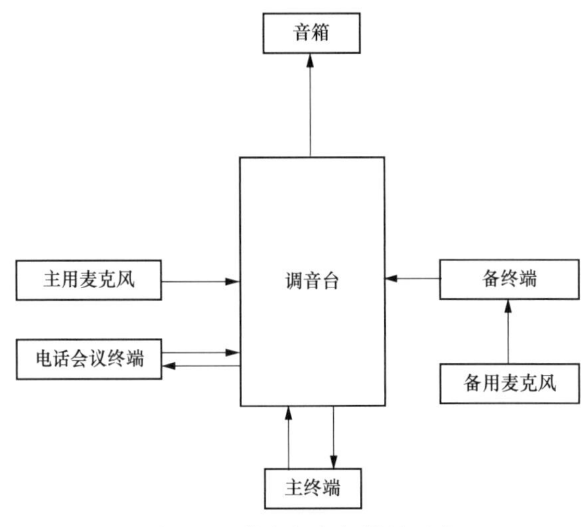

图 5-21　分会场音频设计要求

（2）省公司组织召开的一类视频会议，使用双平台建会，即主用系统采用省公司集中模式呼叫各分会场终端；备用系统采用二级部署模式，省公司呼叫发言单位备终端、直属单位备终端及地市公司宝利通 MCU。主会场音视频环境要求如下。

视频方面，主、备终端均同主用及备用矩阵双向连接。主用 PC、摄像机 1 接入主用矩阵，备用 PC、摄像机 2 接入备用矩阵。主用及备用矩阵使用不同信号源输入至显示大屏中。一、二类会议会场视频要求如图 5-22 所示。

音频方面，主终端、备终端分别同主、备用调音台双向连接，向分会场传输音频信号及接收发言分会场发送过来的音频信号。主用调音台上接有鹅颈麦克风、主用 PC、电话会议终端等设备，将声音送至主用音箱及备用音箱。备用调音台上接有备用麦克风、无线麦克风、备用 PC 等设备，将声音送至备用音箱及主用音箱。备用调音台有至少一路输出至主用调音台上。一、二类会议会场音频要求如图 5-23 所示。

发言的地市单位也需具备“一主两备”条件，两台终端入会，同时拨入音频备份。达不到要求的发言单位在省公司或满足条件的地市公司会场发言。

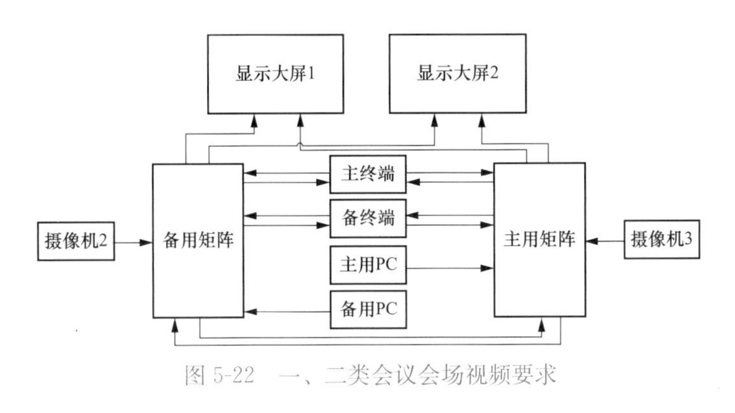

图 5-22　一、二类会议会场视频要求

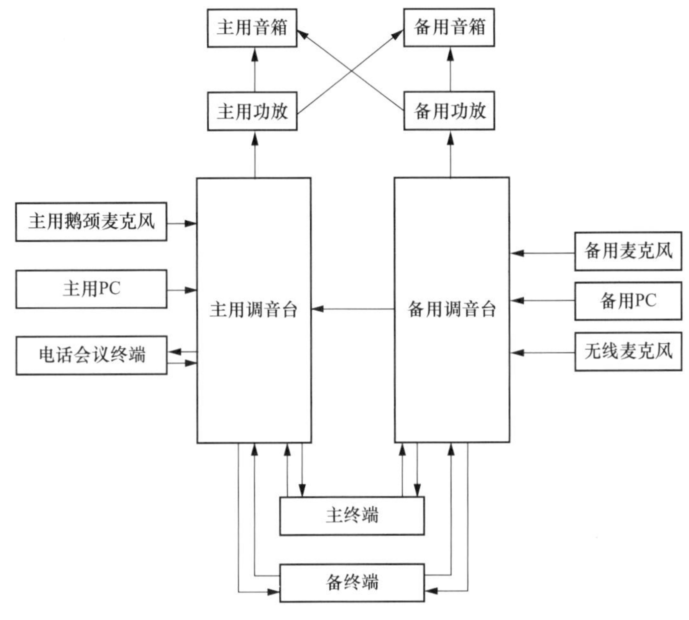

图 5-23　一、二类会议会场音频要求

2. 三类会议

三类会议按照会议的具体要求，至少提前 2h 安排调试。根据会议要求配备 1～2 名专业技术保障人员。

三、实践成效

保障人员根据会议通知要求，制订调试工作方案，组织开展调试工作。

主会场导播工作包括会前准备、主会场画面摄像及播放、各分会场画面轮询和选看、音响控制、录音录像等。

三类会议保障内容主要包括对会场画面、终端音视频情况、网管操作步骤、会议期间网络状态的检查确认，而一、二类会议保障内容则在此基础上增加了对备终端、i 国网音视频情况、备网管操作步骤、主备系统切换流程的检查确认。

对会议制定分级保障标准，有助于避免因标准不一致而产生的保障质量参差不齐，确保会议效果的稳定性。同时，还可提高会议设备资源和保障人员资源利用率，从而减少不必要的资源占用，降低管理复杂性。

案例四 会场话筒故障

一、背景

（一）故障现象

2022 年 1 月 3 日上午 9 时，省公司某部门在某会议室召开工作例会，会议以本地形式召开，使用桌面手拉手话筒、调音台、内网电脑、升降屏、显示大屏。

上午 7 时 35 分，会议保障人员在会前调试阶段发现主席位右侧话筒出现橙绿灯交替闪烁故障。现场保障人员立刻进行故障排查，多次重启话筒主机，故障仍未消除。后保障人员联系话筒厂家技术人员和安装工程师，配合技术人员进行远程指导操作，并安排安装工程师立刻前往省公司排查故障。

7 时 51 分，保障人员按照设备厂家技术人员的要求，对出现故障的话筒单元模块进行首尾两端拆卸互换工作。

8 时 45 分，首尾两端单元模块拆卸互换工作完毕。中间领导层圆桌位话筒恢复正常工作，后场区话筒全部失电、信号灯全灭，无任何显示。由于现场会议即将开始，现场保障人员不再进行任何调整，着重确保中间领导层圆桌位话筒可以正常使用，确保会议能正常进行。

9 时，会议正式开始。中间领导层圆桌位话筒可以正常使用，会议按议程正常进行。

10 时 20 分，在第三个议程，领导讲话时，现场话筒突发故障，会场所有话筒全部失电、无法正常使用、信号灯全灭无任何显示。现场保障人员临时使用 2 路无线话筒代替使用，继续开会，同时在后台机房排查故障。

10 时 40 分，按照厂家技术人员指导建议，在话筒主机后端口上，将 AB 口上的线路全部切换至 CD 接口上，并将其中一路线路暂时断开连接，只通过一路进行信号传输和供电，如图 5-24 所示。并在设备设置页面上更改话筒主机设置，将设备主机供电口更改为 CD 口模式。中间领导层圆桌位话筒恢复正常，一直持续到会议结束。

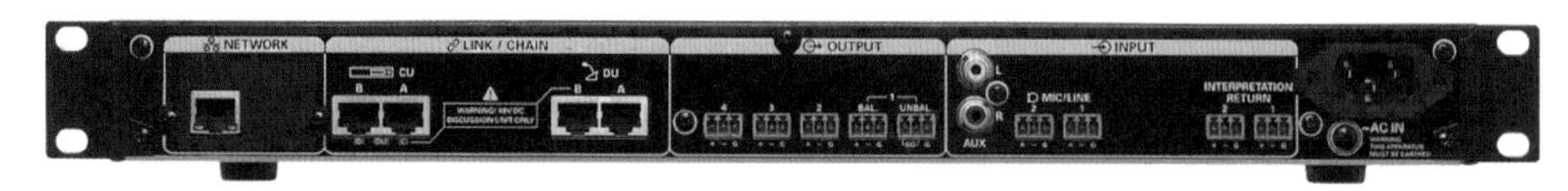

图 5-24 话筒主机后面板示意图

（二）设备基本情况

设备型号：铁三角 ATUC-50IU 嵌入式话筒。

设备系统结构解析：如图 5-25 所示。

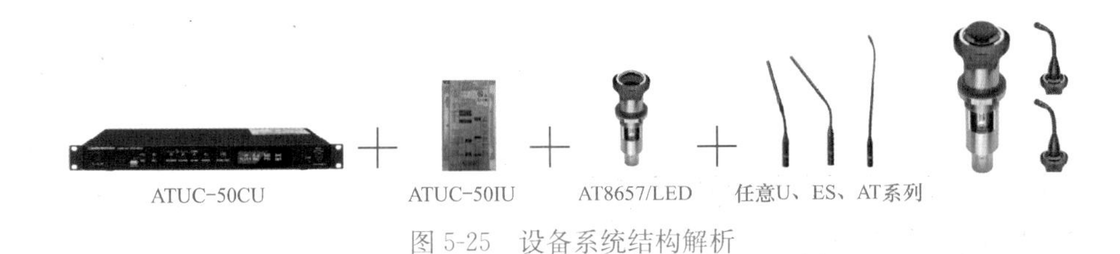

图 5-25　设备系统结构解析

设备技术指标如图 5-26 所示。

ATUC-50IU技术指标

常规技术指标

I/O接头	输入	Euroblock接头：话筒输入端子×1套，操作输入端子×6套，通用输入端子（GPI）×8套
	输出	Euroblock接头：扬声器输出端子×1套，耳机输出端子×1套，状态输出端子×6套，电源端子×1套，通用输出端子（GPO）×8
	CHAIN	DU/CU连接端子
数据长度/采样频率		24 位/48kHz
频率响应		+1.0~2.0dB，20Hz~20kHz（1kHz下输出为+4dBu）
动态范围		106dB，A加权
信噪比		86dB，A加权
动态余量		20dB
噪声等效输入		小于-125dBu，R_s=150Ω
总谐波失真		小于0.07%，1 kHz均一
幻象电源		DC+48V
电源要求		DC+48V
功耗		3.4W
工作保证温度范围		0~40℃
工作保证湿度范围		25%~85%
外形尺寸（宽×深×高）		116mm×173mm×25mm
质量		460g
随附配件		快速入门指南，Euroblock接头×13（绿色×3，黑色×10），保修卡

图 5-26　ATUC-50IU 技术指标

（三）现状分析

在会前调试阶段，会议保障人员发现主席位右侧话筒出现橙绿灯交替闪烁故障，无法连接至话筒主机。在话筒主机前面板显示屏显示的故障提示为：话筒数量减少（见图 5-27）。

会议中，所有话筒全部失电。观察到话筒主机前面板话筒供电指示灯 du power 和话筒通信指示灯 du chain 熄灭。前面板显示屏显示的故障提示为：供电模块连接 AB 端口连接设备总数超过 50 席（见图 5-28）。

二、主要做法

经过会议保障人员和设备技术人员的现场排查测试，根据原先线路接线图和现场设备主机显示的故障提示分析得出：原先话筒连接方式为 2 路单向供电通信（见图 5-29），由于设备供电单元模块缺陷，供电电压不稳定，从而导致部分话筒无法连接到话筒主机，甚至所有话筒失电，影响会议正常召开。

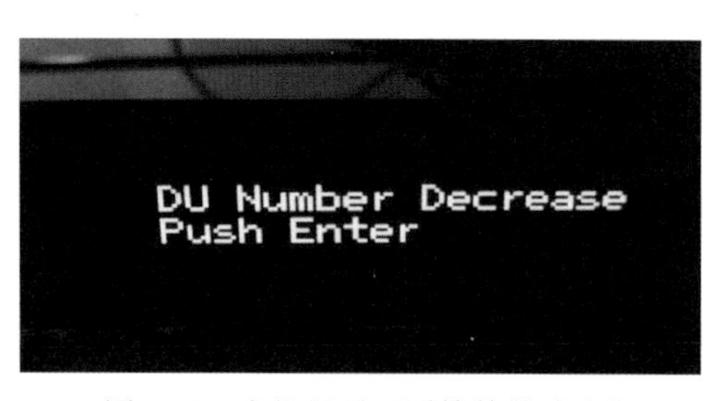

图 5-27 主机显示“话筒数量减少”

图 5-28 主机显示屏故障警告

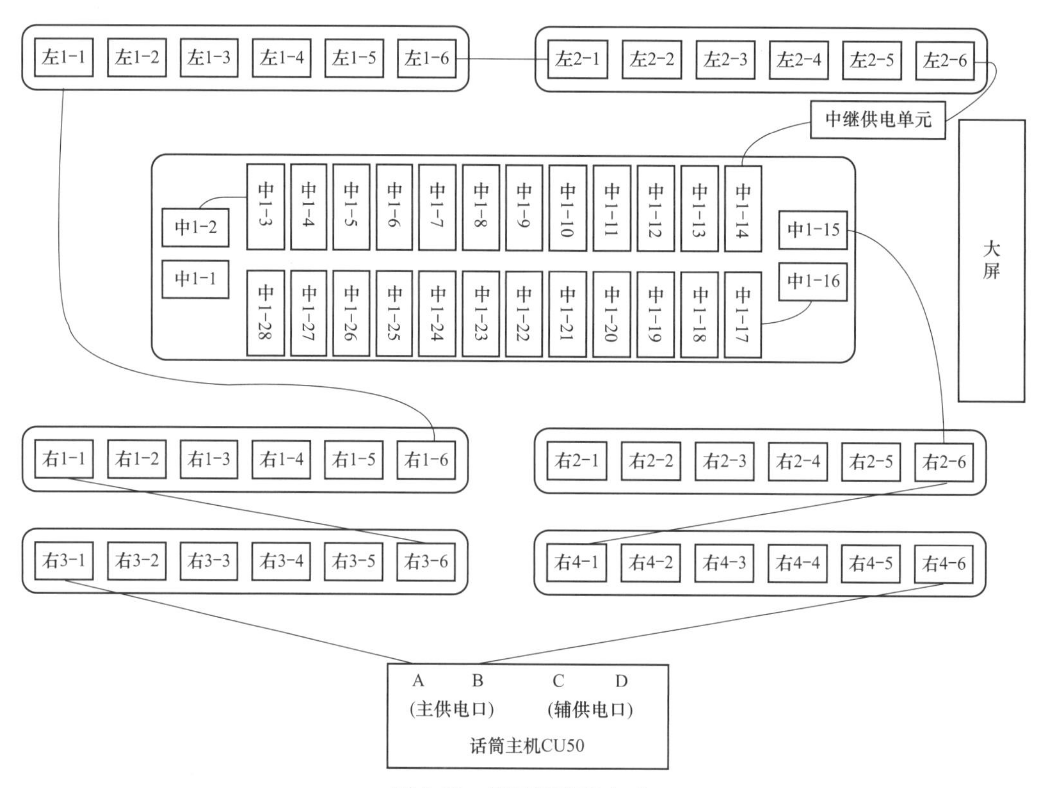

图 5-29 原话筒连接方式

针对此次话筒失电事件，为确保会议室设备可靠性，杜绝此类事件的再次发生，保障人员与话筒厂家进行充分沟通交流，结合会议室实际情况，出具更为可靠的话筒连接方案。

（1）针对话筒主机供电单元模块异常问题，更换原有异常主机，同时新增一台话筒主机，将原有的 2 路单向供电通信连接方式调整为 2 路环形双向供电通信连接方式（见图 5-30）。

此连接方式将会场 64 路话筒分为两组，分别由两台话筒主机进行双向供电。并成环接入，无论哪路话筒出现问题，都不会影响后续话筒的正常使用。

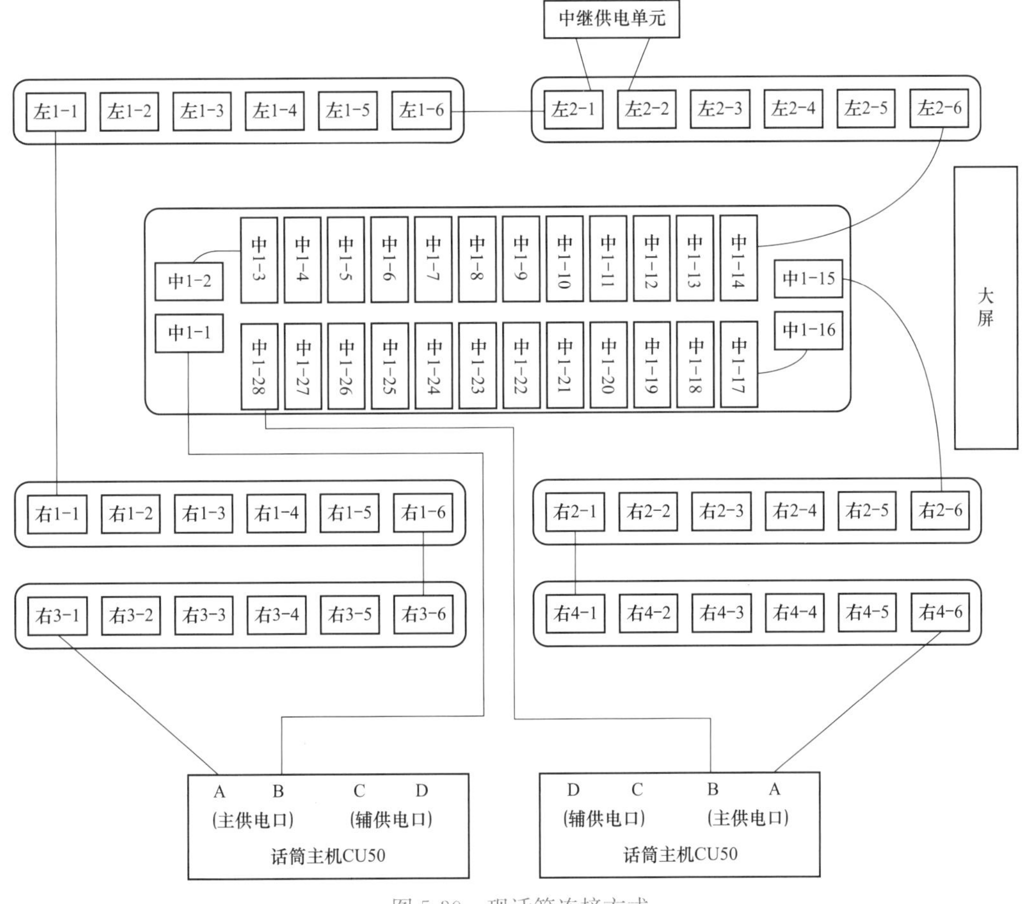

图 5-30 现话筒连接方式

(2) 提高调试标准，增加对声音系统的专项检查条目，并对所有话筒线路、连接方式进行隐患排查。每路话筒单元做电压测试，并做好测试记录，确保话筒供电可靠。

(3) 新增 5 路无线话筒，作为会场有线话筒的备份。另外，再新增一台话筒主机，做会场话筒主机的备用。

(4) 要求厂家技术人员对运维人员进行技术培训，特别是要提升应急处置方面的能力。

三、实践成效

为了更好地测试铁三角会议系统性能、功能测试，确保会议中话筒的运行状态，保障组要求厂家设计一份《某会场铁三角 ATUC-50IU 端口测试方案》。整个会议系统包括主机和从机两个部分，分别由主机带 38 个会议单元 50IU，从机带 26 个会议单元 50IU，结合会议系统扩声保障需求，本次测试内容主要包括 64 个 50IU 单元供电稳定性测试。以下为部分测试内容，见表 5-1～表 5-3。

表 5-1　　状态模拟测试表一

冷机故障测试	测试方法	测试结果描述
（主）线路断开	主机 A 口断开	抽测：IU 单元 12，13，25，38　工作正常
	主机 B 口断开	抽测：IU 单元 12，13，25，38　工作正常
	随机选择 IU 单元 18A 口断开	任意单元　工作正常
（从）线路断开（主机开启情况下）	从机 A 口断开	抽测：IU 单元 39，64，51　工作正常
	从机 B 口断开	抽测：IU 单元 39，64，51　工作正常
	随机选择 IU 单元 61A，B 口同时断开	任意其他单元　工作正常

表 5-2　　状态模拟测试表二

热机故障测试	测试方法	测试结果描述
（主）线路断开	主机 A 口断开 主机 B 口连接	当主机 A 口插上，38s 后，线路恢复到环型状态，此时 B 口拔掉，可正常工作
	任意单元	
（从）线路断开	从机 A 口断开 从机 B 口连接	当从机 A 口插上，38s 后，线路恢复到环型状态，此时 B 口拔掉，可正常工作
	任意单元	

表 5-3　　状态模拟测试表三

供电单元故障测试	测试方法	测试结果描述
冷机状态下断开电源	断开 EXT165 供电设备电源	抽测：IU 单元 1，10，13，24，25，38 工作正常
冷机状态下断开电源	断开 EXT165 供电设备电源	最多正常工作数 38 个 IU 单元
断开其他单元和端口 测试断开次要单元后，主单元对可靠性测试	断开 IU 单元 24B 口和主机 A 口	抽测：IU 单元 25，28，35，38 工作正常

话筒全部测试完毕，所有话筒均已测试 AB 口电压，最高 47.4V，最低 38.6V。由于连接方式为环形供电，离 A 口远端的话筒离 B 口就近，因此所有话筒的供电都可以保持一个相对平衡的状态。另外，还进行了各种状态的模拟测试：

（1）话筒主机、从机 AB 路断电测试。

（2）任意单元抽查断电测试。

（3）话筒主机重启时间，话筒主机故障恢复时间，替换备用机恢复时间。

（4）供电单元故障抗压测试，应急状况下处置方案测试。

对话筒主机、从机、备用机、IU 单元的各种功能性测试，以及故障抗压性测试，所有测试结果均符合要求，话筒主机恢复时间为 1min。

自话筒连接方式更换为 2 路环形双向供电通信连接后，目前尚未出现其他故障现象。

案例五 会议终端音频故障

一、背景

（一）故障现象

2017 年 4 月 6 日 15 时，国家电网组织召开某会议，省公司作为分会场参会，该会议采用一体化资源池会议系统召开。

上午 10 时，会议联系人要求将一体化终端输出视频信号投至大屏显示，会议保障人员表示国家电网资源池系统会议只能通过该设备入会，无法使用会场内预设设备，一体化设备若要实现此需求，需拆开设备面板外壳，将内部线缆改接才能实现视频信号大屏显示，该操作会导致系统存在一定风险。

13 时，会议保障人员应主办方要求完成一体化终端内部线路调整改接，将终端两个输出口改接至会场的矩阵，通过矩阵将视频信号切换至大屏显示正常。音频输出通过外接音箱输出，音频输入话筒保持。并通过 Web 页面确认本地音视频信号正常，等待国家电网建会调试。

14 时 40 分，后台与国家电网会议保障人员电话沟通后，确认国家电网公司已使用无线话筒在会控室内点过名。省公司会议保障人员检查音视频连线后，并未发现问题，音频单路输出至音箱的左声道，拔插到右声道后，14 时 55 分，本地环回测试及终端自测正常。由于国家电网公司、省公司侧都已有领导入场就座，国网会议保障人员要求省公司自行检查收听、收看情况。

15 时，会议开始国家电网发言，会场内收听不到声音。会议保障人员通过 Web 网页登录终端，查看状态，发现终端音频输入无音柱指示。

15 时 5 分，将终端重启。15 时 7 分，重启完成后，恢复入会，收听、收看正常，终端输入音柱恢复正常。

（二）设备基本情况

设备型号：华为一体机 RP200。

设备展示：如图 5-31 所示。

图 5-31 一体化设备

（三）现状分析

会议保障人员在发现收听异常情况下，因主会场及本地会场已有领导入场就座，不方便进入会场调试，仅在本端采取了声音测试，未与国网进行通话调试，没有及时在会前解决终端功能异常的情况。

二、主要做法

该会议采用国网资源池系统召开，目前省公司仅能通过华为一体机 RP200 参会。

一体化会议调试时间一般为会前 30min，但由于主办方临时增加会议要求，更改接线方式错过与国网的会议调试时间，无法提前判断会场收听效果，导致会议开始才发现会场无法收听，影响了会议的进行。

会议结束后，会议保障人员将设备连线恢复到会前非正常状态，并与国网进行调试，发现收听、收看正常。与华为公司售后工程师联系，对设备信息进行定向分析，确定是终端音频解码功能异常，重启后可恢复。

三、实践成效

针对此次终端音频故障，会议保障组集体召开针对性会议讨论，确认自身基本工作情况，会中会议保障人员反应，个别部门有提出过类似更改线路的需求。针对此类事件做以下调整：

（1）一体化等固定组合设备，不得根据主办方要求进行设备线路整改。

（2）建议后续增加华为分体式终端 TE50，接入矩阵，有效利用会场中的摄像头、功放、音箱、话筒、显示器，有效减少临时拆装的不稳定节点，提升系统的可靠性。

（3）会议保障人员应加强设备调试的完整性意识，务必确保每个环节都做到位，重视细节，认真总结故障原因及应对措施，提升自身的业务能力。

后续新上分体式终端，默认不开启网守（gate keeper，GK）服务器注册，在部门需要使用会场内音视频系统时，将 GK 启用，配置其已经回执的会议终端会场号码、密码等信息，确认 GK 注册成功，调试期间跟国网测试正常。目前，未发生其他故障。

案例六　会议电视系统矩阵故障

一、背景

（一）故障现象

2021 年 5 月 21 日上午 8 时，某地某会场会议电视工作人员在会议调试时发现：电视电话会议室视频会议终端图像输出至电视显示屏后，屏幕出现条形水印，水印随机出现在本端和远端对应的显示屏上，且位置不固定，近看水印突出，远看水印不明显。由于视频会议终端采用分量信号输出至模拟矩阵切换器后切换至显示屏，初步判断故障点包括显示屏、摄像头、终端、矩阵，需进一步排查确认故障原因。

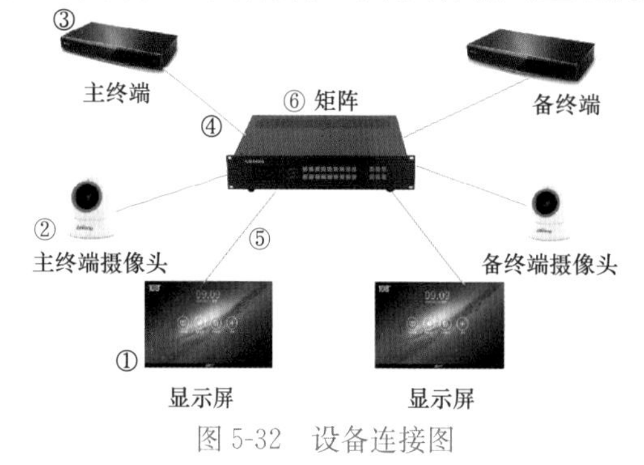

图 5-32　设备连接图

（二）设备基本情况

设备连接情况如图 5-32 所示，相关设备型号见表5-4。

表5-4　　可疑故障设备统计

设备名称	设备型号	投运时间	数量
摄像头	宝利通 Mptz-6	2006年6月30日	2
终端	宝利通 HDX9000	2006年6月30日	2
矩阵	爱思创 Crosspoint ULTRA series	2006年6月30日	1
显示屏	小米75寸	2021年2月20日	2

（三）现状分析

该会议电视工作人员在会议调试时发现，电视电话会议室视频会议终端图像输出至电视显示屏后，屏幕出现条形水印，水印随机出现在本端和远端对应的显示屏上，且位置不固定，影响视频效果。如图5-33所示。

会议保障人员调试时发现缺陷后，立即将即将开始的会议调整至别的会议室，并进行初步故障判断，怀疑故障点包括显示屏、摄像头、终端、矩阵，需进一步排查确认故障原因。

二、主要做法

会议保障人员在发现图像显示异常后，立即将即将开始的会议调整至别的会议室，以确保会议能正常召开。此缺陷可能原因包括显示屏故障、摄像头故障、终端故障、矩阵故障、终端与矩阵间的连接线故障、矩阵与显示屏间的连接线故障，按图5-34中的序号逐步排查确认。

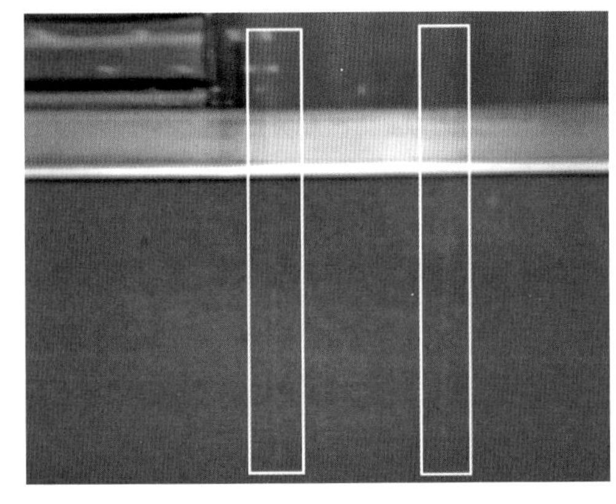

图5-33　显示屏上的条形水印

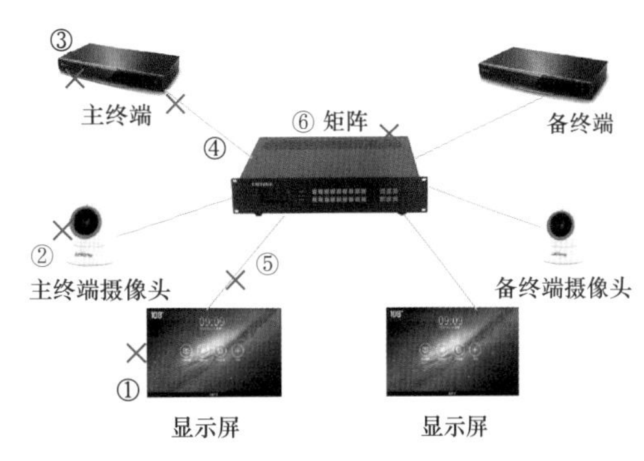

图5-34　故障点位图

（1）显示屏排查。首先排查了显示屏是否存在问题，笔记本电脑通过HDMI接口输出信号，通过HDMI线缆分别连接两块显示屏，反复测试后，未发现图像异常问题，说明显示屏正常。

（2）摄像头排查。互换主、备终端摄像头的矩阵切换器的输入口，仔细观察两块显示屏，发现同样存在轻微的水印痕迹，说明摄像头正常、摄像头和矩阵间的连线正常。

（3）视频会议终端排查。确定显示屏正常后，对视频会议终端输出图像进行了测试，视频会议终端本端和远端图像输出采用 HDMI 接口输出，通过 HDMI 线缆分别连接两块显示屏，反复测试后，未发现图像异常，说明视频会议终端设备正常；考虑到会场机房内安装了两套视频会议终端，两套视频会议终端均采用分量信号输出至矩阵切换器，通过矩阵切换器进行切换，输出至会场的两块显示屏，故障现象可能是由于数字信号转换成模拟信号环节，将视频会议终端输出信号设置为分量信号模式输出，通过分量转 HDMI 转换器直连显示屏（利用原有线路），图像显示正常，说明图像水印和信号模式无关。

（4）终端与矩阵间的连接线排查。将视频会议终端输出至矩阵切换器的线路拆开检查，所有焊接点牢固，无虚焊现象，重新插拔连接线后，显示屏图像水印依然存在。为排查确认是否为线路问题，更换此连接线后，显示屏图像水印依然存在，说明终端与矩阵间的连接线正常。

（5）矩阵与显示屏间的连接线排查。将原用于主终端的矩阵切换器的输出口，更换用于备用终端在矩阵切换器的输出后，仔细观察两块显示屏，发现同样存在轻微的水印痕迹，说明矩阵与显示屏间的连接线正常。

（6）最终确定是矩阵切换器故障导致，矩阵切换器运行年限长，长时间使用后性能下降，自身出现问题，需要更换矩阵。联系相关部门准备购买新矩阵，做好更换准备。

三、实践成效

9～12 时，更换数字高清矩阵切换器后，两个显示屏上条形水印消失，图像色彩及亮度明显提升。

14 时，新建会议，进行矩阵切换器性能测试，两个显示屏上条形水印未出现，图像色彩及亮度保持正常。

次日 9 时，新建会议，进行矩阵性切换器耐力测试，两个显示屏上条形水印未出现，图像色彩及亮度保持正常。

更换矩阵切换器后，完成故障消缺。随着数字信号普及，原有的色差分量和视频图形阵列接口（video graphics array，VGA）信号已基本淘汰，在后续的会议电视配置方案中尽量选择 HDMI 或数字视频接口（digital visual interface，DVI）等主流接口设备，在需要长距离传输高清数字信号的场景中，需选择支持 HDBaseT 接口的矩阵切换器和显示设备。

案例七　多元融合会议电视系统的构建

一、背景

传统的华为、宝利通等硬件终端，通过公司内部的专有传输网络连通，召开的视频会议具有稳定、安全、保密、高画质等优点。以腾讯会议、钉钉会议、i 国网为主的外网会议，主要优势在于有互联网连通的地方均能快捷地加入会议，这极大地方便了应急救灾、疫情隔离、人在外地等特殊情况的人员参加工作会议。参会形式的多样化对会议电视系统的形式提出了新要求，本文通过多元融合会议电视系统的构建来实现不同参会形式的音视频信号互联互通。

通过多元融合会议电视系统的构建来实现专网会议与外网会议的互联互通，圆满解决了多种参会方式同时接入的问题，使会议系统具备安全稳定性和灵敏便捷性。

二、主要做法

以腾讯会议和专网会议为例，制订一个融合方案，实现专网会议与外网会议视频系统的互通、音频系统的互通，以此构建多元融合会议电视系统。

1. 视频系统互通

（1）专网会议使用模式。高清摄像机通过高清矩阵，将本地图像输出至视频会议终端，通过公司专有传输网络传送至远端会场，视频会议终端输出本端和远端图像分别显示在左右两块液晶屏上。

（2）外网会议模式。高清摄像机图像通过高清矩阵输出至视频采集卡，通过 USB 接口连接至笔记本电脑或台式机，通过外网互联网传送至远端会场，腾讯会议电脑的远端会场图像通过高清矩阵显示在左右两块液晶屏上。

（3）互通模式。当存在第三方以上会场不具备专网高清会议设备时，本地会场通过高清视频会议终端与其他会场召开视频会议，同时通过外网电脑与其他会场召开腾讯会议。有高清会议设备的远端会场图像通过专有传输网络、终端、高清矩阵同步输出至本地会场显示屏，本地会场画面通过摄像头、矩阵、终端、专有传输网络传送至远端。没有高清会议设备的远端会场图像通过电脑外网传输至腾讯会议本端电脑设备，并通过高清矩阵输出至本地会场显示屏，本地会场画面也可以通过摄像头、矩阵、视频采集卡、本地腾讯会议电脑、外网传送至远端，如图 5-35 所示。

2. 音频系统互通

有线话筒、无线话筒、视频会议终端、腾讯会议电脑均通过调音台输出至本地音箱，有线话筒、无线话筒和视频会议终端声音通过编组 3 输出至腾讯会议，有线话筒、无线话筒和腾讯会议电脑声音通过编组 1 输出至视频会议终端，如图 5-36 所示。

三、实践成效

通过上述音频系统和视频系统接线，实现了专网会议与外网会议两套系统多个会场的声音图像互联互通，两套系统的任意一个会场均可作为主会场实现对所有会场的声音图像直播，这种多元融合会议电视系统已经多次成功地保障了电网应急指挥、防疫抗灾等电视电话会议。

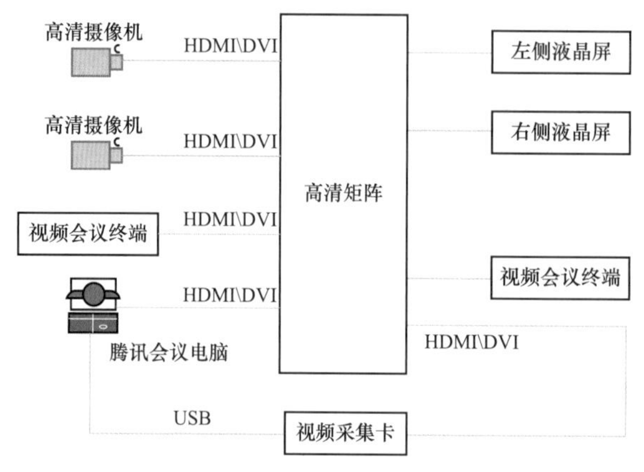

图 5-35 视频系统互通连接图

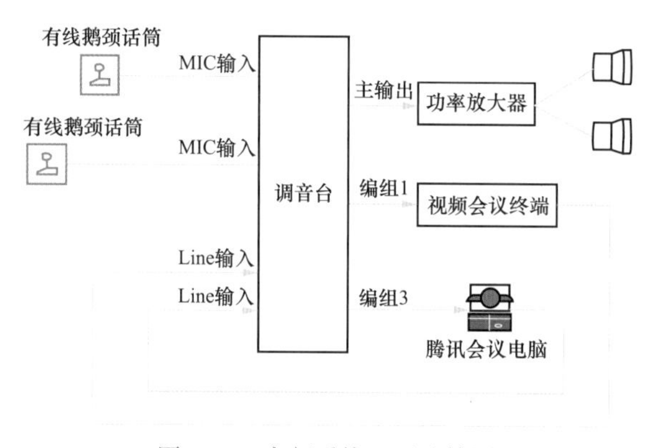

图 5-36 音频系统互通连接图

案例八 新型行李箱式视频会议应急装备研讨

一、背景

伴随着网络通信技术的进步，特别是通信设备的发展，视频会议系统的使用越来越普及，会议场景也不再局限于固定会议室，“走出去”保障现场的机会越来越多。而在外搭建临时会议环境，自然对各类设备的便携性、协同性、可靠性有着更高要求，面对不同的会议场景，针对不同的会议要求，解决不同的应急问题，某信通公司自主研发了一套新型行李箱式视频会议应急装备，该装备集成了监视器、音频处理器、视频矩阵、会议终端、网络交换机等各类设备，只要保障方案确定，即可一体化接线，实现了便携式搭建会议环境，已多次成功应用于重大会议保障现场。

二、主要做法

该套新型视频会议系统的设备架构图及实物图分别如图 5-37、图 5-38 所示。

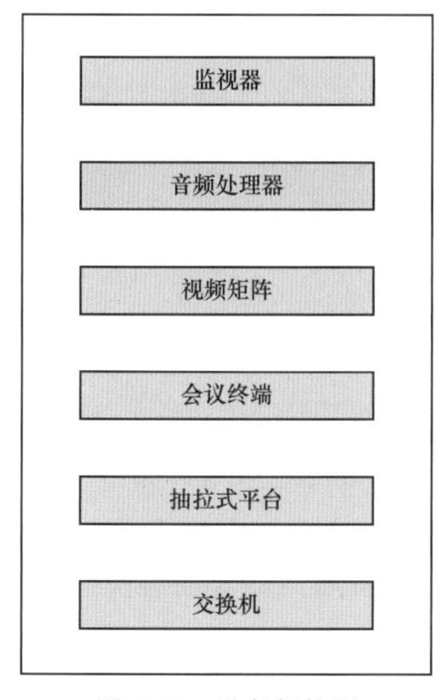

图 5-37　设备架构图

图 5-38　实物图

（一）监视器

监视器采用抽拉式设计，如图 5-39 所示，讲求便利与多样式的应用变化，在操作性上使用便利、在整合性上可以搭配多种器材，是一台符合广播作业不同层面的监视器。具备 17.3 寸 LCD 液晶面板，分辨率达 RGB 1920×1080，采用背光式 LED 显示模式，使得影像显示清晰、画质细腻。具备 HDMI 和 VGA 等多种视频输入端口，兼容各类设备。

图 5-39　抽拉式监视器

（二）机架式音频处理器

通过音频处理器实现多路输入，一路输出的效果。音频处理器通常包括输入增益控制、输入均衡调节、输入端延时调节、信号输入分配路由选择、高通滤波器、低通滤波器、均衡器、限幅器启动电平等常见功能。但新型应急装备因其特殊性，一般采用简易音频处理器，如图 5-40 所示，可接入本地话筒等音频设备作为输入，一路输出至视频会议终端。

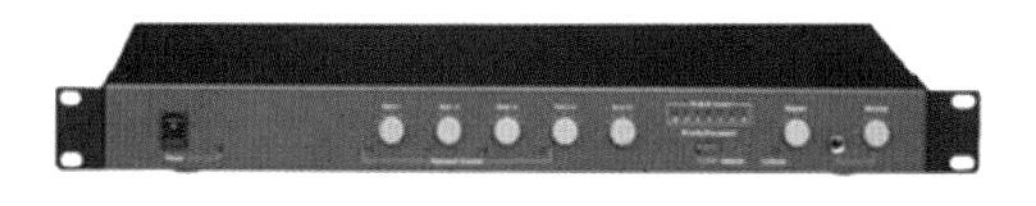
图 5-40　机架式音频处理器

（三）视频矩阵

通过视频矩阵实现多路输入，多路输出的效果。视频矩阵是指通过阵列切换的方法将 m 路视频信号任意输出至 n 路监控设备上的电子装置，一些视频矩阵也带有音频切换功能，能将视频和音频信号进行同步切换。视频矩阵的接口一般为 HDMI、VGA 和 SDI 接口，用于满足多个摄像机画面、PPT 等电脑画面的切换。新型应急装备考虑到便携性，采用简易视频矩阵，如图 5-41 所示，仅具备 8 路输入及 8 路输出。

图 5-41 视频矩阵

除视频矩阵外，还可根据实际会场需求，将视频矩阵更换为视频导播台设备，如图 5-42 所示。导播台与视频矩阵不同，具备切换特效功能，如自定义画面布局、抠像处理等，在画面切换效果上略优于视频矩阵，但不具备音频切换功能。

（四）会议终端

视频会议终端为视频会议核心设备，如图 5-43 所示。每套新型应急装备必须配备一台会议终端，用于传递音视频。

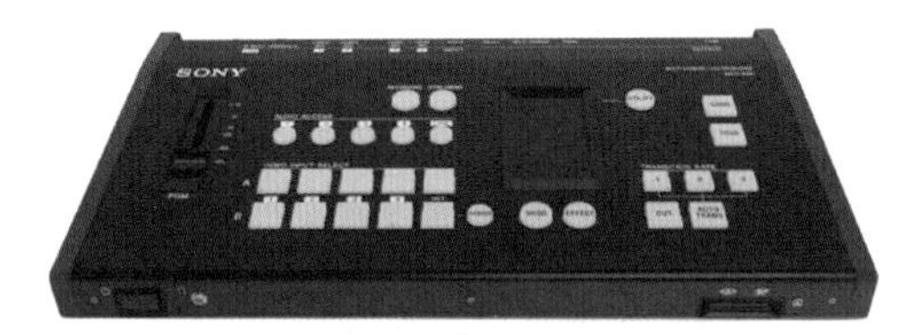

图 5-42 视频导播台

图 5-43 视频会议终端

（五）抽拉式平台

该平台为多功能备用平台，一般用于放置一台网管电脑，以实现召集会议、设置主席、设置轮询画面、多点静音等会控操作。

（六）交换机

视频会议的召开离不开稳定的网络，因此在新型应急装备里配备一台视频会议专网交换机，用于连接视频会议终端网络，如图 5-44 所示。

图 5-44 专网交换机

三、实践成效

以某公司某大型会议为例，主会场设在某换流站现场，分会场设在各省公司。换流站与省公司会议室不同，不具备视频会议召开条件，因此需要临时搭建“一主三备”系统，其中此套行李箱式新型应急装备作为“第二备”系统使用，如图 5-45、图 5-46 所示。会议操控区域大部分为会场角落，无法直接观察到会场情况，但又承担着现场画面实时监控、各分会场音频及图像实时传送点重要责任，因此像装备中的监视器就显得极为重要。

图 5-45　实物图 1

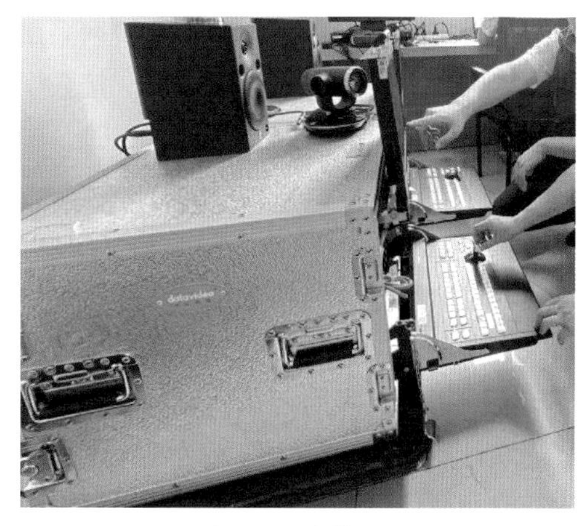

图 5-46　实物图 2

第六章　数 据 通 信 网

电力数据通信网直接面向客户，为国网浙江电力各类非生产控制类 IP 业务接入提供服务，实现业务终端间的互相通信。电力数据通信网采用分层结构搭建，为保证数据通信网业务可靠互通，各层内重要节点采用双设备冗余配置，层级之间采用双上联模式，以口字型结构连接。本章主要介绍电力数据通信网典型网络结构，路由协议，建设运维要点，硬件故障、软件漏洞、直连链路不通等故障引起邻居中断、设备脱管等典型案例。同时，分析了多实例用户网络边缘设备（multi-VPN-instance customer edge，MCE）和多级虚拟专用网络（virtual private network，VPN）的应用场景和优势。

第一节　数据通信网基本概念与建设运维要点

一、基本概念

数据通信网是为非生产控制类 IP 业务提供的专用数据网络，承载了公司信息内网、视频会议、行政电话等业务。

（一）网络架构

数据通信网由广域网和地区接入网组成，其中，广域网采用核心层、边缘层两层架构，地区接入网采用网络分层结构，由核心层、汇聚层、接入层三层实现全路由组网。

图 6-1 为国网浙江电力数据通信网组网方式拓扑示意图。广域网核心层包括两台省公司核心设备（1+1 互备）、两台路由器反射器（router reflector，RR）（1+1 互备），广域网边缘层包括每个地市两台地市边缘设备。广域网采用口字型结构，两台省核心，两台地市边缘设备之间采用心跳线互联，两台地市边缘路由器分别以万兆链路不同路由上联至省核心及备调核心路由器。

地市核心层通过地市核心路由器实现与广域网互联，同时对市区及县区汇聚层流量进行汇聚和高速转发。核心层选点为各地市中心站及流量汇聚变电站，核心节点部署高端路由器设备，通过万兆链路与通信数据广域网边缘层设备对接，负责地市流量汇聚转发，提供地市数据通信网到广域网的出口。各地市公司的两台地市核心设备间采用万兆链路互联。

地市汇聚层主要完成的任务是实现业务接入节点的业务汇聚、管理和分发处理。汇聚层起着承上启下的作用，对上连接至地市核心层，对下将各种数据业务分配到各个接入层的业务节点。汇聚层主要节点是各地市县公司中心站、500kV 及 220kV 变电

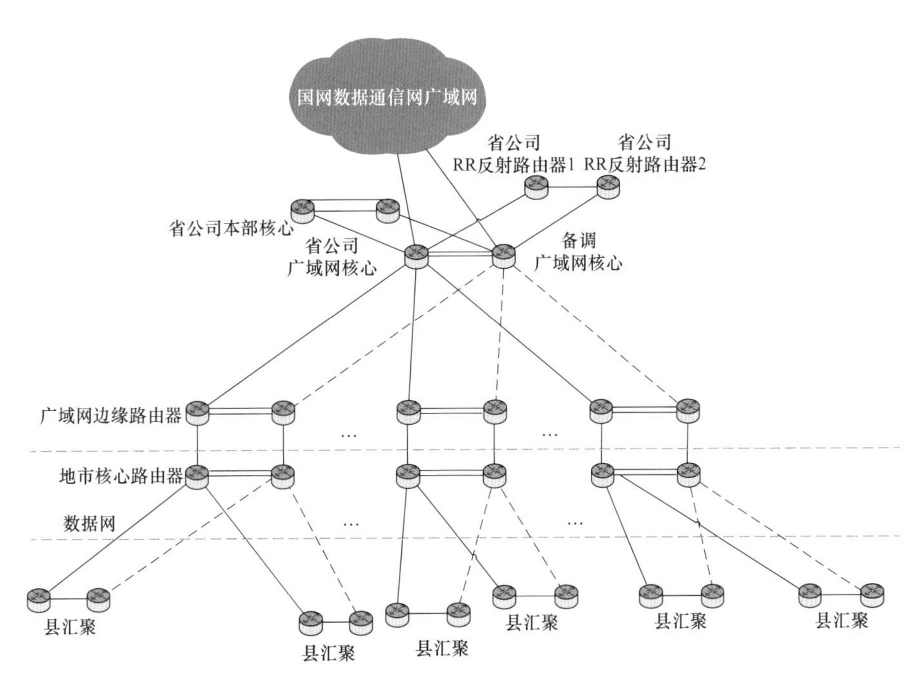

图 6-1　国网浙江电力数据通信网组网方式拓扑示意图

站，部署汇聚层服务提供商边缘路由器（provider edge，PE），双机成组，提高可靠性。汇聚层采用口字型结构连接，市、县汇聚层各配置两台路由器，路由器间互联，并采用口字型上联方式，每个汇聚节点保证与两个不同的核心层设备连接，提高网络可靠性。

地市接入层一般由县公司本部（含县调）、地市直属单位、35kV 及以上变电站组成；根据实际情况可将位于传输关键点的地调直调厂站、供电所（营业厅）划入接入层。

（二）路由协议配置

中间系统到中间系统（intermediate system to intermediate system，IS-IS）路由协议：公司数据通信骨干网运行 IS-IS 协议，所有骨干网设备在同一个 IS-IS 进程的 LEVEL 2 区域。

开放最短路径优先（open shortest path first，OSPF）路由协议：地市接入网内部同一个自治系统（autonomous system，AS）域可运行 OSPF 协议，实现域内互通。

边界网关协议（border gateway protocol，BGP）：公司数据通信网运行边界网关协议多协议扩展（multi-protocol BGP，MP-BGP），其中省公司数据通信骨干网的所有节点属于公司数据通信骨干网的 BGP AS 64600 域，并且二级 RR 与一级 RR 建立客户关系。每个地市公司形成一个独立的 BGP AS 域，并与骨干网 BGP AS 域以外部边界网关协议（external border gateway protocol，EBGP）方式实现路由信息交换。省、地市公司网络内部实现路由扁平化整合，在省公司内形成以数据通信骨干网 BGP AS、地市 BGP AS 为实体的两层 BGP AS 架构。

（三）组网方式

全网采用多协议标签交换（multi-protocol label switching，MPLS）VPN 网络。地市接入网从地市本部至各级变电站等末端节点设备均作为 PE 路由器，需支持 MPLS VPN，可采取独立 CE 或 MCE 的方式实现各类业务接入。

地市接入网 MPLS VPN 域内采用 IS-IS 或 OSPF 路由协议，推荐使用 IS-IS 协议。

（四）承载业务现状

为更好地实现业务的隔离，公司业务采用了多级 VPN 设置方式。根据业务所属站点等级，对业务 VPN 进行了合理规划，共分为三级，其中一级 VPN 由国家电网公司统一规划；二级 VPN 承载省地业务，由省公司统一规划；三级 VPN 承载地市自建业务，由各地市统一规划。

二、建设运维要点

（一）CE 接入规范

CE：地市数据通信接入网以下业务接入节点均为 CE，通常采用三层交换机或者路由器作为某单一 VPN 实例的业务汇接点，称为 CE。

MCE：地市数据通信接入网以下业务汇接点，单台设备可承载多个 VPN 实例的 CE 功能，称之为 MCE。

业务接入 CE 设备配置原则：

（1）局站侧原则上一个 VPN 配置一套业务接入 CE 设备；厂站侧信息内网 VPN 单独配置一套业务接入 CE 设备，其余 VPN（不含新兴业务 VPN）原则上配置一套公用 MCE 设备作为多 VPN 业务接入使用。

（2）35kV 及以上基建变电站数据通信网统一配置一套 PE 设备、一套信息内网业务接入 CE 设备和一套公用接入 MCE 设备；新兴业务 VPN 接入 CE 设备，基建阶段不统一配置，后续按需配置，由业务需求提出部门或单位统一配置。

（二）路由选择/控制

地市数据通信网业务 CE 路由器接入应采用通用的、非私有 IP 协议，因此可供选择路由协议分别是静态路由/BGP/IS-IS/OSPF。

由于数据通信网内部网关协议（interior gateway protocol，IGP）协议为 IS-IS，避免 PE 设备 IS-IS 协议多进程带来的运行压力，以及减少 OSPF 动态路由协议与 BGP 的互相重发布，推荐 CE-PE 对接使用静态路由协议和 BGP 协议。业务部门组网复杂，设备节点多，建议使用 BGP 协议接入。其他业务量小，架构相对稳定、简单且地址段相对固定的，建议使用静态路由协议。

CE 主、备节点选路：设备使用 BGP local preference 来区分主、备，和骨干网保持一致，避免业务流量迂回。使用静态路由协议的，要确保终端网关在主用节点上。

路由控制：CE 对外发布路由须进行汇总，VPN 的路由条目应分层次、分等级进行路由汇总，以降低数据通信网全网路由数量。地市自治系统边界路由器禁止向省公司

RR发送全部明细路由，需做好路由过滤工作，各级VPN业务网关必须终结在CE侧，禁止将网关落在PE路由器或PE路由器的子接口上，PE只负责路由收发。

（三）业务防护原则

数据通信网的安全管理按照“谁主管，谁负责；谁运行，谁负责”的原则落实安全责任，各级单位需切实做好数据通信网的安全管理工作，应采取有效安全防护措施，加强数据通信骨干网、地市数据通信接入网的安全防护工作，防止非授权设备接入，禁止非授权用户访问。数据通信网运维单位应严格监控网络及设备的安全运行状况，对发现的攻击性行为应及时响应和处理，做好详细记录，并上报信息通信职能管理部门。

数据通信网设备及网管系统账号应实行分权、分域管理，并遵循最小授权和权限分割原则设置不同的用户权限，须由专人管理，严格执行口令管理规定，对操作口令严格保密，定期修改。数据网的设备配置需每月进行配置保存并定期开展配置的准确性及实效性检查。各级单位应严格遵守公司保密制度，禁止泄露数据通信网的运行方式、IP地址规划等技术资料。

各级VPN需做好网络边界的防护及网络设备、安全产品的加固，通信管理单位负责数据网网络边界防护，业务使用部门负责终端区域安全防护、病毒防护、系统区（服务器）安全防护。如果不同VPN之间有互访需求的，源端业务安全防护等应按业务目的端防护等要求进行防护。

第二节　典　型　案　例

案例一　H3C SR6608软件缺陷导致下发VPN默认路由故障

一、背景

某中心组织各地市进行网络测速。在网络测速的过程中，发现地市核心路由器（H3C 8812）向所在地市的汇聚（SR6608）、接入层（MP3900）设备下发VPN默认路由0/0后，接入层设备下的VPN业务无法ping通，造成无法对地市接入层进行测速。某地市接入网络拓扑示意图如图6-2所示。

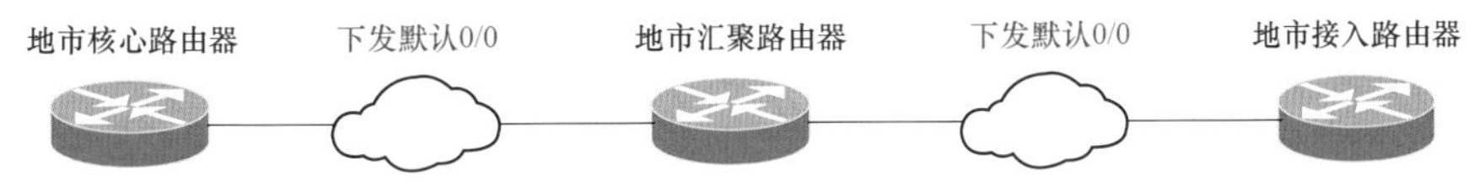

图6-2　某地市接入网拓扑示意图

二、主要做法

首先分析故障产生原因，分析如下。

（一）验证汇聚路由器与接入路由器直连链路连通性

通过直连链路 ping 测试，发现直连链路正常连通。

（二）验证源端（核心路由器）与目的端（接入路由器）是否有对端路由

图 6-3 是源端/目的端路由器路由表结果示意图。

```
源端路由器：
  <PE-H3C8812>display ip routing-table vpn-instance spi | include
  23.48.184.0/24
  23.48.184.0/24BGP255011.48.5.78GE8/4/2.106

目的端路由器：
  PE-MP3900#show ip route vrf spi
  Gateway of last resort is 11.49.245.1 to network 0.0.0.0
  B 0.0.0.0/0 [200/0] via 11.49.245.1， 11:14:34， gigabitethernet2/0
```

图 6-3　源端/目的端路由器路由表结果示意图

其中，23.48.184.0/24 为 VPN spi 的业务地址段（即接入层设备下的 VPN 业务地址段）；11.49.245.1 为核心路由器的 LoopBack 1 地址。

从源端与目的端路由器的路由表输出，确定两端都相互收到对端的路由。

（三）确认 LSP 标签交换路径是否建立成功

图 6-4 为 ping 测 LSP 标签交换路径结果示意图。

```
<PE-H3C8812>ping mpls ipv4 11.49.248.65 32
!!!!!
5 packets transmitted，5 packets received， 0.0% packet loss
Round-trip min/avg/max = 4/41/190 ms

PE-MP3900#ping mpls ipv4 11.49.245.1 32
!!!!!
Success rate is 100% (5/5). Round-trip min/avg/max = 0/3/16 ms.
```

图 6-4　ping 测 LSP 标签交换路径结果示意图

其中，11.49.248.65 为接入路由器的 LoopBack 1 地址；11.49.245.1 为核心路由器的 LoopBack 1 地址。

如上输出，使用 ping 工具进行测试，确定 LSP 标签交换路径建立成功。

（四）确认 LDP 标签分发是否正确

图 6-5 为查看接入/汇聚路由器标签分配情况示意图。

其中，64600：10 为 vpn spi 的 rd 值。

在 LDP 标签核查过程中，发现接入层设备 MP3900 收到的 VPN 默认路由 0/0 的标签与汇聚层设备 SR6608 收到的完全不一样，接入设备 MP3900 的为 1048575，而汇聚设备 SR6608 的为 1275。按理来说，相同 VPN 路由条目的标签值应保持不变的。再进一步分析，汇聚层设备 SR6608 所学到的标签是来自源发布路由器 H3C8812，标签值

```
PE-MP3900#show ip bgp vpnv4 rd 64600: 10 0.0.0.0
Route Distinguisher: 64600: 10 (Default for VRF spi), Prefix: 0.0.0.0/0
Not advertised to any peer
Local
11.49.245.1(metric 2010) from 11.49.245.27 (11.49.249.1)
Origin IGP, localpref 100, valid, internal, vrf external
Extended Communit: RT: 64600: 10
Recv label: 1048575
Originator: 11.49.249.2, Cluster list: 0.29.210.202
Last update: 14:24:14 ago
```

```
< P-SR6608>dis bgp routing-table vpnv4 route-distinguisher 64600:
10 0.0.0.0 0
BGP local router ID: 11.49.249.27
Local AS number: 19545
Route distinguisher: 64600: 10
Total number of routes: 2
Paths: 2 available, 1 best
BGP routing table information of 0.0.0.0/0:
From             : 11.49.245.1(11.49.249.1)
Rely nexthop     : 11.48.5.77
Original nexthop : 11.49.245.1
OutLabel         : 1275
```

图 6-5　查看接入/汇聚路由器标签分配情况示意图

1275 的准确性是确定的；接入层设备 MP3900 所学到的标签值为 1048575 是来自汇聚层 SR6608，同时，这个标签值刚好是标签的最大值。

从以上分析，初步定位为汇聚层设备 SR6608 在反射 VPN 默认路由 0/0 时，把标签值填充为最大值，反射给接入层设备 MP3900，造成数据包在标签交换转发过程中，路由器无法找到与数据包标签相匹配的路径进行转发。

在处理该故障时，运维人员首先联系 H3C 设备厂商售后工程师作进一步的分析处理。

经 H3C 设备厂商售后工程师与研发工程师分析确认，此故障为厂商软件故障，需对 SR6608 进行网络配置系统（internetworking operating system，IOS）升级或打热补丁。

三、实践成效

经过 H3C 设备厂商售后工程师与研发工程师提供 SR6608 热补丁文件，运维人员对地市通信数据网汇聚路由器 PE 设备进行系统热补丁操作。操作结束后，可以查看到 LDP 标签分发正确，接入层设备下的 VPN 业务网段可以 ping 通。

总结此次故障事件，建议设备厂商根据最新发现的软件 bug，定期对在运设备 IOS 进行评估，是否存在漏洞和风险。

案例二　硬件端口问题导致 EBGP 邻居关系中断故障

一、背景

2021 年 10 月，数据通信网网管人员在日常巡检过程中，发现国网浙江电力本部 PE BB02（H3C8812）与信息内网备用核心 CE2（S12508）的 EBGP 关系中断，两台设备通过光纤直连方式连接。国网浙江电力本部信息内网上联拓扑示意图如图 6-6 所示。

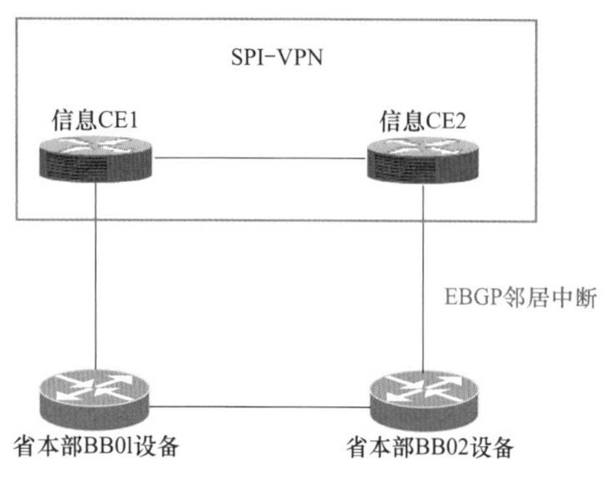

图 6-6　国网浙江电力本部信息内网上联拓扑示意图

二、主要做法

根据故障现象进行分析，在两台自治系统边界路由器（autonomour system border router，ASBR）设备以直连的方式建立 EBGP 关系的网络中，两台 ASBR 无法建立 EBGP 邻居关系，主要原因有：①物理链路中断；②两台 ASBR 之间存在防火墙过虑；③设备端口连通性有问题；④两台建立 EBGP 的 ASBR 源地址之间路由是否存在多跳。

根据故障现象原因分析，进行了以下故障排查操作。

（1）验证直连链路 IP 连通性。确认两台 ASBR 之间用来建立 EBGP 关系的直连 IP 地址是否能 ping 通。图 6-7 是 PE BB02 和 CE2 之间直接链路 ping 测结果示意图。

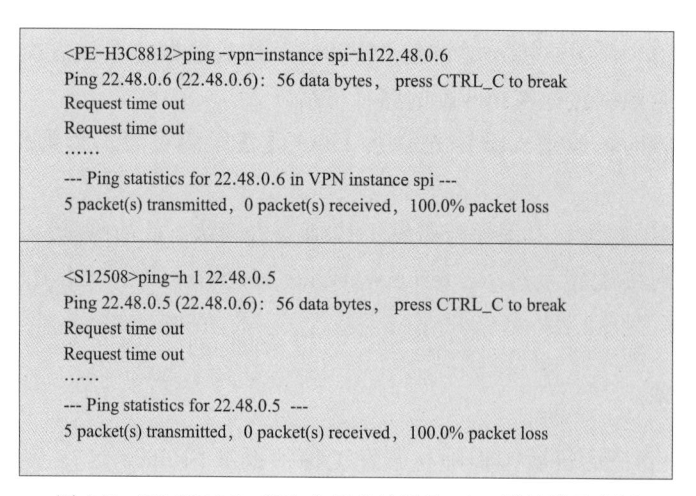

```
<PE-H3C8812>ping -vpn-instance spi-h122.48.0.6
Ping 22.48.0.6 (22.48.0.6): 56 data bytes, press CTRL_C to break
Request time out
Request time out
……
--- Ping statistics for 22.48.0.6 in VPN instance spi ---
5 packet(s) transmitted, 0 packet(s) received, 100.0% packet loss

<S12508>ping-h 1 22.48.0.5
Ping 22.48.0.5 (22.48.0.6): 56 data bytes, press CTRL_C to break
Request time out
Request time out
……
--- Ping statistics for 22.48.0.5 ---
5 packet(s) transmitted, 0 packet(s) received, 100.0% packet loss
```

图 6-7　PE BB02 和 CE2 之间直接链路 ping 测结果示意图

从以上两个显示结果，可以确定问题出现在物理链路或物理端口上。

（2）检查两台 ASBR 之间的物理链路是否连通，核实两台 ASBR 相连光端口收发光是否正常。图 6-8 是 PE BB02 和 CE2 之间直接链路端口收发光情况示意图。

从以下两个显示结果，可以确定物理链路正常。

```
<PE-H3C8812>display transceiver diagnosis interface Ten-GigabitEthernet 1/2/1
Ten-GigabitEthernet1/2/1 transceiver diagnostic information:
Current diagnostic parameters:
Temp.(℃)  Voltage(V)  Bias(mA)  RX power(dBm)  TX power(dBm)
   29       3.34       43.67      -4.03          -2.19
Alarm thresholds:
Temp.(℃)  Voltage(V)  Bias(mA)  RX power(dBm)  TX power(dBm)
High  73    3.63       82.50      2.50           7.00
Low   -5    2.97       1.00       -12.30         -11.20

<S12508>display transceiver diagnosis interface Ten-GigabitEthernet 3/0/4
Ten-GigabitEthernet3/0/4 transceiver diagnostic information:
Current diagnostic parameters:
Temp.(℃)  Voltage(V)  Bias(mA)  RX power(dBm)  TX power(dBm)
   29       3.34       43.67      -4.03          -2.19
Alarm thresholds:
Temp.(℃)  Voltage(V)  Bias(mA)  RX power(dBm)  TX power(dBm)
High  73    3.63       82.50      2.50           7.00
Low   -5    2.97       1.00       -12.30         -11.20
```

图 6-8　PE BB02 和 CE2 之间直接链路端口收发光情况示意图

（3）检查两台 ASBR 之间的防火墙过滤规则是否有异常。向防火墙管理员确认，对方告知防火墙过滤规则正常。

（4）确认物理端口是否正常。使用替代法，用一台低端路由器进行现场 ping 测试。

测试结果显示，信息 CE 路由器端口 ping 测试正常，而 PE 路由器端口 ping 测试仍然不通。由此，将问题基本上定位在 PE 路由器端口上。

这种故障需联系 H3C 设备厂商售后工程师作进一步的分析处理。

（5）联系 H3C 设备厂商售后工程师作进一步分析处理。

首先，对两台设备进行 debug 测试。在 debug 测试过程中发现，PE 路由器 8812 收不到来自 CE 路由器 12508 的 ARP 请求回复，而 CE 路由器已经回复来自 PE 路由器 ARP 的请求。这说明问题出现在 PE 设备 8812 端口接收方向。

然后，在 PE 路由器 8812 上，作进一步的分析。图 6-9 是 PE BB02 与 CE2 相连接口收发包情况查询结果示意图。display interface 看到接口只有发包没有收包，将接口自环发现也只有发包，接口入方向始终为 0，可以判断接口入方向有问题。

查看底层信息，发现子卡接口入方向 buffer 满了导致接口入方向丢包。图 6-10 是 PE BB02 与 CE2 相连接口底层物理状态信息查询结果示意图。

综合以上两点确认接口硬件有问题，报文丢在子卡入方向，需要更换子卡。

三、实践成效

根据以上排障步骤，发现解决该故障需要更换业务子卡，联系设备厂家技术人员进行更换。更换硬件板卡后，经过检测，PE 路由器与 CE 路由器之间的信息 VPN 的 EBGP 邻居关系恢复正常。

```
[PE-H3C8812]dis interface Ten-GigabitEthernet1/2/1
Ten-GigabitEthernet1/2/1
Current state: UP
Line protocol state: UP
Description: TO-[COR-IDC-1-S12508]GE-3/0/4-10G
Bandwidth: 10000000kbps
Maximum Transmit Unit: 1500
Internet Address is 22.48.0.1/30 Primary
IP Packet Frame Type: PKTFMT_ETHNT_2, Hardware Address:
3891-d5d0-f042
IPv6 Packet Frame Type: PKTFMT_ETHNT_2, Hardware Address:
3891-d5d0-f042
Media type is optical fiber, Port hardware type is 10G_BASE_LR_XFP
Port priority: 0
Loopback is set internal
10Gbps-speed mode, full-duplex mode
Link speed type is force link, link duplex type is force link
Flow-control is not enabled
The Maximum Frame Length is 10240
Last clearing of counters: 22:44:44 Mon 09/17/2018
Ethernet port mode: LAN
Last 300 seconds input: 0 packets/sec 0 bytes/sec 0%
Last 300 seconds output: 0 packets/sec 17 bytes/sec 0%
Input (total): 0 packets, 0 bytes
         0 broadcasts, 0 multicasts, - pauses
Input (normal): 0 packets, 0 bytes
         -broadcasts, -multicasts, 0 pauses
Input: 0 input errors, 0 runts, 0 giants, 0 throttles
         0 CRC, 0 frame, 0 overruns, -aborts
         0 ignored, -parity errors
Output (total): 70 packets, 5540 bytes
         -broadcasts, -multicasts, -pauses
Output (normal): 70 packets, 5540 bytes
         -broadcasts, -multicasts, 0 pauses
Output: 0 output errors, -underruns, -buffer failures
0 aborts, 0 deferred, -collisions, 0 late collisions
-lost carrier, -no carriers
Peak value of input: 0 bytes/ sec, at 2018-09-17 14:48:19
Peak value of output: 17 bytes/ sec, at 2018-09-17 14:48:19
```

图 6-9　PE BB02 与 CE2 相连接口收发包情况查询结果示意图

总结此次故障，通信网 EBGP 之间邻居关系建立异常，可以通过下面的排障思路进行逐一排查。

```
[PE-H3C8812-probe]dis hardware internal port port-status-reg interface  ten 1/2/1
    82210 1*10GE subcard mac status register:
    bit 31:  6 Reserved   0x0
    bit 15    PortEnable 0x1
    bit 14    AnBypassActive 0x0
    bit 13    AnDone 0x0
    bit 12:  10 Reserved 0x1
   bit 9  PortBufFull 0x1 子卡接口inbound方向buffer满了，报文进不来
    bit 8     Reserved    0x0
    bit 7     PauseSent   0x0
    bit 6     PauseRcvd   0x0
    bit 5     FcEn       0x0
    bit 4     FullDx      0x1
    bit 3:  1  Reserved   0x7
    bit 0     LinkUp     0x1
```

图 6-10　PE BB02 与 CE2 相连接口底层物理状态信息查询结果示意图

（1）使用 ping 方式确认建立 EBGP 邻居的 IP 连通性。

（2）确认 TCP 建立情况，两台 ASBR 之间是否存在防火墙过虑，TCP 的 179 端口是否被禁止。

（3）BGP 报文接收问题，BGP 报文是否正确接收。

（4）BGP 配置问题，主要包括（Router ID）是否冲突，AS 号错误，peer connect-interface，未配置多跳等。

案例三　路由器脱管故障

一、背景

2020 年 9 月 16 日，数据通信网网管人员在巡视数据网网管时，发现数据通信网网管上报告警：某地市局大楼广域网边缘路由器设备脱网，其中，地市广域网边缘路由器设备通过口字型双上联至国网浙江电力广域网核心路由器设备相关拓扑如图 6-11 所示。

二、主要做法

根据故障现象进行分析，网管告警路由设备脱管现象，一般由以下原因引起：

（1）网络路由器因链路故障，引起网管监察目标 IP 路由不可达。

（2）网络路由设备因电力故障宕机。

（3）网络路由设备硬件故障，引起网管监察目标 IP 路由不可达。

根据故障现象原因分析，进行了以下故障排查操作。

（1）检查网管监察目标 IP 路由是否可达。

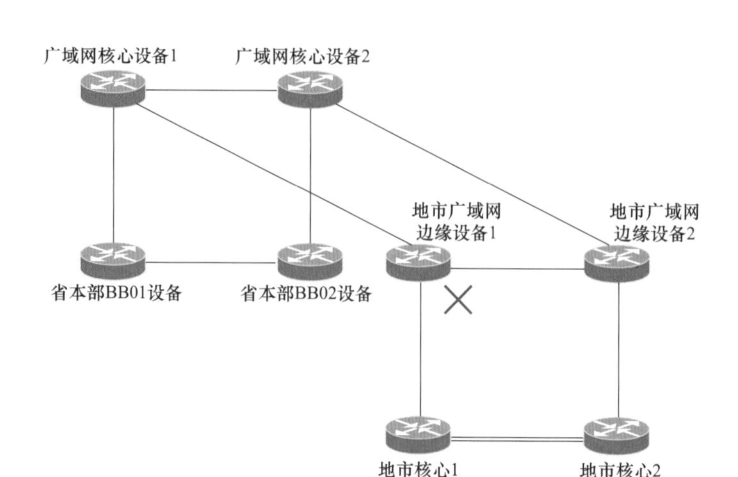

图 6-11　某局大楼广域网边缘路由器互联示意图

图 6-12 是网关目标 PE 连通性测试结果示意图。

```
<PE-H3C8812>ping-a 11.48.3.254 11.48.254.200
Ping 11.48.254.200 (11.48.254.200): 56 data bytes, press CTRL_C to break
Request time out
Request time out
......
--- Ping statistics for 11.48.254.200 ---
5 packet(s) transmitted, 0 packet(s) received, 100.0% packet loss
```

图 6-12　网关至目标 PE 连通性测试结果示意图

其中，11.48.254.200 为脱管设备管理 IP，从网管直连路由器以网管网关作为源 IP 地址对监察目标 IP 进行 ping 测试，结果显示路由不可达。

(2) 检查省公司与某地市边缘路由器，以及某地市边缘横穿链路是否正常，是否可以通过备用链路访问到某地市核心。

图 6-13 是广域网核心/地方广域网边缘 2 至地市广域网边缘 1 连通性测试结果示意图。

从 ping 测试可以看出，省公司与某边缘路由器，以及边缘横穿链路中断。

排查故障过程中，数据网运维人员向传输管理人员确认，确认省公司与某地市边缘路由器链路中断为传输设备故障引起，而某边缘横穿链路是否正常需进一步确认。

(3) 确认是否可以通过某地市备用核心路由器，经某地市主用核心路由器迂回到某地市边缘主路由器。图 6-14 是地市广域网边缘设备 1 接口状态示意图。

从图 6-14 显示结果，可以看出已经成功通过迂回的方式登录某边缘主路由器，并确认为 core face 端口故障（即面向 AS 内部端口故障）。最终传输管理人员也确认两条横穿链路中断为传输设备故障引起。

```
<PE-CRT01-H3C16010>ping -h 1 11.48.2.14
Ping 11.48.2.14 (11.48.2.14): 56 data bytes, press CTRL_C to break
Request time out
Request time out
……
--- Ping statistics for 11.48.2.14 ---
5 packet(s) transmitted, 0 packet(s) received, 100.0% packet loss
```

```
<PE-IRT02-H3C8812>ping -h 1 11.48.2.117
Ping 11.48.2.14.117 (11.48.2.14): 56 data bytes, press CTRL_C to break
Request time out
Request time out
……
--- Ping statistics for 11.48.2.117 ---
5 packet(s) transmitted, 0 packet(s) received, 100.0% packet loss
```

```
<PE-IRT02-H3C8812>ping -h 1 11.48.2.121
Ping 11.48.2.121 (11.48.2.121): 56 data bytes, press CTRL_C to break
Request time out
Request time out
……
--- Ping statistics for 11.48.2.121 ---
5 packet(s) transmitted, 0 packet(s) received, 100.0% packet loss
```

图 6-13　广域网核心/地方广域网边缘 2 至地市广域网边缘 1 连通性测试结果示意图

```
<PE-IRT01-H3C8812>dis interface brief
Brief information on interface(s) under route mode:
Link: ADM -administratively down; Stby -standby
Protocol: (s) -spoofing
Interface Link Protocol        Main IP              Description
GE8/3/1   DOWN   DOWN    11.48.2.14
TO-[PE-CRT01-H3C16010
GE8/3/2   DOWN   DOWN    11.48.2.117
TO-[PE-IRT02-H3C8812]
GE8/3/3   DOWN   DOWN    11.48.2.121
TO-[PE-IRT02-H3C8812]
……
< PE-IRT01-H3C8812>
```

图 6-14　地市广域网边缘设备 1 接口状态示意图

三、实践成效

联系某地市传输网专责，处理广域网核心到某地市边缘设备及某地市主备边缘设备之间的传输链路的故障。经过传输方面的故障消除后，发现某地市广域网边缘设备已恢复监管。

总结此次故障，建议网络管理人员及传输管理人员加强对在运网络拓扑结构学习，遇到故障时能从网络的整体架构考虑问题。

案例四　电厂汇聚路由器 CPOS 板卡故障

一、背景

2021 年 3 月 18 日 9 时 35 分，某省调控中心自动化值班人员收到部分电厂反馈，调控中心三区业务无法访问，ping 主站服务器地址不通，但是大部分电厂反馈业务正常。因此，联系数据网运维人员现场处置。

数据网运维人员到达现场后，查看设备指示灯，没有告警提示，登录设备后，发现所有 CPOS 板卡的状态正常，链路状态也正常，于是在每个 CPOS（SONET OC-3 通道化的 STM-1）接口任意挑选几个接口链路，通过 ping 测试网络联通性，发现 4 槽位的 CPOS 下联链路全部不通。电厂三区业务上联示意图如图 6-15 所示。

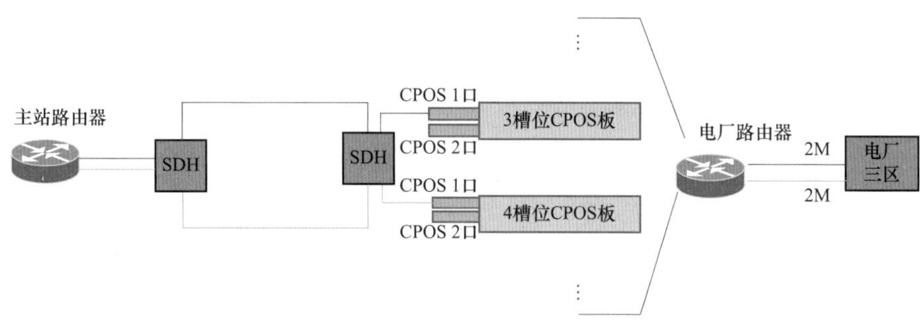

图 6-15　电厂三区业务上联示意图

按照运维规程，要求电厂三区通过 2×2M 双上联至电厂路由器，如果原先电厂的两条链路都正常，断开一路后不影响业务，但如果原先只有一条链路正常，且刚好处于故障板卡上，则业务中断，经现场和网管核实，电厂上联只有 1 路 2M 运行在正常工作状态。

二、主要做法

根据以上现象进行故障分析，怀疑是 CPOS 接口或者 CPOS 板卡故障。根据故障现象原因分析，进行了以下故障排查操作。

对应 CPOS 板卡有两个 CPOS 接口，尝试把故障链路的几个时隙迁移至空闲 CPOS 接口上测试是否可行。如果不行，则把时隙迁移至 3 槽位板卡的空闲 CPOS 接口。

（1）首先，将部分出现故障的电厂链路时隙迁移至该块板卡的空闲 CPOS 接口，发现链路依旧不通，故障依旧。

（2）运维人员把时隙迁移至 3 槽位（该槽位链路正常）的空闲 CPOS 接口，发现链路恢复，判定传输时隙没有问题，基本确定是该 CPOS 板卡的问题，由于周边没有备件，因此运维人员把故障接口的时隙临时迁移至 3 槽位的空闲 CPOS 接口，电厂业务恢复。

三、实践成效

总结此次故障，虽然电厂业务临时恢复，但是目前业务都跑在一块CPOS板卡上，故障风险很大，需要尽快提供备件，恢复原有网络结构。

部分电厂是单链路运行，网络链路不够健壮，需要督促厂站对上联链路进行排查整改，按运维规定补齐双链路或者修复故障链路。

案例五　营业厅数据通信网最大传输单元故障

一、背景

2021年7月10日，某区域数据通信网运维人员接到工作任务，需要在某营业厅新增一台接入网路由器设备，作为PE使用，与该区域汇聚层设备某220kV变电站通过两台华为SDH传输设备相连（型号OSN3500），该220kV变电站路由器（华三SR6608）为所在区域VPNV4 RR设备，与该区域其他PE设备建立MP-IBGP邻居，营业厅设备（华为AR2240C）作为该汇聚站点的VPNV4客户机，实现该营业厅信息内网等IP业务上联。完成硬件安装和相关配置后，运维人员发现，现场BGP邻居关系出现up/down现象，无法正常建立邻居关系。某营业厅接入拓扑示意图如图6-16所示。

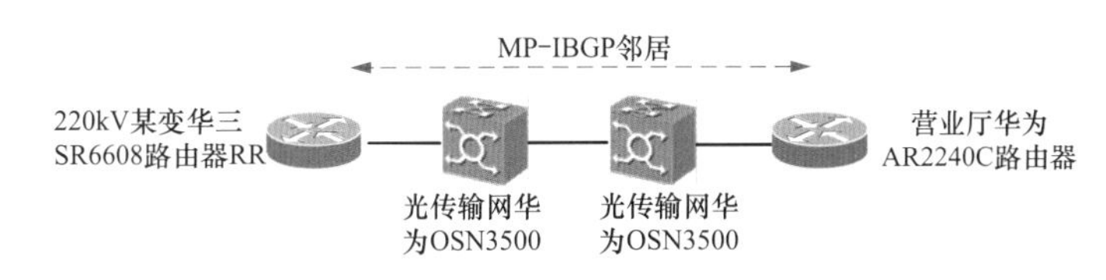

图6-16　某营业厅接入拓扑示意图

二、主要做法

（1）验证直连链路连通性。通过ping测试，发现直连链路正常连通。

（2）核对数据网IGP、MPLS、BGP相关配置。内网IGP使用OSPF协议，排查网内是否存在IGP router-id，BGP router-id，以及MPLS lsr-id的冲突现象，发现无此类现象出现，IGP邻居和MPLS会话正常建立。查看两端设备的BGP配置是否出现错误现象，发现无问题。

（3）检查端口最大传输单元（maximum transmission unit，MTU）配置。查看设备至汇聚站点的MTU路径，发现设备两端的MTU值配置相同，两端端口MTU值都配置为1600，询问传输网管人员，与路由器相连的传输以太网接口设置的MTU值为1522。猜测由于汇聚层站点SR6608发送的update报文过大，无法正常通过传输设备，导致BGP邻居关系建立异常。在营业厅站点路由器测试发现，设置ping包的包长为1530时，直连链路无法ping通。直连链路ping测（MTU＝1530）示意图如图6-17所示。

```
源端路由器：
    <PE-H3C8812>ping-s 1530 155.1.24.2
    Ping 155.1.24.2：1530 data bytes，press CTRL_C to break
    Request time out
    Request time out
```

图 6-17　直连链路 ping 测（MTU=1530）示意图

其中，155.1.24.2 为汇聚站点 SR6608 直连接口 IP 地址。

同时，通过查阅资料得到，传输设备不能对大包进行分片重组处理，接收到 MTU 值大于接口设定 MTU 值的数据包，会直接丢弃。

最终，怀疑故障由传输和数据网接口 MTU 值不匹配引起的，数据网接口 MTU 值为 1600，传输接口默认为 1522，而中间传输设备不具备分片重组功能，对于 MTU 值过大的包直接丢弃，导致营业厅路由设备 AR2240C 无法正常接收后续 BGP update 和 keepalive 报文，BGP 邻居关系建立异常。

运维人员删除营业厅路由器设备的 MTU 配置（默认 MTU 值为 1500），观察 3min，发现邻居关系依旧无法正常建立。接着将汇聚节点的 MTU 配置也删除后，观察 3min，发现邻居关系正常建立。

经过反复测试，发现当两端配置的 MTU 值大于 1522 时，与对端建立 BGP 邻居关系会出现异常。

三、实践成效

通过恢复接口 MTU 默认配置（MTU=1500），两端 MP-IBGP 邻居关系正常建立，现场观察 3min，发现没有再出现邻居关系 down 的现象，营业厅路由器能正常学习相应路由。

将营业厅内网交换机割接到该数据通信网路由器上，在营业厅内网办公电脑上，能正常流畅访问公司内网等管理系统，尝试多次后，无中断等异常现象。

总结此次故障事件，可以得出，当两台数据网设备通过光传输设备相连时，要尤其关注数据网端口与传输以太网端口配置协同问题。由于光传输设备不具有分片重组功能，在 MTU 值设置上，推荐传输端口 MTU 值配置要大于数据网端口 MTU 值，否则在 IS-IS、BGP 邻居建立时，可能会出现邻居关系建立异常现象，在有大包业务时，可能会出现严重的业务丢包现象。

案例六　传输通道迁移导致 IS-IS 邻居关系建立异常故障

一、背景

2022 年 4 月 26 日，某地区思科传输设备按计划退役，检修工作影响某区汇聚路由器 2（H3C SR6608）至某地市备调核心路由器（H3C SR8812）的上联链路。按某地市方式安排，两台路由器上对应的接口分别就近与华为传输 FE 接口对接，该上联链路改由华为传输通道承载。

为了实现同华为传输 FE 接口的对接，某地市运维人员在备调核心路由器 H3C SR8812 侧使用了千兆电口光模块。连线完成后，某区汇聚路由器 2 H3C SR6608 至某地市备调核心路由器 H3C SR8812 的物理链路为 UP 状态，但两台路由器之间的 IS-IS 邻居关系未正常建立。某区汇聚路由器的上联拓扑如图 6-18 所示。

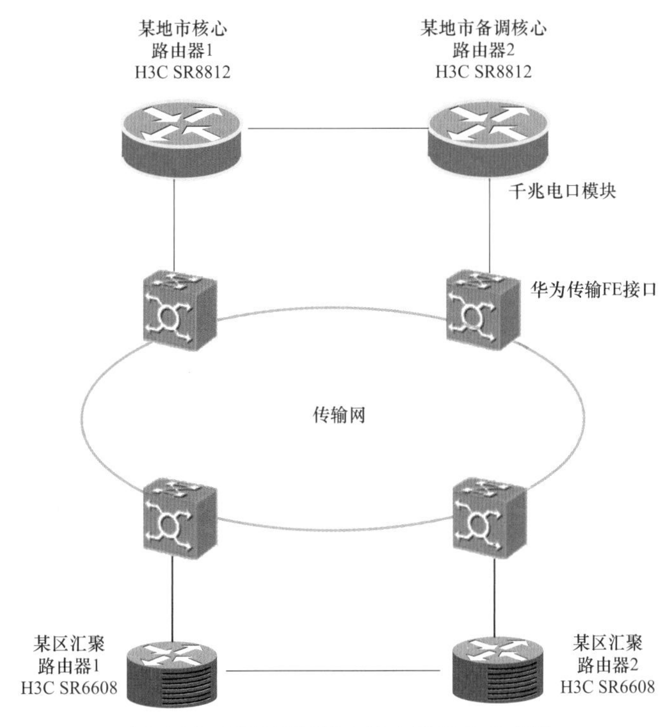

图 6-18　某区汇聚路由器上联拓扑示意图

二、主要做法

鉴于汇聚路由器 2 至备调核心路由器 2 的物理链路为 UP 状态，IS-IS 邻居关系不能正常建立发生在传输通道迁移后，且迁移前未出现此问题，基本可排除设备和线路的硬件类故障，初步将故障原因锁定在配置问题或是对接问题。

数据网网管在登录某地市备调核心路由器 2 ping 链路本端接口地址时回包正常，但在 ping 链路对端接口地址时则提示请求超时。

根据测试结果，故障范围确定在两台路由器接口之间，现场运维人员将备调核心路由器 2 H3C SR8812 上的线缆改接到专用笔记本电脑上，配置电脑 IP 后，发现可以 ping 通对端汇聚路由器 2 H3C SR6608 的 IP 地址。

随后现场运维人员又将备调核心路由器 2 H3C SR8812 上的线缆改接到一台 H3C SR6608 路由器上，在配置接口 IP 地址后，仍然可以 ping 通对端汇聚路由器 2 上的 IP 地址。

可以将故障范围进一步定位到备调核心路由器 2 H3C SR8812 的接口适配上。

将线缆重新接回备调核心路由器 2 后，登录该路由器，执行“display interface”命令，检查“Port Mode”字段发现路由器已经正确检测到了 RJ45 接口，检测“Negotiation”字段发现确认接口的自动协商已使能。

经与华三厂商确认 H3C SR8812 设备要求对端设备使用 GE 接口与之相连，而当下与之相连的华为传输设备上的接口为 FE 接口，此时，即可确认链路两端设备 IS-IS 邻居关系建立异常的原因是 H3C SR8812 设备要求传输侧以太网接口必须为千兆口。

因现场传输设备无 GE 接口资源，运维人员在备调核心路由器 2 H3C SR8812 与其所连的华为传输设备间串入一台光调制解调器，成功实现备调核心路由器 2 和汇聚路由器 2 的对接，链路两端设备 IS-IS 邻居关系正常建立。

三、实践成效

在排查对接问题时，结合了分段排查和设备替换两种方式来缩小故障范围，成功将故障原因定位到了 H3C SR8812 路由器的接口与传输设备接口速率不匹配的问题上，在串入光调制解调器后，某地市备调核心路由器与某区汇聚路由器 2 之间的邻居关系成功建立。

本次故障处理实践了分段排查、设备替换和对比配置等方法，为配置类和对接类问题的处理提供了故障排除思路与流程参考。总结此次故障，当骨干网 IS-IS 邻居建立出现异常时，可以通过以下顺序进行故障排查。

（1）检查链路两端 IP 连通性，包括接口状态是否为 up、IP 配置等。

（2）检查两端 ISIS 邻居配置情况：包括 System ID、IS-IS Level、IP 是否在同一网段，接口认证方式和密码是否匹配等。

（3）检查 MTU 值是否设置不当。

案例七　接入站点部署公用 MCE 设备优势

一、背景

某地区接入网采用网络分层结构，由核心层、汇聚层、接入层三层组成，核心层和汇聚层设备采用口字型连接，接入层设备根据光缆敷设情况双上联接入汇聚层。网络拓扑结合光纤资源和 SDH 传输网建设情况，充分利用 SDH 环网资源，加强通信数据网络通道的可靠性。组网拓扑如图 6-19 所示。

该地区所辖 500kV/220kV 接入站点在前期数据网规划建设时，只部署了一台 PE 设备和一台常规的信息业务接入交换机，无通信业务交换机。接入层路由器 PE 设备多为中兴 ZTE ZXR10 2800-4 系列产品，为 2U 的设备，接口数量有限。根据规划，信息内外网、站内机器人、IMS、站内消防监控等 IP 业务需要统一割接到数据通信网，同时随着用户业务的不断细化和安全需求的提高，需要在网络中部署业务隔离功能。如果采用传统 VPN 架构，需要为每个 VPN 部署一台 CE 设备与接入层 PE 设备进行连接，

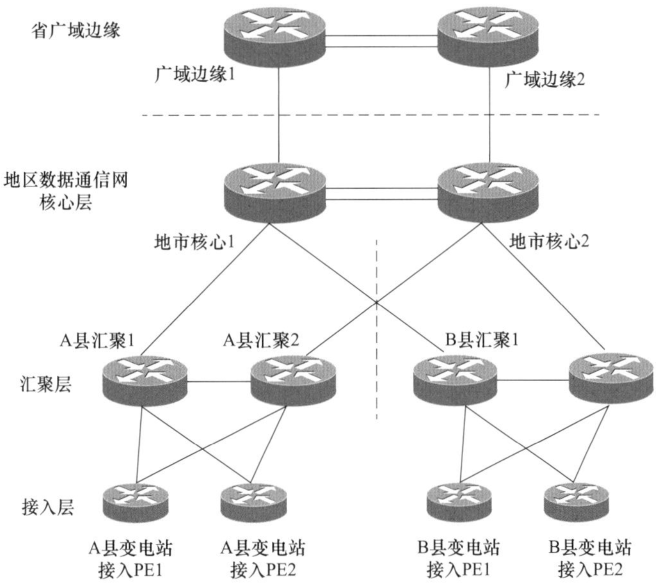

图 6-19　某地区接入网组网拓扑示意图

会导致较高的成本与部署工作的复杂度。而采用多个 VPN 共用一台现有信息内网 CE 设备与上层设备进行连接，则会由于使用同一个路由转发表，无法实现业务之间隔离，给系统的安全运行带来隐患。在接入站点部署 MCE 设备，可以有效解决多 VPN 网络带来的数据安全与网络成本之间的矛盾。

二、主要做法

在现有数据通信网资源基础上，在某区域 220kV 及以上接入站点新增一套通信共用 MCE 设备，用于站点多 VPN 业务安全上联。其中，信息网业务仍通过原有的信息交换机（利旧）直接上联到站点接入 PE 设备，变电站内其他 IP 业务，如 IMS、机器人、安防监控等，通过分配不同的 VPN 实例，然后再统一通过 MCE 设备上联到站点接入 PE 设备，接入层组网拓扑如图 6-20 所示。

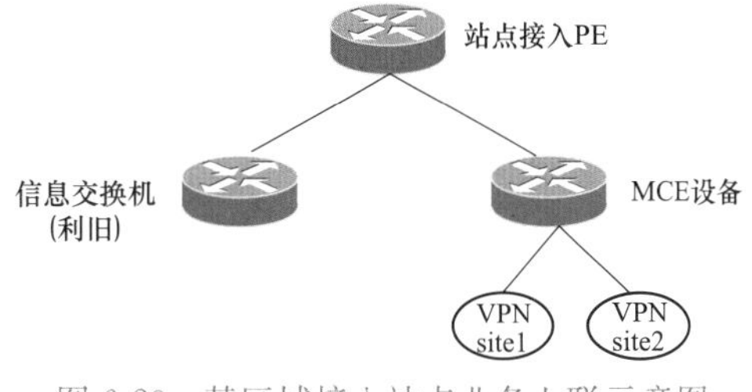

图 6-20　某区域接入站点业务上联示意图

三、实践成效

变电站内业务之间实现逻辑隔离，各个业务维护独立的路由转发表，提高了业务的安全性，同时简化了运维管理工作。

总结此次项目，可以得出，MCE 设备具有以下优势：

（1）减少总体投资。根据安全性要求，业务之间需要进行数据隔离，如果不部署通信公用 MCE 设备，就需要每个业务部署一台相应的交换机，会增加总体投资。

（2）业务之间实现逻辑隔离。利用 MCE 设备属性，实现了业务之间的逻辑隔离，提高了数据安全性。同时，由于业务完全隔离，可以实现不同业务之间私网地址重复使用。

（3）节约上联路由器的接口资源。由于部署的接入站点PE路由器设备接口较少，部署MCE设备，可以根据实际需求，调整物理接口数量，通过配置逻辑子接口的方法，节约上联路由器接口资源。

（4）节约IP地址空间。为不同业务使用重叠的地址空间提供了可能。

案例八　多级信息VPN使用

一、背景

按照国网浙江电力数据通信网络优化整合总体要求，完成数据通信网广域网启用，需要将某省公司，下属地市、县公司及业务站点（变电站）的所有IP业务割接到前期建设的数据通信网上。前期，国网浙江电力与某地市公司数据通信网已经实现互联互通，且省公司已完成信息内网核心设备到数据通信网的割接，某地市公司数据通信网可以正常访问省公司信息类业务，具备县信息业务割接入网条件。

某地市公司数据通信网由地市核心和县汇聚网及接入层网络组成，信息内网割接前拓扑如图6-21所示。

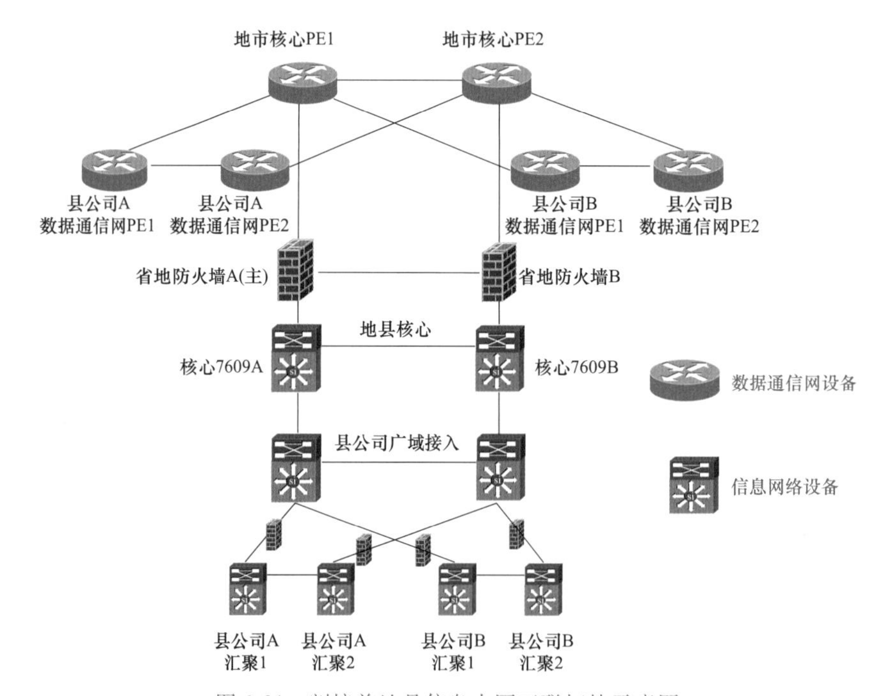

图6-21　割接前地县信息内网互联拓扑示意图

二、主要做法

为了提高信息网络的安全性，将县公司、变电站信息内网流量汇聚至地市信息内网核心 CE 转发，统一由市公司内网核心 CE，经过防火墙等安全装置出口。

实现方式：在地县内部新建二级信息 VPN，地市公司信息内网 CE 设备同时与总公司一级信息 VPN 及地市二级信息 VPN 互联，地市信息内网核心以下层级设备就近接入地市二级信息 VPN，实现地市间以上信息内网进出流量统一在地市信息内网核心 CE 转发，原有安全防护配套软硬件得到更有效的利用。具体改造拓扑如图 6-22 所示。

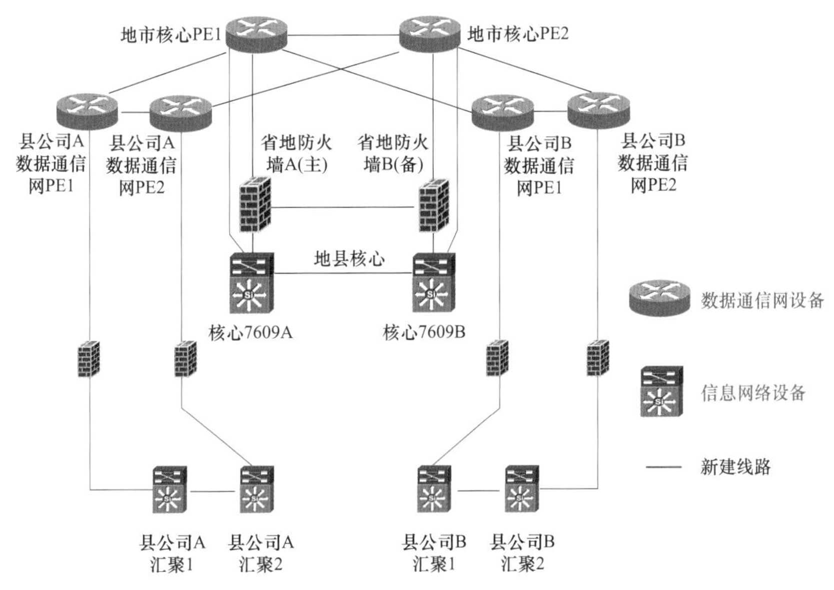

图 6-22　割接后地县信息内网互联拓扑示意图

具体实现方式如下：

（1）在数据通信网地市核心与县汇聚路由器上新建二级信息 VPN。

（2）数据通信网地市核心 PE 与地市信息内网核心 CE 之间新建互联链路（不过防火墙）。

（3）数据通信网地市核心 PE 与市信息内网核心 CE 之间建立 EBGP 邻居关系，其中，数据通信网地市核心 PE 的互联接口归属新建的二级信息 VPN；地市信息网核心 CE 为普通的 IPV4 内网接口；地市信息核心 CE 向二级信息 VPN 下发默认路由，下属业务站点通过默认路由互访和外访。

（4）地市信息网核心 CE 不部署路由策略，全部 BGP 路由均通告给数据通信网地市核心 PE，保证整个迁移的过程中所有县市公司之间均能正常访问。

（5）确认数据通信网地市核心 PE 上的二级信息 VPN 能从地市信息网核心 CE 上学习到省公司、下属地市、县公司所有路由。

（6）修改县公司核心 CE 的 BGP 配置，增加到数据通信网县公司汇聚 PE 之间的 BGP 配置；其中，数据通信网县公司汇聚 PE 的互联接口归属新建的二级信息 VPN；县公司信息网核心 CE 为普通的 IPV4 内网接口。

三、实践成效

完成了地市、县公司的信息内网割接，县公司可以实现安全互访和对外访问。县公司信息内网流量汇聚至地市信息内网核心 CE 转发，统一由地市公司内网核心 CE 出口，在地市公司内网核心 CE 出口部署安全设备和安全策略方案，县公司安全防护架构与割接前基本不变，节约了投资，同时便于信息内网业务管理。割接完成后，业务流量走向示意图如图 6-23 所示。

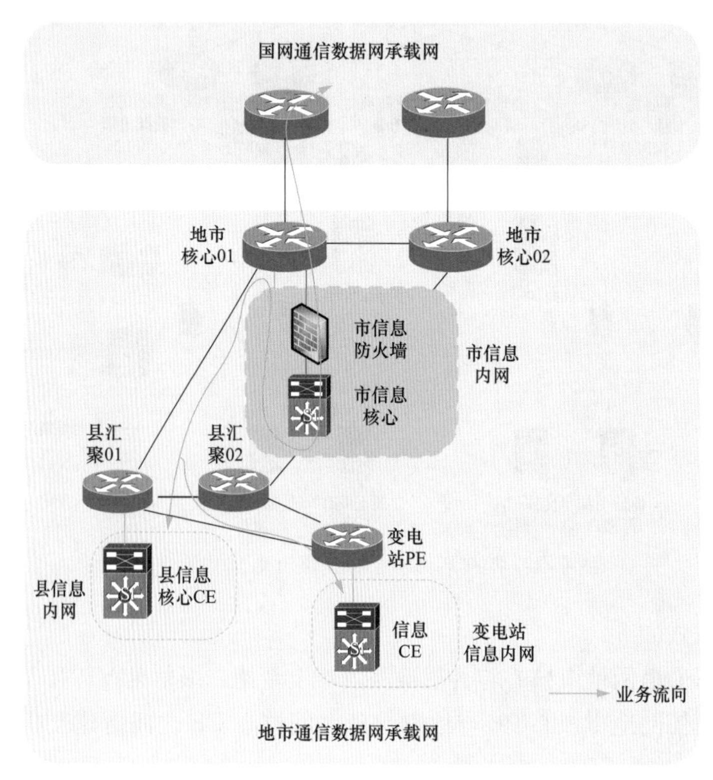

图 6-23　割接后业务流量走向示意图

通过创建二级信息 VPN，与一级信息 VPN 实现了逻辑隔离，同时地市统一部署安全出口，具有以下优势：

（1）减少总体投资。根据安全性要求，如果不从地市公司统一出口，为了防范外部网络攻击，需要在每个县公司和变电站出口部署防火墙设备，完成分布式安全防控，所需防火墙设备多，投资大。

（2）方便地市公司统一安全管理。以地市公司为单位，统一部署安全设备和策略，有利于统一管理，减少网络安全相关人力、物力投入。同时，方便地市公司总的流量监测，管理等工作。

第七章　5G与电力应用

第五代移动通信技术（the 5th generation mobile communication technology，5G）作为面向2020年后的新一代移动通信技术，是未来无线技术的发展方向，基于5G硬切片、软切片技术构建的5G电力虚拟专网，能够为新型电力系统提供海量终端通信能力，结合时间敏感网络、精准授时等技术，进一步适应新型电力系统源、网、荷、储各环节业务场景的需要。本章主要介绍无线通信在电力系统的发展、5G电力虚拟专网整体架构、技术原理及应用方案，并阐述了5G在负荷控制、配电自动化、分布式源储、能力开放、智能巡检等电力领域的探索及创新试点应用。

第一节　无线通信在电力系统的发展与5G电力虚拟专网

一、背景

国网浙江电力通信网按层级分为骨干网和接入网，各级通信网互联互通，形成了以“光纤通信为主、无线通信为辅”的通信传输网络。截至2020年年底，骨干网方面，已采用光纤形式覆盖公司4249个生产及办公场所（其中主网变电站2458座）。接入网方面，采用有线与无线并用的通信方式。2022年，国网浙江电力负荷屡创新高，单日最大用电突破1亿kW，超过德、法等发达国家，急需构建新型电力系统，将“源随荷动”向“源荷互动”发展新模式转变，急需探索公网无线通信代替电力有线通信的方案，以满足电力调度、电网平衡，对源网荷储海量资源的敏捷响应、精准控制需求。

二、无线通信在电力系统的发展

无线通信技术一直在电力系统有广泛应用。在20世纪80年代电力系统拥有远程通信的需求时，就采用微波通信技术进行承载，后随着移动蜂窝通信技术的飞速发展和微波通信自身成本及性能限制，该技术逐渐退出电力系统应用。

2000年前后，根据我国无线电管理局将230MHz频段分配给了能源、气象、地震、水利等行业使用，允许用于行业专用通信网络的建设。电力公司基于数传电台技术，利用230MHz进行了无线通信网络的尝试，用于承载电力数据采集等业务，但多因网络的传送能力限制，以及抗干扰能力薄弱，随产品生命周期逐渐退出了使用。

进入2010年，随着第四代移动通信技术（the 4th generation mobile communication technology，4G）的广泛商用，电力企业开始尝试租用三大运营商的公用网络来承载用电信息采集、移动作业等管理信息大区业务和配电自动化遥测、遥信等生产控制大区业务。运营商采用专用的物联网卡及“接入点名称（access point name，APN）+虚拟专用网络”或虚拟专用拨号网（virtual private dialup network，VPDN）技术实现无线虚拟专用通道，其本质上是在运营商公用通信资源的基础上，规划出一个逻辑隔离的专用网络通道，供电力用户使用。电力终端通过专用的物联网卡和虚拟通道配置，实现与指定主站的交互。以国网浙江电力为例，自2015年引入运营商公网承载电力业务以来，全省共计超300万台区集中器采用该通信方式向用电信息采集系统上送用户用电数据。但由于运营商公用网络的主体是面向大众用户提供服务，因此在安全性、隔离性上尚不能满足承载电力控制类业务的要求，且在特殊时段其资源的可靠性、可用性较难保障。

不少电力企业也尝试利用4G长期演进（long term evolution，LTE）技术，在专用频谱上自建广域覆盖的电力无线专用网络。如国网浙江电力整合230MHz分散的频谱资源，通过载波聚合等技术手段，将LTE技术标准移植在230MHz实现，且利用230MHz频段传输距离远的特性，有效降低了自建无线专网的基站投放数量，降低了建网成本。2018年，浙江某地市通过建设宏基站70座，微基站18座，核心网及系统两套，并配套基站回传网及相应光缆线路，实现了该区域三区五县3915km^2 230MHz无线专网的全覆盖，并开展用电信息采集、配变监测等12类业务、约1万个终端接入应用，是国内电力系统中网络和业务规模最大的230MHz无线专网。目前，主要考虑到230MHz专网在技术演进上的缺陷，电力无线专用网络的大规模新建已被暂停，但已建成的网络仍可用于实现覆盖范围内各类终端的安全接入。通过对无线电力专网的自主建设，也为电力企业积累了经验，为后续向新一代移动通信技术演进应用、支撑新型能源系统建设奠定了基础。

5G作为面向2020年后的新一代移动通信技术，是未来无线技术的发展方向。5G能够带来超高带宽、超低时延及超大规模连接的用户体验，其基于软件定义、网络功能虚拟化、边缘计算等技术的网络架构能够支持网络资源的按需定制、高动态扩展与自动化部署，支持从接入网、承载网到核心网的端到端网络切片，从而为电网企业打造定制化的“行业专网”服务，更好地适应电力物联网多场景、差异化业务灵活承载的需求。

三、5G电力虚拟专网

（一）运营商5G网络建设现状

截至2021年年底，中国移动主要基于2.6GHz、700MHz频段开展5G独立接入（standalone，SA）网络建设，在浙江省已开通近7万个基站，实现了浙江百强城镇覆盖。中国联合网络通信集团有限公司（简称中国联通）和中国电信集团有限公司（简称中国电信）主要采用共建共享模式基于3.5GHz频段开展5G SA网络建设，在浙江省已开通近4.8万个基站，其中2.6GHz基站数5.7万个，700MHz基站数1.3万个。未来几年，三大运营商将继续向乡村推进5G建设，预计到2025年浙江省5G基站数将达到 20 万个。

网络切片技术是 5G 通信技术体系中最为关键的技术之一，是通信网络的一次重大变革，可以让运营商在统一的基础设施上分离出多个虚拟的端到端网络，实现业务之间的逻辑隔离甚至是物理隔离，配合 5G 技术低延时、高可靠的技术特性，为电网各类业务，特别是生产控制类业务提供了一种全新的接入手段。随着运营商 5G 网络建设的日趋成熟，由无线公网和电力专网共同构建的 5G 电力虚拟专网将为电力业务的广泛、灵活、可靠接入提供有效的手段。

（二）5G 电力虚拟专网整体架构

5G 电力虚拟专网整体架构包括无线公网（无线、承载、核心网、运营管理平台）和电力专网（电力专用核心网网元、电力内部网络、电力专网综合管理平台、主子站业务系统等）。在上述架构中，其中：

（1）无线、承载、公网核心网、运营管理平台原则上均由运营商负责建设，并向电力用户提供相应网络切片服务。

（2）电力内部网络、电力专网综合管理平台、主子站业务系统等由电力企业负责建设。

（3）针对电力专用核心网，目前为运营商建设运维，以服务租赁形式提供给电力企业使用，后期建议由电力企业负责建设、运营商代为运维。

基于当前 5G 运营商的建设情况，以及电力实际业务需求。国网浙江电力基于运营商的网络建设 5G 电力虚拟专网，用于承载不同类型业务，基于 5G 切片的省级广域 5G 电力虚拟专网整体架构如图 7-1 所示，根据承载电力不同网络分区业务的情况，分为 5G 硬切片应用模式和 5G 软切片应用模式。硬切片用于承载生产控制类业务，

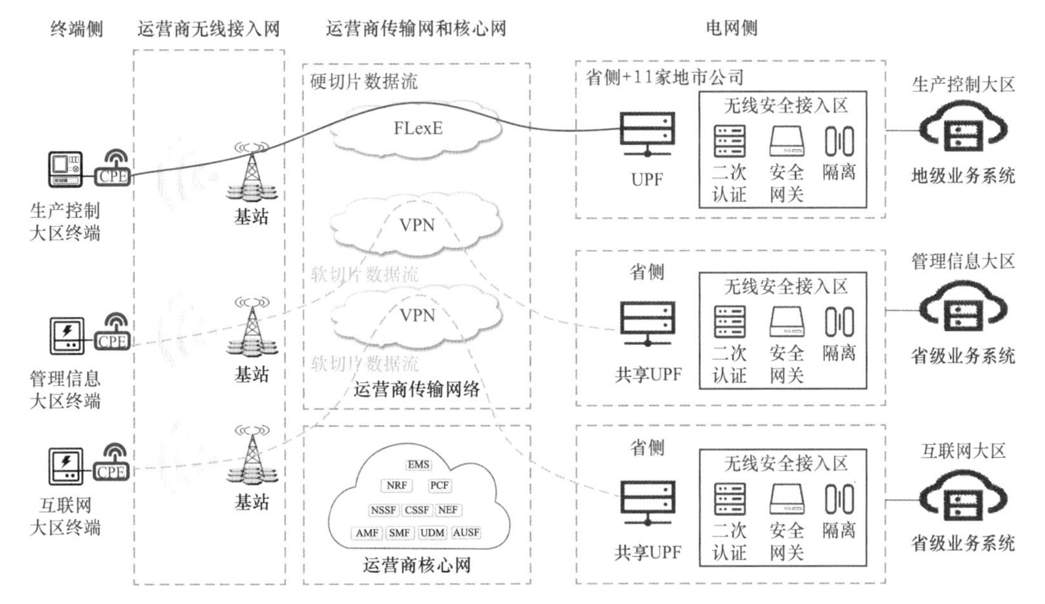

图 7-1 基于 5G 切片的省级广域 5G 电力虚拟专网整体架构

达到近似于物理隔离的网络专用程度，通过下沉式部署的专用 UPF 设备，从电力企业省地 5G 硬切片生产控制大区安全接入设备就近接入公司生产控制大区。软切片用于承载管理信息大区及互联网大区业务，业务之间采用逻辑隔离，通过运营商集中部署的共用 UPF 设备，经专线送至电力企业省集中安全接入设备，进入公司信息内网等相应业务系统。

（三）5G 电力虚拟专网技术方案

5G 电力虚拟专网共分为硬切片、软切片两种技术模式。硬切片可基于运营商无线侧 RB 资源预留、传输侧 FLexE、核心网侧专用 UPF 构建数据独享通道，主要用于生产控制类业务；软切片依托运营商公网叠加 QoS 策略、共享式 UPF 构建数据共享通道，主要用于采集监控类业务。

1. 5G 硬切片技术原理

5G 网络硬切片技术是将一个物理网络切割成多个虚拟的具有近似物理隔离强度的端到端的网络，不同的虚拟网络，服务于不同场景，任何一个虚拟网络发生故障都不会影响到其他虚拟网络。在一个网络切片中，可分为无线网子切片、承载网子切片和核心网子切片三部分。

资源块预留切片方式（resource block，RB）是硬切片技术在无线网层面的体现，应用在电力终端设备与就近基站（前传网）的无线通信过程。RB 资源预留切片提供有绝对资源规划的精准保障，将 5G 的空口资源从频域维度划分为不同的资源块不同用户的数据承载映射到不同的资源块上，业务间彼此正交，互不影响。如果将 5G 通信端到端服务比喻成航空公司，RB 资源预留就好比是开通了贵宾通道，数据传输上、下行不再挤大厅候机，有专人服务引导上、下飞机。

基于时隙调度的灵活以太网（flex ethernet，FlexE）技术是硬切片技术在承载网层面的体现，应用在长途通信（中传网）过程。FlexE 技术是基于以太网协议，在物理层和数据链路层之间增加 FlexE 垫片层，使得数据链路层速率和物理层解耦，不再强绑定，灵活匹配。FlexE 分片使传输有了时隙调度功能。将一个物理以太网端口划分为多个以太网弹性管道，使得承载网络既具备类似于时分复用（time-division multiplexing，TDM）独占时隙、隔离性好的特性，又具备以太网统计复用、网络效率高的特点。通过 FlexE 分片，实现在时隙层面的物理隔离。传统以太端口调度，基于报文优先级调度，长包阻塞短包，导致短包时延变大，业务之间相互影响。FlexE 技术基于时隙调度，独占带宽，业务之前互不影响。传统以太技术优先级调度，就好比是救护车，拥有较高的优先级，但是当车流量较大时，依然会造成堵塞。FlexE 技术就好比是公交专用车道，采用 FlexE 技术后，电力业务不受其他业务的影响。

用户面转发网元（user plane function，UPF）下沉是硬切片技术在核心网层面的体现，应用在核心控制层与用户传输层通信（回传网）过程。核心网包含控制面和用户面两部分，控制面传输控制信令，用户面传输实际数据。电力 5G 核心网采用公网专用方式部署，即控制面共享运营商网元，用户面采用独立专用部署模式，通过部署独享用户端口功能 UPF，将电力硬切片内的用户数据，全部通过独享 UPF，导流到电力安全接入平台后进入电力内网。UPF 下沉就好比是企业组建了一套自己的机务部门，除机场塔台指挥控制外，拥有业务运载上的最大自主权。

2. 5G 硬切片技术方案

5G 硬切片用于承载生产控制类业务，采用 5G SA 模式，需基于运营商无线网侧 RB 资源预留、承载网侧 FlexE 技术、核心网侧电力控制类业务专用 UPF 下沉，实现业务端到端通信通道物理隔离；硬切片内以端到端软切片对不同类型的控制业务进行逻辑隔离；结合控制类业务安全防护要求，在电网域和运营商域部署特定安全接入区、负荷终端采用微型纵向加密装置方式进行安全接入等相应风险防护措施。

在具体网络架构上，需采用全省统一生产控制大区硬切片，在省公司、各地市公司分别部署专用 UPF，形成省地两级端到端硬切片通道，切片内单向通信时延（通信终端至安全接入区入口）宜小于 20ms，故障倒换时延宜小于 50ms，单向时延抖动宜小于 50ms，可靠性宜大于 99.99%。硬切片通道内根据不同业务类型、不同地市采用规范命名的数据网络标识（data network name，DNN）。通过 DNN 映射虚拟专用网络（virtual private network，VPN）的形式实现业务间逻辑隔离，DNN 内配置两种 5G 业务质量标识（5G QoS Identifier，5QI）等级（5QI=6、5QI=8），采用差异化的 5QI 等级实现不同业务终端间的优先级调度。

5G 硬切片由无线网切片、承载网切片和核心网切片三部分组成，具体如下：

（1）无线网切片。在基站侧采用 RB 资源预留方式，目前，根据业务带宽需求，在三大运营商均配置为 1%频谱带宽（上、下行分别采用 2 个 RB 资源块，实现理论上行 1.5Mbit/s，下行 10Mbit/s 速率），通信终端接入 RB 资源预留切片信号覆盖强度宜满足参考信号接收功率（Reference Signal Receiving Power，RSRP）大于等于－95dBm 且信号与干扰加噪声比（signal to interference plus noise ratio，SINR）大于等于 3dB；在终端侧，通信终端支持上下行速率大于 10Mbit/s，实际速率根据业务需要开通，用户识别卡（subscriber identity module，SIM）需配置电力统一规划的静态网际互联协议（internet protocol，IP）地址，避免 IP 地址冲突。

（2）承载网切片。采用 FlexE 技术，在时域预留独享时间片，提供通道化隔离和多端口绑定，实现以太网 MAC 层与物理层解耦，使不同 FlexE 接口上的帧处理互不影响。在划分的 FlexE 切片内，通过 DNN 映射 VPN 的形式实现业务间逻辑隔离。

（3）核心网切片。核心网采用公网专用方式部署，即控制面共享运营商网元，用户面采用独立专用部署模式，通过部署独享 UPF，将电网硬切片内的用户数据，全部通过独享 UPF，导流到电力安全接入平台后进入电力内网。

3. 5G 软切片技术方案

5G 软切片原则上用于承载管理信息大区、互联网大区等非控制类业务。端到端软切片需基于运营商无线网侧 5QI 优先级调度、承载网侧 VPN、核心网侧共享三大运营商行业 UPF 网元；软切片内根据不同地市、不同业务类型划分专用 DNN；结合业务安全防护要求，在电网域和运营商域部署特定安全接入区。

在具体网络架构上，需采用全省统一管理信息大区、互联网大区软切片。同一个切片内采用规范命名的数据网络标识（DNN）对各地市、各业务类型做区分。DNN 内配置两种 5QI 等级（5QI=6、5QI=8），采用差异化的 5QI 等级实现不同业务终端间的优先级调度。

5G 软切片由无线网切片、承载网切片和核心网切片三部分组成，具体如下：

（1）无线网切片。在基站侧采用 5QI 优先级调度的方式，通信终端接入 5G 软切片信号覆盖强度宜满足 RSRP≥−105dBm 且 SINR≥3dB；在终端侧，SIM 卡需配置电力统一规划的静态 IP 地址，避免 IP 地址冲突。

（2）承载网切片。采用 SR+VPN 实现与其他公网业务的逻辑隔离。

（3）核心网切片。采用共享三大运营商行业 UPF 网元方式，不单独设置独立的专用 UPF，用户数据通过运营商专线导流到电力安全接入平台后进入电力内网。

4. 5G 通信终端技术方案

5G 通信终端应采用模块化、可扩展、低功耗、免维护的设计标准，适应复杂运行环境，具有高可靠性和稳定性。

（1）通信终端可内嵌于业务终端或微型纵向加密装置。

（2）应支持根据电力应用规则进行电力自定义切片选择。

（3）宜支持 5G 新空口（new radio，NR）标准信令授时。

（4）应支持通信终端标识及参数预置管理、远程软件下载与升级管理、网络状态监测和管理等。

（5）宜支持安装经纬度、安装地点、设备厂商、设备类型等信息查询。

（6）终端具有一定安全可靠性、耐用性、故障率低，以及数据的存储与传输应采用加密方式处理。

（7）终端接口需具备可靠、易用、安全、灵活、开放、松耦合等特点。

（8）需调整 5G 天线位置取得最佳信号；天线安装位置建议朝向运营商基站方向，天线放置点位无线信号宜满足 RSRP>−95dBm，SINR>3dB。

（9）5G 通信终端所用运营商 SIM 卡需采用定向流量、无语音功能的物联网卡，同时需采用省公司统一划分的 IP 地址。

（10）应支持加密认证、机卡绑定，宜支持二次鉴权。

（11）终端需支持简单网络管理协议（simple network management protoco，SNMP）、路由器和计算机间通信协定（technical report-069，TR069）协议，该协议能够实现终端接入国网浙江电力无线通信综合管理服务平台，帮助网络管理员提高网络管理效率，及时发现和解决网络问题，对终端量级增长做好规划。网络管理员还可以通过 SNMP 协议，接收网络节点的通知消息和警告事件报告等，从而获知终端出现的问题，实现了对终端的可视、可管、可控。

5. 无线通信安全防护体系

为保障电力系统网络安全，当采用无线通信方式将各类终端接入电力生产控制大区控制区、生产控制大区非控制区、管理信息大区网络和互联网大区网络时，应设置安全接入区，对原始数据进行加密和协议封装后再在网络中安全传输，同时应在各自的专用通道上使用独立的网络设备组网，实现区域的物理隔离。目前，对于5G电力虚拟专网，暂时延用与4G虚拟专网同样的保护措施。

在5G通道安全方面，要求运营商通道达到等级保护三级，并采取加强设备访问控制、加固网元安全、分配终端固定IP地址等措施，同时开放5G无线接入网/承载网/核心网等切片监视权限。

在终端安全方面，推荐业务终端与通信模块一体设计，通信模块应支持5G SA模式，并采用嵌入式SIM卡、机卡绑定、SIM卡二次鉴权等措施。终端设备应具有国网认证的数据加密功能，对传输数据进行加密，在接收主站下发的指令等关键业务报文时，进行验签。

在业务安全方面，针对不同大区的电力业务终端，应设立各自独立的安全接入区。生产控制大区与安全接入区之间应部署电力专用隔离装置，安全接入区内应部署网络安全监测装置，并采用加密认证技术实现与终端通信的加密传输和安全认证，采用国密算法和签名验签技术实现控制指令的完整性保护。部署可信验证模块、安全操作系统加强重要服务器及终端的安全防护。采用安全监测手段，实现对主站、终端的业务行为和安全事件的监测。

第二节　典　型　案　例

案例一　5G硬切片承载的秒级可中断负荷控制系统应用

一、背景

目前，国网浙江电力负荷屡创新高，单日最大用电突破1亿kW，超过德、法等发达国家，随着光伏、风电等新能源并网，浙江电网面临源荷互动不足、安全冗余度大、平衡能力下降、提效手段有限四大难题。随着特高压直流大功率的馈入，电网运行控制难度显著增大。特别是负荷高峰期特高压直流大功率失去，将造成局部断面大幅过负荷，需要在短时间内限制负荷，传统直接拉限电方式，对社会经济造成显著影响，已不能适应当前电网发展的要求，需要开展可中断负荷控制的研究，降低电网重大故障对社会经济的影响，提升调度故障处置能力。此外，随着负荷的超预期增长，局部区域在夏季负荷高峰时期存在短时缺口，利用负荷短时可中断能力，可避免或减少调度拉限电，同时也有助于延缓电网侧的设备投资，提升电网运行效率效益。

二、主要做法

当前，挖掘社会海量资源参与电网平衡，最大困难是通信方式。

（1）电力业务点多、面广，浙江 10.55 万 km^2 内涉及千万量级终端。

（2）秒级负控类业务对网络安全可靠性要求极高。

传统 4G 网络时延不稳定、安全性较低，因此无法承载电力低时延业务及控制类业务，而电力目前现有的有线通信专网无法做到全覆盖，利用 5G 硬切片技术构建 5G 电力虚拟专网拥有得天独厚的安全优势，能为电力生产控制大区提供“专属通道”，确保生产控制类业务在 5G 专网中完成数据采集、传输和处理全流程，保障电力控制类业务的安全稳定运行，如果说把 5G 比作马路，那 5G 硬切片好比是这条“马路”上的“专用车道”，相比于传统切片技术的“公交潮汐车道”，允许网络空闲时段其他数据共享网络通道，硬切片技术所搭建的这条“专用车道”，能实现数据传输完全隔离，确保数据的安全可靠性，与公网数据形成物理隔离。

（一）秒级可中断负荷快速响应系统的总体架构

在系统架构方面，秒级负荷控制业务系统采用分层结构设计，共分为省侧主站层、地市侧子站层和用户接入层 3 个层级。3 个层级之间实现负荷模型、实时数据、调节策略的交互，共同完成事故情况下对可切负荷的快速精准切除。

在通信链路方面，负荷调节子站与负控终端间通信链路由 5G 电力虚拟专网组成，可中断负荷终端采用微型纵向加密装置方式进行安全接入；负荷调节子站与省侧主站的通信链路由电力调度数据网组成，秒级可中断负荷快速响应系统总体架构如图 7-2 所示。

（二）5G 公网通信通道设计

可中断负荷终端与电力通信专网之间的通道属于运营商 5G 公网范畴，具体可分为空口侧、承载网侧、核心网侧及安全接入平台四个部分，由于秒级可中断负荷系统安全总体安全防护需遵循《电力监控系统安全防护规定》（发改委 2014 第 14 号令）中“安全分区、网络专用、横向隔离、纵向认证”的安全防护方针，在 5G 公网通信通道中本文采用具有近似物理隔离强度的端到端切片方案。

1. 空口侧

在空口侧，秒级可中断负荷快速响应系统业务采用 RB 资源预留切片方式，控制类电力数据信息均走在最小 RB 资源预留内，满足电力控制类业务无线资源需物理隔离的要求。根据业务带宽需求，采用 1%RB 资源预留（上、下行分别两个 RB 资源块），实现理论上行 1.5Mbit/s，下行 10Mbit/s 的传输速率；在终端 SIM 卡侧配置电力统一规划的静态 IP 地址，避免 IP 地址冲突。

2. 承载网侧

在承载网侧，秒级可中断负荷快速响应系统采用 FlexE 切片，在时域预留独享时间片，提供通道化隔离和多端口绑定。确保电力控制类业务通信通道的物理隔离。

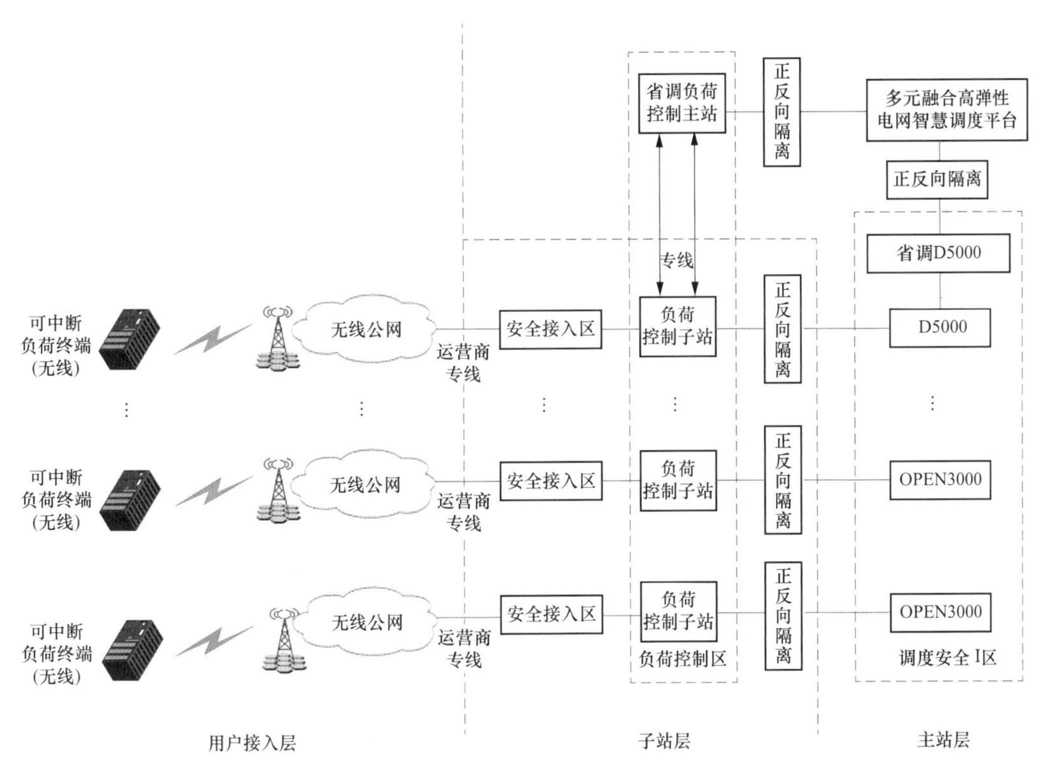

图 7-2　秒级可中断负荷快速响应系统总体架构

3. 核心网侧

秒级可中断负荷快速响应系统的通信数据分为电力业务数据及信令，电力业务数据利用运营商开通的端到端切片通道，从基站经过运营商承载网，传输到电力机房 UPF，再通过安全接入区进入电力内部网络。信令交互方面，5G 链路的控制信令则仍流向运营商 5G 核心网，通过会话管理功能（session management function，SMF）网元与电力机房部署的 UPF 实现控制层交互。

4. 安全接入区

安全接入区是为承载在 5G 电力虚拟专网上的电力业务提供端到端加密隧道、网络隔离等安全服务。在 11 个地市公司分别部署安全接入区，实现地市子站和可中断负荷终端信息的安全交互。负荷调节子站对下通过地市数据接入装置（数据隔离装置提供 5G 公网与生产控制大区的隔离，阻断网络连接，实现 5G 公网通信终端与公司生产控制大区网络之间的裸数据交换），经纵向加密认证装置做数据加解密，再通过无线公网方式接入用户接入层。

三、实践效果

截至 2022 年 7 月，国网浙江电力已通过两期秒级可中断负荷建设，累计建成超过 1200 个点位的精准负荷控制点位终端，超 200 万 kW 秒级可中断负荷资源池，并多次成功实现响应系统需求，应用 5G 硬切片技术有力保障浙江电网安全稳定运行，浙江百万千瓦秒级负荷控制系统运行界面如图 7-3 所示。

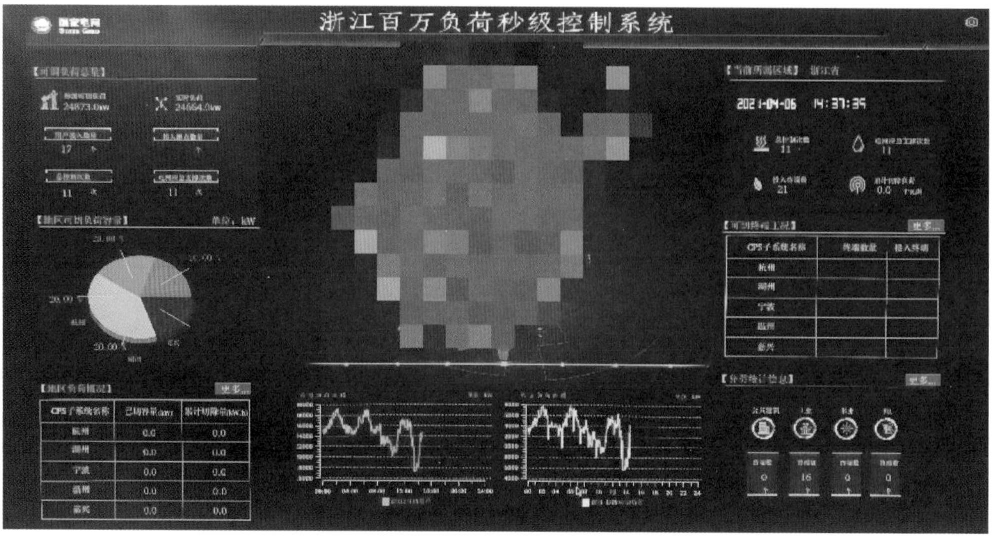

图 7-3　浙江百万千瓦秒级负荷控制系统运行界面

2021 年 7 月 12 日，调度营销联合开展迎峰度夏需求响应无脚本综合演练，模拟典型需求响应场景，实施了日前削峰、小时级削峰、分钟级可调节、可中断全类型需求响应实战演练，全省秒级可中断负荷参与用户 22 户，实现全流程实切演练。

2021 年 8 月，配合省能监办组织可中断负荷作为第三方独立主体参与电力辅助服务市场试运行，包括 21 家秒级可中断负荷电力用户参与出清，出清旋转备用容量总和为 10 万 kW，出清单价 15 元/MWh。经初步测算，试运行期间可显著提升机组负荷率，累计减少燃煤机组发电煤耗 160t，降低碳排放约 420t。

2021 年 10 月 9 日，因全省有序用电执行效果不足，全网备用紧张，调度、营销专业紧急启用可中断负荷切除措施，成功切除可中断负荷 130 万 kW。

基于 5G 电力虚拟专网的秒级可中断负荷快速响应系统，充分利用运营商 5G 公网基站、承载网基础设施，在满足电网对控制类业务安全的前提下，利用无线替代有线的方式，解决电网“最后一公里”终端接入难题，降低电力光缆建设投资及施工难度，为用户在短时间内实现海量负荷控制终端低成本接入提供了可能。

秒级负荷控制建设的推广，很大程度规避了因某些特高压局部故障造成大面积停电的风险，这部分负荷被切除后，客户关键的、不可中断的生产和安全保障用电不受任何影响，可最大程度保障企业产能和电网设备安全。与传统粗放式直接切除整条线路负荷相比，最大限度地降低了对居民和重要用户的影响。同时，确保快速恢复电网供需平衡，保障电网稳定运行，为建设新型电力系统提供了关键支撑。

案例二　5G 硬切片承载的配电自动化业务应用

一、背景

经过近十年的建设，配电自动化终端已具备相当规模。通过 DTU 设备、故障指示器、智能开关，以及全自动FA线路的投入，提升了日常工作和故障事故处理效率。但仍然存在以下几个问题。

(1) 架空线路柱上开关无法实现遥控功能和全自动FA，导致架空线路计划操作和故障处理效率低下，极大影响供电可靠性。

(2) 由于网络安全问题，4G通信设备不允许在配电自动化一区主站中的综合遥控和馈线自动化应用。

智能开关不具备远程遥控功能，造成了操作人员倒闸操作或转供电操作等工作时，需到现场就地进行开关操作，故障处理时，受保护级差时限的限制，通常配置“二级保护”，只能将故障自动隔离在大区间内，难以实现快速精准隔离与自愈，影响用户用电可靠性。

二、主要做法

应用5G硬切片通信技术“高带宽、低延时、高安全”的特点，可有效解决由于信息安全导致的设备遥控功能和偏远地区开闭所通信上线难题，实现架空线路和电缆线路两类场景下配电自动化终端的无线遥控和全自动FA功能，从“二遥”向“三遥”跨进。

配电自动化终端采用标准国网104通信规约，采用统一点表规则。终端配备5G通信模块采用硬加密模式，内部集成具有双向认证加密能力的国网标准的加密芯片。

智能开关设备上联聚合至5G模组，通过电力专属RB资源与5G基站通信，实现基于RB资源预留的物理隔离。通过FlexE硬隔离技术传输至地市公司UPF设备。隔离网闸接收UPF中的智能开关三遥数据，并经无线安全接入区接入配网主站。配电网智能柱上开关现场安装如图7-4所示。

图7-4　配电网智能柱上开关现场安装

三、实践成效

利用基于5G通信技术的配电自动化开关，实现高弹性的数据传输、可靠的“三遥”功能、高精度的智能感知能力、高准确率的故障研判与隔离；实现调控人员远程遥控操作，降低相关专业人员的工作量，计划工作时，直接由调度员远程遥控操作，无须运维人员前往现场，实现减员增效；故障处理时，真正实现故障点快速准确隔离和非故障区域恢复，进一步减少故障时户数。

案例三　5G分布式源储业务应用

一、背景

为积极响应国家“碳中和”“碳达峰”的建设目标，以光伏、风电、水电为代表的新能源产业取得了快速发展。浙江省内风电、水电资源较为丰富，大量分布式光伏站、水电站、风电站在近年并网发电。

由于各类分布式清洁能源电站分布较为分散，少部分甚至位于偏远山区，各类源储信息采集较为困难。为快速完成分布式小水电、分布式光伏、分布式储能等多种绿色能源快速接入及应用，实现分布式能源出力直采，做到实时出力可观测，需使用一种便捷、可靠的通信方式来传输业务数据。

分布式源储业务场景分为光伏、水电、风电三类，对通信网路时延、带宽要求不高，安全性、可靠性要求较为突出。具体需求见表 7-1。

表 7-1　　分布式源储业务通信技术要求

技术指标	要求
通信带宽	2Mbit/s 以上
通信时延	采集类小于 3s，控制类小于 1s
通信可靠性	采集类大于 99%，控制类大于 99.9%
隔离要求	生产大区业务：端到端硬切片； 管理大区业务，软切片

二、主要做法

建议在运营商覆盖较差的偏远山区小水电站，建议结合北斗短报文等技术进行数据传输；分布较为分散的分布式光伏站、风电站部署 5G 终端，根据业务所属安全大区使用对应的切片方案。

分布式源储业务应用属于管理信息类业务的软切片应用的，考虑业务流向和业务系统的省集中部署现状，采用共享三大运营商行业 UPF 网元方式，不单独设置独立的专用 UPF，业务数据由三大公网运营商省集中后直接通过运营商专线送至省公司互联网部安全接入平台外侧。

分布式源储业务软切片方案建议如下：无线侧采用 5QI 优先级 6 级调度实现逻辑隔离；传输侧采用 VPN 实现逻辑隔离；核心网侧共享运营商行业专用 UPF，与其他企业业务进行逻辑隔离。

分布式源储业务应用属于生产控制业务的硬切片应用的，采用独立 UPF 方式，可根据业务应用系统部署情况选择本地市专用安全接入区及专用 UPF。5G 分布式源储业务如图 7-5 所示。

图 7-5　5G 分布式源储业务

在无线侧采用 RB 资源预留＋5QI 优先级，在传输侧采用 FlexE 接口隔离＋VPN 隔离，在核心网侧采用地市电力专用 UPF 网元的技术方案。

三、实践成效

基于广域 5G 电力虚拟专网，通过 5G 无线通信实现分布式能源生产、传输等环节的泛在互联和深度感知，有力支撑各种新能源接入和综合利用，提高发电单元的主动响应和协调控制能力，实现能源生产和消费的信息互通共享，实现对分布式清洁能源发电设备、发电情况可视、可控、可管，提升清洁能源消纳比例。浙江全省有 35 万座通信基站均配有 UPS 备用电源，基于广域 5G 电力虚拟专网，将基站的铅酸储能电池状态反馈信号、开关电源的远程控制信息通过 5G 传输，实现基站备用电源在用电高峰放电、用电低谷充电，在实现基站设备参与电网负荷调峰的同时，每个基站每年平均可为运营商节省 4599.38 元的电费，实现双方共赢，目前已在浙江部分地市开展应用。

案例四　5G 电力虚拟专网综合管理平台建设

一、背景

随着未来 5G 电力应用的规模化推广，5G 管理将面临越来越严峻的挑战。

（1）在业务接入层面，电网业务种类繁多，场景丰富，涵盖输、变、配、用、调电力生产全环节，不同业务场景对带宽、时延、可靠性等需求存在较大差异。同时，5G 业务开通时涉及系统内多个部门，流程流转耗时耗力。

（2）在终端管理层面，设备类型千差万别，规模数量庞大，有必要进行终端流量状态监控和智能分析，以避免网络资源闲置，助力企业提质增效。

（3）在网络服务层面，伴随着各级网络设备的持续建设，以及网络切片服务的创新应用，在公专融合的背景下，对设备状态监测、通信服务质量、故障快速定位等功能的需求也进一步提升。为满足各类电力业务在不同场景下的接入、数据分析及应用管理的需求，以支撑通信运行管理单位的 5G 网络资源管理水平和运维能力。

浙江为落实国网5G建设战略规划，结合“百万千瓦秒级可中断负荷用户接入工程”等项目的5G需求，采用5G无线公网部分由运营商负责建设运维，专网部分的UPF下沉部署到电力机房、由国网浙江电力建设运维的技术方案，目前已投资建设了省市两级的电力5G虚拟专网，初步具备了电力业务基于5G通信承载能力。

但由于5G各类设备存在不同厂商规范和开放接口不一致、面向电力架构和各部分单元功能不明确，以及运营商5G核心网开放能力不足、切片套餐和电力业务不适配等问题，给项目建设运维带来很大困难，同时无法满足5G电力虚拟专网全省推广后标准化、一体化管理需求。亟须建立面向电力5G应用的综合管理平台，将各类通信终端统一接入管理，解决各类数据采集终端接入方式的多样化，最终实现5G电力应用的安全、高效、可靠运行。

二、主要做法

通过与运营商5G能力开放接口对接，采集5G终端、无线基站、UPF/MEC、5G核心网、资源、告警、性能等数据，实现5G电力虚拟专网资源管理。通过对接运营商物联网平台等接口，采集SIM卡及切片服务数据，实现SIM卡全生命周期管理。

5G电力虚拟专网能力开放平台主要分为切片服务、系统管理、资源管理、运营监测四个部分，主要围绕SIM卡、5G终端、5G切片、无线基站、UPF/MEC、5G核心网等资源构建相关功能。5G电力虚拟专网能力开放如图7-6所示。

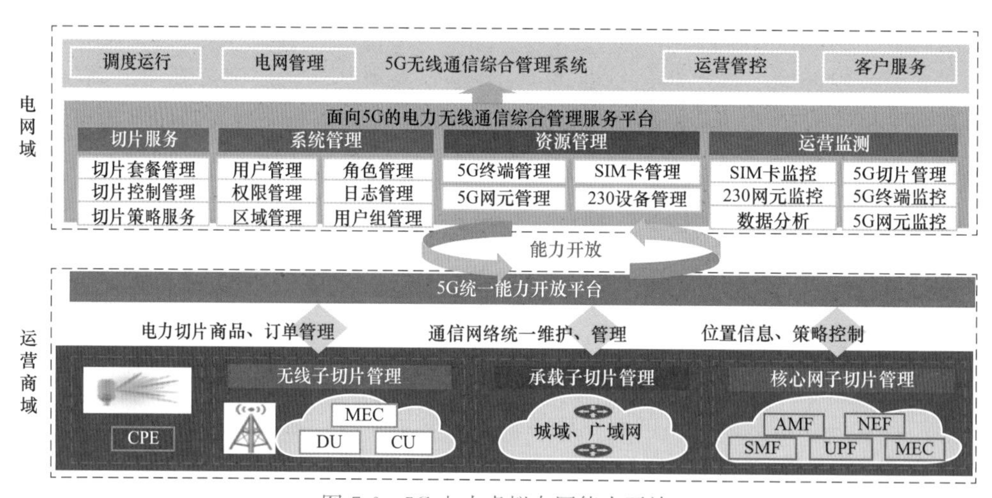

图7-6 5G电力虚拟专网能力开放

（1）资源管理。依托5G设备能力开放，制定5G网络资源统一标准管理规范，实现对电力5G终端设备、电力用户面设备、边缘计算设备等的全生命周期管理和监测功能，解决不同运营商和不同5G设备厂商规范和开放接口不一致、面向电力架构及各部分单元功能不明确问题，实现5G网络资源标准化管理和端到端全链路可视，提高电网安全运行水平和全景可视化程度，提升通信运行管理单位的5G通信网络资源的可管、可控能力。

（2）运营监测。依托运营商5G运营管理平台开放能力，实现对5G切片管理，包括切片订购、基站位置、切片流量控制、切片流量分析等，解决5G核心网开放能力不足问题，加快推动5G切片在电力行业应用；实现SIM卡管理，包括SIM开卡、注销、流量查询、状态监测等功能，解决SIM卡管理繁琐、缺少对卡流量监控，以及预警干预机制等问题；提升通信运行管理单位的5G通信网络资源的运营能力。

（3）系统管理。实现用户管理、角色管理、权限管理、日志管理、区域管理、用户组管理功能。

（4）切片服务。研究现有5G网络切片方法的技术特点和性能，以及不同电力业务场景下的网络端到端切片策略和切片控制、管理技术，构建适配电力业务的5G切片套餐，解决运营商5G切片套餐和电力业务不适配问题。

三、实践成效

基于与三大运营商5G网络能力开放接口，国网浙江电力研发国内首个面向5G的无线通信综合管理服务平台并投入运行，实现浙江广域5G电力虚拟专网中各类5G通信资源的接入和统一管理，帮助电力用户对5G虚拟专网资源开展自主、高效的运行管理。国网浙江电力5G综合管理平台如图7-7所示。截至2022年5月，平台已初步具备管理信息大区、生产控制大区5G终端可视化管控能力，具备全省电力5G线上开卡功能，累计接入5G终端1400多个，可实时采集设备运行的网络状态及物理状态；累计接入专网卡440万张，可实时监测包括卡状态、套餐及流量资费情况；实现5G MEC性能监测功能对接，可实时监测MEC设备状态情况等。

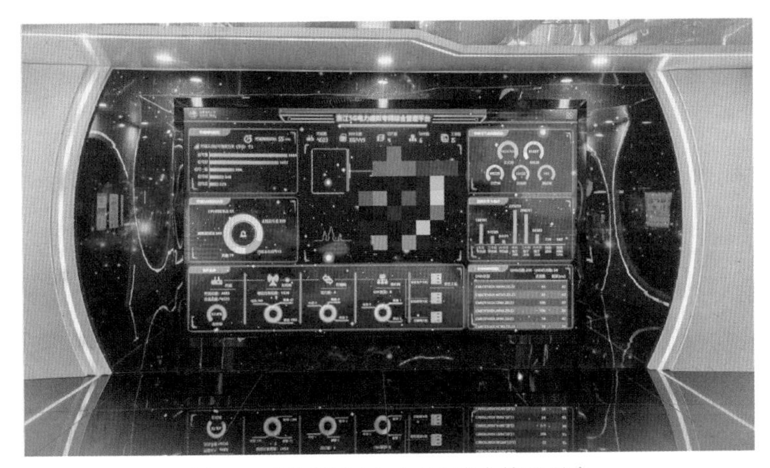

图7-7　国网浙江电力5G综合管理平台

案例五　5G软切片承载的特高压通道智能巡检应用

一、背景

常规架空线路无人机巡检依旧以飞手操控模式为主，巡检质量受飞手技术水平和外界环境影响较大，致使巡检结果参差不齐，难以形成标准化作业规范，飞行安全与巡检质量难以保证。受通信网络带宽、时延制约，使无人机巡检画面回传卡顿、画面质量不清晰，导致后方人员无法实时掌握现场作业实时信息。国网浙江电力通过在特高压密集通道开展的5G软切片专项建设，紧紧围绕新型电力系统建设，实现特高压密集通道自主巡检和采集信息高速回传，打造线路巡检“以机代人”的智慧巡检模式，不断提升大电网安全运行水平和巡检效率效益，推动高弹性电网主动融入国家5G发展战略、国家创新发展战略，助力创新型国家建设。

二、主要做法

智能巡检主要应用高清成像和图像识别处理技术，在特定区域或线路由智能巡检设备开展自主巡检和视频图像信息高速回传，实现“以机代人”的智慧巡检模式，提升大电网安全运行水平和巡检效率。特高压廊道无人机巡检作业，利用激光点云数据合理规划无人机航线，实现“一键操作”式无人机自主巡检，包括线路本体巡检、故障巡检和其他精细化巡检，巡检高清图像实时回传至监控指挥中心。地线机器人巡检系统由智能巡检机器人、太阳能充电基站、自动上下线装置和后台管理系统等组成。地线机器人搭载全高清可见光云台摄像机、红外云台热像仪、激光雷达扫描系统等传感器，沿地线自动行驶和穿梭各种障碍物，自动对巡检线路进行巡检和储存定位，自动识别机器人行走打滑并消除打滑，自动对剩余电量进行监控和管理。

智能巡检业务归属管理信息大区或互联网大区业务，参照5G总体技术方案，采用软切片方式，在无线侧采用5QI优先级，在传输侧采用VPN隔离+5QI调度，在核心网侧采用运营商行业数据转发网元的技术方案，共享三大运营商行业UPF网元，不单独设置独立的专用UPF，业务数据由三大运营商省集中后直接通过运营商专线送至省公司互联网部安全接入平台外侧。

三、实践成效

通过改造无人机通信模组，使无人机具备5G通信功能。并利用5G网络高带宽、低延时、广连接特性和无人机自主巡检技术，开展基于5G技术的特高压密集输电通道无人机巡检作业，利用激光点云数据合理规划无人机航线，实现“一键操作”式无人机自主巡检、巡检图像高清并实时回传至互联网大区的输电全景智慧物联监控系统（支持4K视频回传，所需带宽20MB，且回传时延小于100ms），打造线路巡检“以机代人”的智慧巡检模式，不断提升大电网安全运行水平和巡检效率效益。基于5G网络传输的无人机巡检画面如图7-8所示。

国网浙江电力特高压密集通道5G网络软切片技术应用试点建设，总体达到国际领先，在基于5G技术的特高压密集输电通道无人机自主巡检、700MHz 5G网络电力应用等方面实现突破引领。项目实施后，实现了特高压密集通道无人机自主巡检和采集信息高速回传，打造线路巡检“以机代人”的智慧巡检模式，不断提升大电网安全运行水平和巡检效率、效益，适合在国网系统输电线路运维保障工作中推广应用。

图 7-8　基于 5G 网络传输的无人机巡检画面